应用型本科 电气工程及自动化专业"十三五"规划教材

电子设计自动化(EDA)技术

主 编 葛红宇

副主编 陈 桂

参 编 盛国良 潘清明 张建华

U0351340

西安电子科技大学出版社

内 容 简 介

  本书主要介绍电子设计自动化基础知识及面向工控等领域的集成电路设计方法,内容包括电子设计自动化简介、可编程逻辑器件、VHDL 程序设计、EDA 开发工具、典型逻辑电路设计、常用接口控制电路及工业控制专用集成电路等。

  本书内容密切结合自动化、仪器仪表等专业的实际需求,力图帮助学生对相关专用电路的结构、开发流程、分析方法等形成系统的认识,同时得到全面、系统的训练。本书通过相关领域常用电路、实用系统等的设计、分析,实现学校学习与工程实践的无缝连接,体现工程应用型人才的培养特色。

  本书实例丰富,便于教学、自学与工程应用,可作为高等学校自动化、仪器仪表、机电工程等专业的本科生教材,也可供相关工程技术人员或研究生参考。

图书在版编目(CIP)数据

电子设计自动化(EDA)技术 / 葛红宇主编. —西安:西安电子科技大学出版社,2017.6
应用型本科 电气工程及自动化专业"十二五"规划教材
ISBN 978-7-5606-4481-3

Ⅰ. ① 电… Ⅱ. ① 葛… Ⅲ. ① 电子电路—电路设计—计算机辅助设计 Ⅳ. ①TN 702.2

中国版本图书馆 CIP 数据核字(2017)第 104992 号

策　　划　马乐惠
责任编辑　张　欣　雷鸿俊
出版发行　西安电子科技大学出版社(西安市太白南路 2 号)
电　　话　(029) 88242885　88201467　　　　邮　　编　710071
网　　址　www.xduph.com　　　　　　　　电子邮箱　xdupfxb001@163.com
经　　销　新华书店
印刷单位　陕西利达印务有限责任公司
版　　次　2017 年 6 月第 1 版　　2017 年 6 月第 1 次印刷
开　　本　787 毫米×1092 毫米　1/16　印　张　21
字　　数　499 字
印　　数　1～3000 册
定　　价　39.00 元
ISBN 978-7-5606-4481-3/TN
XDUP 4773001-1

本社图书封面为激光仿伪覆膜,谨防盗版。

前　言

　　电子设计自动化(EDA)是自动化、测控技术与仪器、机电控制、仪器仪表等多个专业领域的核心课程，其相关技术也是现代工业装备、高性能仪器仪表等工业领域的重要技术之一。结合学科专业领域的最新发展并充分交叉融合，提供面向生产实际特定对象的专用集成电路乃至专用片上系统(SOC)，满足工业现场对现代装备在精度、速度、可靠性、实时性、低功耗、复杂环境适应能力等方面的严苛要求，是电子设计自动化本身，同时也是前述各学科领域的重要发展方向与迫切需求。

　　应用型本科人才是面向工业生产实践、实际工业现场一线亟需的，具备系统分析、设计、工程安装、调试维护等能力的高级应用型人才，如何更好地培养这类人才是现代高等教育的新课题。

　　综合上述现状，编写组借鉴传统电子设计自动化教材的优势，结合应用型人才的培养特点及要求，结合专业特点与发展情况，将上述专业领域的典型工程对象、典型应用、典型系统以及典型电路引入本书中，力求编写出一本贴合专业、承前启后、详略得当，能体现出工程应用型人才培养特色的电子设计自动化教材。

　　本书内容按照理论基础、基础实践、综合专业实践三个层次展开，由浅入深、循序渐进地帮助学生获取相关知识并培养相关的系统设计分析能力。本书以数字系统及设计流程方法与实现技术为主要讲述对象，结合自动化、测控技术与仪器、机电控制、通信等学科，全面系统地介绍了电子设计自动化的基本概念、工作流程、设计方法，结合专业与工程实际，全面探讨自动化、仪器科学等领域常用集成电路的结构、描述方法与实现过程。

　　全书共分7章，内容涵盖电子设计自动化基础、可编程逻辑器件、VHDL程序设计、EDA开发工具、典型逻辑电路设计、常用接口控制电路、工业控制专用集成电路等。

　　电子设计自动化基础重点介绍数字系统的基本结构、设计原则与流程，帮助学生树立相关专业数字系统的基本观念与基础理论；可编程逻辑器件主要分类介绍器件结构、特点、主流器件及选用原则；VHDL程序设计主要介绍程序基本结构、语言对象与数据类型、电路描述方法、VHDL常用语法等，培养学生良好的编程基础；EDA开发工具结合开发工具介绍EDA的开发流程、常用分析方法与分析工具，帮助学生掌握基于EDA的数字系统设计方法，培养学生初步的设计、分析能力；典型逻辑电路设计结合前序的数字电路课程介绍数字系统的常用电路，帮助学生加深对常用器件功能、结构、数字系统设计流程等的理解，强化学生对常用电路的硬件描述语言的描述能力；常用接口控制电路结合微机原理等课程介绍典型接口电路的VHDL描述与实现，帮助学生深入理解EDA的流程与分析设计方法，加深对计算机原理与时序的理解，使学生学会用响应时序来设计计算机接口器件，建立系统的概念；工业控制专用集成电路结合运动控制、高速数据采集等工程实例，全面论述相关系统结构、接口电路、存储电路等的设计方法与系统综合设计分析方法，为学生提供全面综合的训练，帮助学生全方位地了解相关领域自动化系统的系统构成、规划设计调试方法，形成相对完整、深入的相关专业数字系统认识。

　　本书由葛红宇副教授担任主编，陈桂教授担任副主编。第1章、第2章由陈桂编写；第3章由盛国良编写；第4章由潘清明编写；第5章由葛红宇、张建华编写；第6章、第7章由葛红宇编写。葛红宇与陈桂负责全书的统稿工作。

　　在本书的编写过程中我们得到了南京工程学院自动化学院与高教研究所的大力支持与帮助，在此一并表示感谢！

　　衷心感谢西安电子科技大学出版社的马乐惠等老师对本书出版给予的支持、关心与帮助，是他们无私的关爱与辛勤的汗水使本书得以顺利完成并出版。

　　鉴于电子设计自动化技术与本书涉及内容的广泛性，以及编者自身知识水平的局限性，书中可能还存在一些不足之处，恳请广大读者及同行不吝指正，在此先行谢过！

编　者

2017 年 2 月

目　录

第1章　电子设计自动化(EDA)基础

本章介绍电子设计自动化的基本概念，包括 EDA 的含义、技术特点、主要研究内容，EDA 的主要发展阶段及其特点、发展趋势与应用状况，基于 EDA 的工业控制系统，以及基于 EDA 技术的数字系统设计方法、设计流程与设计过程等。

1.1　基本概念

集成电路技术是 20 世纪人类最重要的发明之一，集成电路、大规模集成电路与超大规模集成电路的出现，导致了计算机、数控机床、机器人、Internet、数字化音乐、数字化图像等的发明，极大地推动了网络技术、人工智能、数字化技术、自动控制等领域的发展，甚至催生了一大批新兴的科学技术领域。集成电路技术直接促使制造技术、航空航天、航海、汽车工业乃至食品、医疗甚至文化、艺术行业发生了巨大变化并取得了长足进步，不仅引起了人类社会生产方式的变革，更是引导了人们生活方式、生活习惯的剧烈变化，使人类从辛苦、繁重的生产活动中解脱出来，开启了自我、个性化、愉悦自身的生活方式。从某种程度上说，集成电路技术的进步是现代文明进步与发展的巨大推动力。

数字系统设计或者说电子系统设计，尤其是电子设计自动化，是集成电路技术的重要研究内容与核心发展方向。

1.1.1　EDA 的定义

电子设计自动化(Electronic Design Automation，EDA)是指采用大规模可编程逻辑器件作为电路设计载体，利用硬件描述语言作为电路系统控制逻辑的主要描述工具，使用计算机、面向大规模可编程逻辑器件的软件开发工具以及实验开发系统作为开发工具完成的，具有用户指定专有控制功能的单芯片电子系统或集成电路的设计技术。

EDA 全过程通过相关的专用工具软件实现，由软件工具自动完成电路描述程序的逻辑编译、逻辑化简、逻辑分割、逻辑综合及优化、逻辑布局布线、逻辑仿真，最后对特定目标芯片进行适配编译、逻辑映射、编程下载等工作，形成最终的集成电子系统或专用集成电路芯片。根据 EDA 的上述定义与过程描述，可以按照以下的理解来诠释 EDA 技术。

(1) EDA 利用大规模可编程逻辑器件作为设计载体。

EDA 通过大规模编程逻辑器件来实现集成电路。在编程之前，可编程逻辑器件并不具备任何逻辑功能，通过 EDA 技术对可编程逻辑器件写入适当程序，即所谓的编程(Program)或者配置(Configure)，可以使可编程逻辑器件具有程序规定的特定功能，实现具体的电子系统。

(2) EDA 采用硬件描述语言描述电路或系统的具体逻辑关系。

传统的电路系统设计中，设计人员往往需要绘制电路的构成元器件、子电路等构成单元，而后绘制元器件、子电路等电气对象之间的连接线，形成不同电路单元相互之间特定的逻辑关系，最后附加上必要的说明、注释等非电气对象，完成电路系统的设计。

不同于传统的电路系统，EDA 利用硬件描述语言表述电路系统各组成单元结构、功能、数据处理过程以及相互间的逻辑关系，从而实现对整个电路的规划与设计。

(3) EDA 采用计算机、大规模可编程逻辑器件的专用开发软件与系统作为设计工具。

传统的集成电路行业通过专业厂商完成电路设计、制造，最后给最终用户提供终端产品。与此相对，通过 EDA 开发研制专用电路无需专业制造商的参与，用户可以通过 PC、运行于 PC 上的专用设计软件以及连接在 PC 上、受 PC 控制的试验系统或编程电缆，自行完成电路开发，研制具有自身特点的个性化电路系统。

(4) EDA 的电子系统设计过程是一个由专用软件完成的全自动过程。

EDA 是一个由专用软件与试验系统完成的全自动智能过程，用户可以通过事先设定的软件设置来定制设计原则或设计方法，但其完成过程无需用户干预，开发系统能够根据用户的指定条件，结合固化在开发系统中的专业规则与经验，自行实现电路描述程序到硬件电路的全过程。

(5) EDA 过程包含了电路设计与实现的全过程。

虽然 EDA 不同于传统的电路设计实现方法，但其过程与传统电路设计仍然具有较大的相似性，实现过程仍然包括逻辑化简、逻辑分割、逻辑综合及优化、逻辑布局布线、逻辑仿真等过程，只不过适应硬件描述语言，相应增加了程序输入、编辑编译以及针对于特定目标芯片的适配编译、逻辑映射、编程下载等内容。

(6) EDA 最终形成集成电子系统或专用集成芯片。

EDA 设计的最终结果是一个高度集成的电子系统，整个电路集成在一片具有设计人员指定的专用特定功能的集成芯片中，而不是像传统电路系统的设计，最终得到一块包含多个集成电路模块与模块之间相互连线的控制电路板卡。换言之，EDA 设计实现的是一个集成了多个电路功能的单芯片。

1.1.2　EDA 的技术特点

根据 EDA 的基本概念与实现过程，对比与其功能相似的传统电路设计与软件系统程序设计，可以将 EDA 的技术特点归纳为以下几点：

(1) 采用软件方式的硬件设计。EDA 是一种软件方式的硬件设计过程，具有与传统程序设计一样的代码编辑、编译过程，EDA 的集成开发环境同样可以为程序设计者提供查错、纠错功能。同时，描述硬件的程序代码不仅可以描述集成电路的组成结构与连接关系，还可以描述集成电路的功能行为与输入/输出对应关系。

EDA 的上述特点为非专业集成电路的工程设计人员研制自身专业领域的专用电子系统或集成电路提供了有效途径，掌握硬件描述语言的工程设计人员可以方便地将本专业的工程方法固化到集成电路中，从而形成专业性更强的专用电子系统或集成电路。

(2) 软件到硬件的转换由开发软件自动完成。如前所述，EDA 通过其软件工具实现硬件描述语言到硬件集成电路的转换，转换过程由工具软件自主完成，设计人员可以通过修改器件设置、引脚分配、配置模式等达到修改设计的目的。

(3) 设计过程中可用软件仿真。EDA 开发系统多带有软件仿真模块或第三方的软件仿真工具，借助工具，设计人员可以实现对当前电路的功能、时序、行为仿真，评价设计效果并根据效果及时修正电路设计。

(4) 线上可编程。现代的大多数可编程逻辑器件具备在线编程(也称在线配置)功能，借助 EDA 工具软件与编程电缆等编程硬件，设计人员可以将改好的程序即时下载(烧录)至目标器件，无需使用第三方的专用烧录器或编程器。在线编程也为现有系统升级与更新换代提供了方便，用户可以在不改变硬件的情况下实现新的系统，增强功能。

(5) 单芯片集成系统，具有高集成度与可靠性、低功耗。不同于传统的硬件电路设计，EDA 最终实现的是电子系统的集成芯片，避免了传统电路中大量使用的分立元件、中小规模集成电路及必需的焊接、连线，因此能够实现较高的集成度、可靠性，实现系统的低功耗。

1.1.3 EDA 的主要内容

EDA 的基本内容主要包括大规模可编程逻辑器件、硬件描述语言与开发工具。三者各司其职，其中硬件描述语言用于系统描述，说明电子系统的功能、组成结构或动作行为；开发工具负责程序输入、程序编译，将硬件描述语言转换为实际电路并下载至可编程逻辑器件；大规模可编程逻辑器件则负责接收生成的最终电路，在开发工具控制下实现集成系统。

1. 大规模可编程逻辑器件

大规模可编程逻辑器件 PLD 是一种内部集成大量逻辑电路与可编程连接线的半成品集成电路，它一般由专业集成电路厂商制造，可编程配置实现用户需要的任意功能。目前常用的可编程逻辑器件主要有复杂可编程逻辑器件 CPLD 与现场可编程逻辑门阵列 FPGA 两类。相关的器件制造商有很多，代表性的厂家包括 Xilinx、Altera 和 Lattice 半导体、Microsemi 等。

(1) Altera。Altera 是国际上最知名的 PLD 器件制造商之一，也是 CPLD 器件的发明者。目前应用较广的 Altera PLD 器件主要包括 MAX3000、MAX7000、MAX Ⅱ系列的 CPLD 器件以及 Arria GX、Arria Ⅱ GX、Cyclone、Cyclone Ⅱ、Cyclone Ⅲ、Cyclone Ⅳ GX、Stratix、Stratix Ⅱ、Stratix Ⅱ GX、Stratix Ⅲ 等系列的 FPGA 器件。

(2) Xilinx。Xilinx 是 FPGA 器件的发明者，目前的 PLD 器件主要有 XC9500、Coolrunner-Ⅱ等系列的 CPLD 器件与 Spartan、Vertex、Artix、Kintex 等系列的 FPGA 器件，Vertex-Ⅱ Pro 器件的容量可达到 800 万门。

(3) Lattice 半导体。Lattice 半导体是在线可编程 ISP 技术的发明者。迄今为止，ISP 技术已经被广泛应用于各类集成电路，不再仅仅局限于 PLD 器件。Lattice 半导体的可编程逻辑器件主要包括 ispLSI1000、ispLSI2000、ispLSI5000、ispLSI8000、ispXPLD、ispMACH 等系列的 CPLD 器件，以及 LatticeXP2、ICE40、ECP 等系列的 FPGA 器件。

PLD 适合于新品研制或小批量产品开发，在开发周期、上市速度上具有优势，同时 PLD 转掩膜 ASIC 方便，开发风险大为降低，是现代电子设计方法的重要载体。与传统电路相比，PLD 在集成度、速度、可靠性方面具有明显的优势，因而使其在工业、消费类电子等领域得到了广泛应用。

同样作为可编程逻辑器件，CPLD 与 FPGA 具有各自不同的特点。一般而言，相对于 FPGA，CPLD 无需外部 FLASH 存储器，具有较快的速度与较小的规模，内部硬件资源小于 FPGA。因此，在实际选用时，针对复杂逻辑、复杂算法或者多功能系统、单片系统等场合，多选用 FPGA；针对速度要求高、逻辑相对简单、功能相对单一的场合，多选用普通规模 CPLD。然而，随着技术进步，CPLD 的密度也在不断扩大，逻辑资源不断增多，FPGA 也在借鉴 CPLD 的器件优势，出现了内部带有 FLASH 的器件，CPLD 与 FPGA 之间的界限有模糊化的趋势。

2. 硬件描述语言(HDL)

EDA 中，硬件描述语言用于描述电子系统的逻辑功能行为、电路结构与连接形式，它尤其适合大规模系统的设计。目前的 EDA 设计中应用最为广泛的硬件描述语言主要有 VHDL、Verilog HDL、ABEL 等。

1) VHDL

VHDL 的全称 Very-High-Speed Integrated Circuit Hardware Description Language，是 IEEE 与美国国防部共同确认的标准硬件描述语言，也是支持工具最多的硬件描述语言之一。

VHDL 具有较强的硬件描述能力，是一种全方位的 HDL，包括系统行为级、寄存器传输级和逻辑门级等多个设计层次。VHDL 支持硬件的结构描述、数据流描述、行为描述以及三种形式的混合描述方法，自顶向下或自底向上的电路设计方法都可以用 VHDL 实现。同时，VHDL 较宽范围的描述能力使设计人员能够专注于系统功能，而在物理实现上只需花费较少的精力。

VHDL 代码简洁明确，适于复杂控制逻辑的描述；描述方式灵活方便，且便于设计交流与重用；作为一种标准语言，VHDL 不依赖于特定器件，被众多 EDA 工具所支持，移植性好。

2) Verilog HDL

Verilog HDL 也是一种 IEEE 的标准硬件描述语言，由 Gateway Design Automation 公司于 1983 年提出。Verilog HDL 采用文本描述数字系统的硬件结构与行为，可以描述逻辑电路图、逻辑表达式以及数字系统的逻辑功能。

Verilog 以模块为基础实现设计，具有与 C 语言类似的风格，形式自由、灵活，容易掌握，对其提供支持的 EDA 工具也较多，综合过程较 VHDL 稍简单，高级描述方面不如 VHDL。

3) ABEL

ABEL 支持不同输入方式的 HDL，输入方式包括布尔方程、高级语言方程、状态图与真值表等。ABEL 广泛用于各种可编程逻辑器件的逻辑功能设计，由于其语言描述的独立性，以及上至系统、下至门级电路的宽口径描述功能，因而适用于各种不同规模的可编程器件的设计。ABEL-HDL 还能对所设计的逻辑系统进行功能仿真而无需估计实际芯片的结构。

与 VHDL、Verilog 等语言相比，ABEL 适用面宽、使用灵活、格式简洁、编译要求宽松，适于速成或初学者学习，但综合工具较少。

3．开发工具

不同于传统的软件开发工具，EDA 开发工具直接面向特定的一类或几类 PLD 器件。自 20 世纪 70 年代可编程逻辑器件出现以来，可编程逻辑器件一直处在持续的高速成长期，要求相应的开发工具必须不断地更新换代，以适应 PLD 技术的飞速发展。因此，EDA 的开发工具主要由器件生产厂家研制，或者与专门的软件厂商共同开发。结合所生产的 PLD 器件，Altera、Xilinx、Lattice 半导体等厂商均推出了面向自身器件的专用开发工具。

(1) Altera 的开发工具。Altera 的 EDA 工具主要包括 MAXPLUS Ⅱ、Quartus Ⅱ 等系列软件，Quartus Ⅱ 系列平台是当前 Altera 的主流开发平台。Altera 的系列开发平台具有友好的人机界面，能够清晰地体现 EDA 的设计流程，在 EDA 的教学及工程实践中都有广泛的应用，其中 MAXPLUS Ⅱ 也是高校早期 EDA 教学的重要内容。

Altera 的系列开发工具采用集成开发环境，支持原理图、文本、波形、EDIF 以及多种方式混合的设计输入模式，支持 VHDL、verilog 等描述工具，具备较强的功能。其中 MAXPLUS Ⅱ 只支持 MAX7000/3000、Flex 等较早系列的器件。

(2) Lattice 半导体的开发工具。Lattice 半导体是全球最主要的知名 PLD 器件厂商之一，ISP 及具有独特技术与结构的 CPLD、FPGA 器件使其在可编程器件领域占有重要的地位。自 21 世纪以来，Lattice 的 PLD 器件受到越来越多的青睐，Lattice XP2 等系列的器件被包括中国大陆在内的大量通信、工控企业选用。

Lattice 半导体的 PLD 开发工具主要包括早期的 ispEXPERT 系列以及当前主流的 ispLever 系列开发平台。Lattice 半导体的开发工具面向自己的 CPLD 与 FPGA 器件，支持 VHDL、ABEL、Verilog 等多种语言的设计、综合、适配、仿真及在线下载。

(3) Xilinx 的开发工具。Xilinx 是原来全球最大的 PLD 制造商，其开发软件有 Foundation 和 ISE 系列的集成工具，其中 ISE 系列工具为当前主流的设计平台，它采用自动化的、完整的 IDE 集成设计环境。Xilinx 在欧美、日本及亚太地区具有广阔的用户群。

除了上述的集成工具，针对 EDA 过程中的设计输入、逻辑综合等操作，还有大量的第三方工具，例如 HDL 的专用文本编辑器 UltraEdit、HDL Turbo Writer，可视化 HDL/Verilog 编辑工具 Visial HDL/Visial Verilog，HDL 逻辑综合工具 Synplicity 等。

1.2　EDA 的发展及其工业应用

1.2.1　EDA 的发展阶段及特点

EDA 产生于 20 世纪 70 年代，迄今为止经过了 40 年的发展历程，根据不同时期的技术特点，可以将其发展过程划分为各具特色的三个阶段。

1．早期计算机辅助设计阶段

受到软件技术、计算机硬件以及集成电路技术的发展制约，20 世纪 70 年代的早期 EDA 技术尚处在萌芽阶段，其应用主要局限在计算机辅助绘图(Computer Aided Design，CAD)，设计人员借助计算机与相关软件实现 IC 版图的编辑、PCB 的布局布线，以取代部分手工操作，此时的 EDA 主要有以下特点：

(1) 基本局限在面向板级电路的电子系统设计，系统构成采用中小规模集成电路或者分立元件。

(2) 通过 CAD 的两维图形编辑与分析工具替代设计中的繁杂劳动，如布线、布局、布图等。

(3) 整个电子系统在焊接组装好的 PCB 上进行调试。

2．计算机辅助工程设计阶段

20 世纪 80 年代，EDA 进入计算机辅助工程设计阶段(Computer Aided Engineering Design，CAE)。除了图形绘制，EDA 工具具备电路功能设计与结构设计功能，同时通过网络表将两者联系在一起。此时的 EDA 主要有以下特点：

(1) 相对于早期的 CAD 阶段，该阶段的 EDA 工具具备原理图输入、逻辑模拟、定时分析、故障仿真、自动布局布线等强大功能。

(2) 该阶段 EDA 技术发展的重点是解决设计完成之前的功能检测与模拟分析等问题。

(3) 出现了具有自动综合能力的 EDA 工具。

(4) 该阶段 EDA 技术的问题在于大部分使用原理图完成设计的 EDA 工具在复杂控制逻辑描述或复杂系统设计方面存在较大困难。

3．电子设计自动化阶段

20 世纪 90 年代开始，随着超大规模集成电路技术、计算机软件、高性能计算机等的高速发展，以及电子系统设计理论的进一步完善，电子系统设计进入真正的电子设计自动化阶段。此时的 EDA 主要有以下特点：

(1) EDA 技术进入物理校验、布局、逻辑综合、设计模拟与软硬件协同设计阶段。

(2) EDA 开发平台自主实现 HDL 语言描述到门级电路网表的全过程，将电路映射到特定器件的专用结构中。

(3) 微电子工艺达到深亚微米级，器件集成度提高到百万甚至千万门级，相应的电路也由使用集成电路转向设计集成电路、片上集成系统与单片系统 SOC。

(4) 开发工具具有抽象设计能力，具有框图、状态图与流程图编辑功能，具有硬件描述语言(VHDL，ABEL，AHDL)标准元件库。

(5) EDA 超越电子设计进入其他领域，与其他领域充分融合，产生大量基于 EDA 的单片专用系统 SOC；基于 VHDL 自顶向下的设计理念以及软硬核功能库在 EDA 设计中得到广泛应用。

1.2.2 EDA 技术的工业应用

目前，EDA 已经广泛应用到通信、汽车、地铁、航空航天、机床设备等领域中。结合生产现场的特定需求，EDA 为多个工业领域的生产现场控制提供低功耗、高集成、高运算速度的专用集成电路，能够有效解决困扰工业控制的实时性、抗干扰、并行处理以及多变量复杂控制要求等问题。

在当前技术条件下，EDA 技术多采用嵌入式结合大规模可编程逻辑器件的硬件结构应用于工业控制现场，充分发挥嵌入式处理器片上资源丰富的优势以及可编程器件运算速度快、集成度高、并行处理等特点。高性能嵌入式处理器一般提供片上的 SPI、I²C、并行接口、多路 AD、DA、PWM 控制、液晶显示接口等资源，且技术成熟、使用方便，在系统中通常负责人机接口(包括键盘控制、液晶显示等)、常规的数据采集与转换等工作；大规模可编程逻辑器件主要负责高实时的信号采集、高速数据运算与处理、高频信号控制逻辑等任务。二者的有效结合，能够充分发挥专用集成电路与 PLD 的优势，降低开发难度，缩短开发周期，同时系统的功耗和集成度等与 SOC 或 SOPC 相差不大，是目前工业控制领域中一种较优的解决方案。

1. 汽车领域的应用

汽车工业是国家经济的重要支柱，也是关系到国计民生的重要产业，EDA 技术在汽车领域已经有了很多成功的应用实例，PLD 制造商甚至专门针对汽车行业开发了标准的可编程逻辑器件。

(1) 汽车系统实时控制方面。华南理工大学在大功率电动汽车充电电源研究中，采用嵌入式处理器 DSP 结合 CPLD 的控制结构，通过 CPLD 实现故障信号的逻辑运算，实时响应故障信息，DSP 实现数据采集和运算处理，保证了电源的高效、可靠；桂林电子科技大学充分利用 FPGA 的高速度与高集成度，实现了一种基于 FPGA 的毫米波汽车防撞雷达实时控制算法与车载防撞雷达实时系统。

(2) 汽车系统实时数据处理方面。东北大学采用 FPGA 实现红外图像系统的视频格式转换、快速中值滤波、自适应平台直方图双向均衡化，满足了汽车夜视系统图像处理的速度与效果要求；桂林电子科技大学利用 FPGA 实现视频流的实时采集与处理，包括图像的灰度化、滤波、边缘检测、膨胀、腐蚀、车牌定位与大小检测、液晶显示等功能，实现了车载的单目视觉实时测距系统。

随着汽车工业的进一步发展与 EDA 技术的进步，EDA 会在汽车控制的通信、安全、动力等领域发挥更为重要的作用。

2. 机床设备的控制

机床设备是一个多变量的复杂控制对象，一般包括多达几十路、甚至上百路的开关量输入输出、多个电机的速度、位移、加速度高速协调动作、多个模拟量的输入输出、程序编辑、指令编译等过程的操作与控制。高速复杂运算、强实时、多指标与并行处理是该机床设备控制的典型特征，控制系统一般采用多 CPU 分级处理的控制方式，处理器之间、任务之间通信繁琐，实时性、可靠性与集成度是该领域长期面临的难题之一，EDA 能够为其提供的有效的手段。

西南交通大学针对多轴步进电机的控制，研制了高性能步进电机 IP 核，结合 Nios II 处理器软核，实现了多轴步进电机高精确度控制的可编程片上系统(SOPC)；大连理工大学通过 FPGA 实现直流电机的速度和位置编码检测，DSP 获取电机运动参数并完成 PID 控制，开发了基于 DSP 与 FPGA 的多路微特电机的嵌入式控制系统；长春光学精密机械与物理研究所在交流永磁同步电机驱动的大型望远镜伺服控制系统研究中，通过 FPGA 实现了 PWM 波的发生、电流实时采集、速度在线实时检测等功能，研制了 DSP 结合 FPGA 的大型望远镜伺服控制系统，很好地解决了大型望远镜运行中遇到的高精度、低速平稳性等问题。

3. 通信领域的应用

大规模可编程逻辑器件在运算速度、数据处理功能、抗干扰以及集成度等方面展现出来的巨大优势，说明了 EDA 技术特别适合通信领域的高频信号处理、传输、以及高频通信控制逻辑的实现，EDA 应用于通信领域具备天然的优势。同时，通信领域也是 EDA 技术应用最早、最为广泛的领域之一。

国家数字交换系统工程技术研究中心在海量数据库研究中，利用 FPGA 控制对电路交换域的数据采集，实现数据从电路交换域到分组交换域的高效、自动转换，研制了基于 FPGA 的电路交换域数据采集片上系统(SOC)；中国科学技术大学针对阵列天线卫星移动通信抗干扰能力差、传播损耗大等问题，利用 VxWorks 计算基于递归最小均方算法(RLS)的解扩重扩盲自适应波束形成算法权值，通过 FPGA 实现波束形成与直接序列扩频，实现了数字波束形成技术(DBF)和扩频技术相结合的、低信噪比抗干扰卫星移动通信数字接收系统。

4. 航空领域的应用

航空应用也是 EDA 技术应用的一个重要领域，由于飞行控制具有多变量、强实时、复杂运算、并行处理、非线性等特点，大容量、超大容量的可编程逻辑器件在飞行控制方面能够发挥重要的作用。

南京航空航天大学通过 FPGA 实现内嵌处理器、硬件协处理器及同步数据总线，实现了航空发动机电子控制器原理样机与相应的 SOPC 片上系统；武汉大学将 EDA 应用于航拍云台姿态控制，通过 FPGA 实现航拍云台姿态的数据采集控制与 Kalman 滤波的浮点数运算，实现了一种基于硬件 Kalman 滤波器的航拍云台姿态获取方法；四川大学利用直接频率合成技术通过 FPGA 实现了中心频率 1080Hz，频率范围为 1075±1085 Hz，步进为 0.1 Hz 的某型航空发动机电子调节器综合测试系统信号源。

5. 机器人控制

机器人目前是国内外多个工业领域最为活跃的一个行业，随着我国由制造业大国向制造业强国发展，国家与各级地方政府对机器人行业也给予了极大的关注与支持，机器人行业成为我国下一个经济增长的重要支柱。多关节、多运动的高速、实时、协调控制是机器人控制的关键问题，EDA 技术与大规模可编程逻辑器件有望为其提供完美的解决方案。

河海大学采用 32 位嵌入式控制器结合 FPGA 的硬件电路结构，通过 FPGA 器件实现各 CPU 之间的高速、实时数据交换，实现了四足步行机器人控制；中科院自动化研究所通过 FPGA 实现 Nios II 双核，分别完成控制任务管理与多电机的同步协调运动控制，包括 PWM 信号生成、编码器信号处理以及多电机同步伺服运算等，并提出了基于 FPGA 的机器人的可重构嵌入式控制结构，并研制了微小型爬壁机器人的片上控制系统(SOC)；华南理工大学通过 RS232 获取焊枪高度位置信号，利用 FPGA 作为控制主机，通过定时采样插补实现了焊枪高度位置的自动调整，保证导电嘴与工件距离的精确控制，实现了爬行式焊接机器人控制系统。

EDA 技术也应用于其他工业领域，包括城轨、地铁、建筑、能源等领域。总体而言，结合特定行业并与行业领域充分融合，解决困扰工业领域难题，不仅是各工业领域的重要发展方向，也是 EDA 技术未来发展的重要方向。结合特定应用，研制具有行业特色的专用集成电路、专用片上系统是目前也是未来 10～20 年 EDA 技术的重要研究内容。

1.3　基于 EDA 的数字系统设计

1.3.1　数字系统的基本框架

数字系统的典型结构框架如图 1.1 所示。系统的基本构成主要包括数据采集与处理、系统调度与控制模块。其中，数据采集与处理模块实现外部数据采集、转换、存储、传输以及运算处理等功能；系统调度与控制模块接受外部指令、时钟与约束条件信号，控制系统各构成单元的有序协调动作。

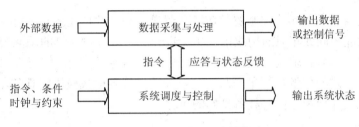

图 1.1　数字系统基本结构

系统运行过程中，系统调度与控制模块响应外部指令，结合系统基准时钟与约束条件状况，向数据采集与处理模块发出动作指令；同时，调度与控制模块接受来自数据采集与处理模块的应答与状态数据，结合约束条件信息，经适当处理后输出系统状态信息。

数据采集与处理模块响应来自系统调度与控制模块的指令，完成系统指定的采集及一系列处理操作(包括相关的系统动作控制算法)，将处理后得到的数据结果或控制信号送出数字系统，完成系统功能。执行上述操作的同时，数据采集与处理模块向系统调度与控制模块返回应答信号或状态数据。

1.3.2　数字系统设计方法

常用的数字系统设计方法主要包括模块设计法、自底向上的设计方法与自顶向下的设计方法。其中，自顶向下的设计方法是 EDA 中最为常用的一种设计方法，具有符合人脑的思维习惯、效率高等特点。

1. 自顶向下的设计方法

自顶向下的设计方法是指在数字系统描述过程中，由高到低、由粗到精、层层深入、逐步细化、渐次求精的一种设计方法。在设计过程中，将数字系统根据功能要求或者组织结构关系，逐层分解为层次明晰、层级与层内关系清楚合理、便于逻辑描述与逻辑设计实现的功能或结构子系统与模块。

自顶向下所使用的分层级设计、逐层细化的过程符合人们思考事物、描述事物的习惯，使设计人员在系统层面上分析把握系统，减少失误；同时，自顶向下的设计方法把整个系统模块化，不同模块可交由不同的设计人员或团体实现，便于现代大型复杂系统的设计且易于实现设计的并行化，提高效率。

在使用自顶向下的设计方法时，必须做到逐层分解功能、分层次设计，明晰设计层次之间与设计层次内部各构成单元之间的逻辑关系；同时，系统设计时，必须考虑设计层次的仿真验证方法。

与自顶向下的设计方法相对应，在自底向上的设计方法的实施过程中，首先构造各个构成子模块，而后再将构成模块组合形成系统的功能组元。早期的电子设计思路即是采用该种方法，选用标准集成电路自底向上逐层构造子结构，最终形成整个系统。

2. 数字系统设计准则

自顶向下的设计方法是一个抽象的概念，设计中可能很难评价一个设计的绝对优劣，但其实现过程中也有一些必须遵守的约定俗成的设计规则。

1) 分割准则

数字系统底层构成单元的控制逻辑功能和逻辑行为必须描述清楚，同时要适于硬件描述语言表述；功能相同或相似的构成单元尽量设计成可以分时共享的功能模块；系统的不同构成单元之间的信号传输接口数量尽量少，尽量做到便于使用；同层次的各构成模块所使用的 I/O 数量与逻辑资源数尽量平衡，无较大差异；各构成模块应具备良好的通用性，便于为其他系统设计使用，同时具备良好的可移植性。

2) 便于观测

系统设计时应兼顾系统测试与调试，在关键电路的输入输出、关键信号、代表性节点及线路、数字系统的运行状态以及引起运行状态变化的信号、进入系统的数据等方面均应考虑到观测性的问题，必要的时候加入信号指示。

3) 同步与异步电路

系统中的电路，尤其是关键电路，尽可能采用同步电路，以免信号延迟或不同信号时间关系引起系统不稳定。

4) 最优设计

系统设计中尽量利用共享电路模块，减少逻辑资源占用，通过改进设计，提高资源利用率和工作速度，优化布线。

5) 设计艺术

设计艺术包括设计的完整性、简洁性、流畅性、各构成模块的 I/O 及资源占用的协调性、同时兼顾可观测性等。

1.3.3　EDA 设计流程

1. 数字系统设计步骤

一个完整的数字系统设计过程主要包括任务描述与分析、实现算法及优化、系统框架结构设计及功能分析、逻辑描述与电路规划、电路设计及仿真、系统实现与测试。

(1) 任务分析：根据系统设计任务，确定并论述数字系统各个主要功能要求，可采用流程、时序、自然语言以及多种方式混合的方法描述。

(2) 算法确定：确定实现系统逻辑的主要实现方法，通过对比选定较优的实现算法。

(3) 系统建模：根据功能分析与所确定的算法，完成系统框架结构，详细描述各构成模块功能与实现过程，要求规模适当，功能平衡。

(4) 逻辑描述：逻辑描述实现各个模块的逻辑描述，一般采用流程图、框图、描述语言等描述各功能模块。

(5) 电路设计与仿真：选择电路图与硬件描述语言方式实现系统控制逻辑，仿真、评价并修正所设计的系统。

(6) 物理实现：选用实际器件实现系统，通过相关仪器、仪表测试系统。

2．工具软件的基本构成

参照数字系统设计步骤内容，可以推断出完整的 EDA 软件系统构成，系统应包括设计输入、设计数据库、分析验证、综合仿真、布局布线等功能模块。

(1) 设计输入：实现设计输入，完成语义分析及语法检查，一般包括文本编辑与图形编辑功能。

(2) 设计数据库：存放系统库单元、用户设计描述及中间设计结果。

(3) 分析验证：实现数字系统设计过程中各层级的模拟验证、设计规则检查、故障检查等功能。

(4) 综合仿真：包括设计过程中各层次的设计综合工具，一般情况下高层次到低层次的综合仿真全部由 EDA 工具自动实现，可通过人工设置综合仿真选项干预其过程。

(5) 布局布线：从逻辑设计到如何使用具体器件实现的过程。

(6) 编程下载：将布局布线结果固化到具体器件，形成专用电子系统。

3．设计流程图

基于 EDA 技术的数字系统设计流程如图 1.2 所示。根据设计工具的运行过程，设计流程主要包括设计输入、系统编译、电路仿真与器件编程四个过程。图 1.2 为按照数字系统的设计流程得到的 EDA 设计过程，可以将其划分为设计输入、逻辑综合与优化、布线适配、软件仿真、编程下载、硬件仿真测试等步骤。

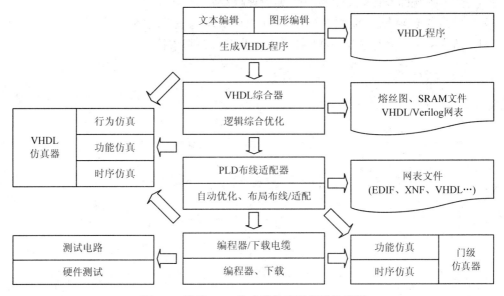

图 1.2　基于 EDA 技术的数字系统设计流程

1) 设计输入及编译

通过文本或图形编辑器完成设计输入、编译排错，得到 VHDL 程序，准备逻辑综合。设计输入支持原理图输入、状态图输入与文本输入三种方式。

2) 逻辑综合与优化

根据设计输入，针对特定器件进行编译，实现设计的优化、转换与综合，获得门级电路甚至更低层次的电路描述文件。

3) 器件布线与适配

针对具体器件进行逻辑映射，包括底层器件配置、逻辑分割与优化、布线。

4) 编程/下载

将产生的配置下载文件经编程器或下载电缆固化至指定的目标 FPGA 或 CPLD 器件中。

5) 硬件仿真/硬件测试

硬件仿真是针对专用电路而言，常用 FPGA 对系统设计进行功能检测，检测无误后，通过专用集成电路(ASIC)实现 VHDL 设计，硬件测试则是直接使用 FPGA 或 CPLD 对系统进行检测。

习题与思考

[1] EDA 的基本定义是什么？如何理解 EDA 的基本定义？

[2] EDA 的发展阶段与基本特点是什么？

[3] 查阅资料，谈谈自己对 SOC 的理解。

[4] 请给出数字系统的框架结构并解释其构成要件的功能。

[5] 对比理解自顶向下与自底向上的设计方法。

[6] 数字系统的设计规则有哪些？如何理解？

[7] 请结合 EDA 设计流程介绍 EDA 工具的基本构成及功能。

[8] 结合实例，介绍基于 EDA 技术的工业系统的基本特点。

第 2 章 可编程逻辑器件

本章主要介绍可编程逻辑器件的基本概念、发展历程、种类、基本特点、逻辑结构，可编程逻辑器件的选型原则以及国际上可编程逻辑器件的主要厂商、主流产品，常用复杂可编程逻辑器件 CPLD 与现场可编程逻辑门阵列 FPGA。

2.1 可编程逻辑器件基础

2.1.1 基本概念

1. 专用集成电路(ASIC)

专用集成电路(Application Specific Integrated Circuits，ASIC)是一种用户定制的，把整个系统或部分功能模块集成在一个单芯片内实现的电路。ASIC 的兴起使电子系统的设计由使用集成电路芯片转向设计集成电路或片上系统(System On Chip，SOC)。根据功能与应用场合，专用集成电路又分为全定制专用集成电路与半定制专用集成电路。

2. 全定制与半定制 ASIC

全定制专用集成电路由集成电路生产厂商根据用户需求定制，其功能一般针对专用场合的特定工作对象，其电路结构固定，除非重新设计或定制，否则无法更改。该类芯片专业性强，适于大批量定型生产。典型的器件包括常用的通用存储器、接口电路、通用 CPU 等。

半定制集成电路(Semi-Custom Integrated Circuits，SIC)，是由生产厂商制造的半成品集成电路，可由用户或集成电路厂商根据用户要求进行编程、生产，得到专用集成电路。早期的半定制集成电路主要包括门阵列(Gate Array)、标准单元(Standard Cell)，内部集成一定数量的基本逻辑门与逻辑单元，通过相互之间的不同连接关系构成不同的数字系统；后来，随着集成电路技术的不断进步，集成电路在运行速度、逻辑资源、功能等方面得到不断发展，先后出现了功能更为强大的简单可编程逻辑器件(SPLD)，以及现在工程领域常用的复杂可编程逻辑器件(CPLD)、现场可编程逻辑器件(FPGA)与在系统可编程(ISP)逻辑器件。

相对于全定制 ASIC，半定制 ASIC 需要用户根据自身应用场合编程，具有较高的灵活性，可通过集成电路的重新编程进行系统升级或改造，同时具有较高的技术难度。

3. 可编程逻辑器件 PLD

半定制 ASIC 的用户定制早期主要由专业的集成电路厂商完成，制造厂首先生产通用性较强的半成品集成电路，而后根据最终用户的具体要求固化电路，将这种半成品电路转换为专用集成电路。这个过程需要集成电路厂商与终端用户的多次交流、沟通，一定程度上束缚了半定制 ASIC 的应用灵活性与易用性。针对上述状况，上世纪 70 年代后期，出现并发展了一种新型的半定制 ASIC-可编程逻辑器件(Programmable Logic Device，PLD)，PLD 主要包括 SPLD、CPLD、FPGA 与 ISP 器件，现在一般也把 ISP 器件归入 CPLD。相对于其他的半定制 ASIC，可编程逻辑器件具有更高的集成度、更低的功耗。

可编程逻辑器件是由专业集成电路厂家生产制造、可由用户根据具体应用场合进行编程、配置，满足特定应用场合需求的半成品集成电路。

PLD 器件内部集成一定数量的逻辑门、触发器等基本逻辑电路，按照一定排列方式排列。编程之前，基本逻辑电路各自独立，不存在连接关系，也不具备具体的逻辑功能；通过用户编程，PLD 内部的部分基本逻辑电路、逻辑单元形成特定的连接关系，相互之间构成固定的输入输出关系，实现用户程序指定的专有功能，相应的集成电路也由 PLD 转变为具有特定功能的专用集成电路。

PLD 与常规电路以及常规专用集成电路存在本质区别，常规电路一般包括多个分立元件、集成电路元件、元件之间的连线、支撑各元件及连线的电路板，电路一旦完成，元件之间的连线及其输入输出关系无法更改；PLD 则由内部集成的基本元件与连线构成，具有更小的尺寸与功耗，内部连线可以通过编程更改，形成新的电路。常规专用集成电路具有与 PLD 相似的结构、集成度与功耗，只是其内部构成元件及连接关系固定，无法通过编程改变，功能相应也无法改变。

可编程逻辑器件，尤其是 CPLD、FPGA 与 ISP 器件在数字系统中的大量使用，使现代数字系统的元器件数量大大减少，集成度得到了极大提高。由于大量元器件被专用集成电路、超大规模集成电路、甚至单片系统(SOC)替代，系统的抗干扰能力、可靠性得到显著提高，相应的功耗降低。同时，ISP 技术使电路修正、更新更加容易方便，系统开发升级周期极大缩短，保密性也更好。

2.1.2　PLD 器件的发展

可编程逻辑器件出现于上世纪 70 年代，之后，PLD 的相关技术与器件开始了持续不断地飞速发展，其器件集成度不断提高，功耗不断降低。与此同时，为适应复杂的控制需求，片内资源持续呈几何级数增加。在线编程(In-System Programming，ISP)技术、硬件描述语言等使可编程逻辑器件与工业自动化、仪器仪表、通信等领域紧密结合，对上述领域的技术进步提供了源动力，也为自身发展开辟了新的方向，面向上述领域的高性能、多功能超大规模、甚大规模专用集成电路与单片系统是 PLD 技术的重要发展方向。

1. PROM 与 PLA 器件

可编程只读存储器(Programmable Read-Only Memory，PROM)与可编程逻辑阵列(Programmable Logic Arrays，PLA)，二者统称为现场可编程逻辑阵列(Field-Programmable Logic Array，FPLA)，出现于上世纪 70 年代初期，是早期重要的 PLD 器件。

2. PAL 器件

70 年代末，出现了可编程阵列逻辑(Programmable Array Logic，PAL)。

3. GAL 器件

80 年代初，Lattice 推出通用阵列逻辑(Generic Array Logic，GAL)器件，具有可擦除、

重复编程、加密等特点，此后 GAL 大量用于工业自动化产品，实现相对简单的逻辑功能，取代常用的分立元件。

4. CPLD 器件

80 年代中期，在 EPROM 与 GAL 器件基础上，Altera 推出可用逻辑门数超 500 门的可擦除 PLD 器件(Erasable Programmable Logic Device，EPLD)。之后，Xilinx、Atmel 针对 EPLD 器件展开了大量工作，推出多种制造工艺、结构各不相同的器件，片内资源不断扩大，最终形成了现在还在广泛应用的复杂可编程逻辑器件(Complex Programmable Logic Device，CPLD)。

5. FPGA 器件

80 年代中期，Xilinx 推出现场可编程门阵列(Field Programmable Gate Array，FPGA)，相对于早期其他可编程器件，FPGA 器件的规模要大得多，可容许逻辑的复杂程度也得到了极大的提高。FPGA 的出现使面向特定复杂工业的专用集成电路成为可能，为满足工业领域严苛的可靠性、集成度以及实时性等要求提供了一种有效解决方案，为可编程逻辑器件在工业现场的大规模广泛应用提供了重要的技术支撑。

6. ispLSI 器件

90 年代初，Lattice 推出在系统可编程大规模集成电路(In-System Programmable Large Scale Integration，ispLSI)，极大地方便了系统的修改、升级，由于其在系统可编程的特点，避免了重复制版等麻烦，使得系统研发周期极大地缩短。

7. ispPAC 器件

90 年代末，Lattice 推出模拟可编程逻辑器件 ispPAC (In-System-Programmability Programmble Analog Circuits)，可实现信号调理、信号处理与信号转换。ispPAC 器件的出现带给工业系统的改变是革命性的，不仅极大简化了模拟电路设计、调试与分析过程，而且使整个电路集成至一个单芯片，使系统可靠性、易修改性、集成度均得到极大提高。

2.1.3　PLD 的结构特点与分类

1. 基本结构

图 2.1 所示为早期可编程逻辑器件的基本结构，其基本构成单元主要包括与阵列、或阵列、输入/输出缓冲电路。PLD 器件的输入首先经过输入电路得到输入项；之后，进入器件的与阵列进行与运算，得到乘积项；而后，乘积项经或阵列进行或运算，得到图中的或项；最后，或项进入输出电路，在其控制下得到集成电路的总输出。

图 2.1　可编程逻辑器件的基本结构

通过对图 2.1 中与阵列、或阵列、输入电路与输出电路的配置与编程，可编程逻辑器件实现内部与、或逻辑的互联关系、逻辑关系以及输入输出控制，实现特定专用集成电路。

2. PLD 器件的按复杂程度分类

PLD 器件的分类方法主要有：根据复杂程度分类、根据编程特性分类、根据互联结构分类、根据制造工艺分类等几种。目前主要根据器件的结构复杂程度对 PLD 器件进行分类，采用这种分类法，可编程器件可以分为 SPLD、CPLD、FPGA 与 ISP 器件，通常也把 Lattice 的 ISP 器件划归到 CPLD 器件。目前，应用最为广泛的主要有 CPLD 器件与 FPGA 器件。

1) SPLD 器件

SPLD(Simple Programmable Logic Device)是最早出现的可编程逻辑器件，其采用图 2.1 所示的电路结构，主要包括 PROM、PAL、PLA、GAL 等器件。相对于后期的 CPLD 与 FPGA，其规模较小，运算速度、集成度低，只适于简单逻辑控制场合。

PROM：具有一个固定的与阵列和一个可编程的或阵列，一般作为数字系统的存储器件使用。在计算机控制系统中，PROM 器件通常用作系统的程序存储器。

PAL：PAL 的与阵列可编程，或阵列不可编程。由于器件的与阵列可编程，乘积项增多；GAL 具有与 PAL 相同的阵列结构，与阵列可编程、或阵列固定，同时，器件输出配置了输出逻辑宏单元(Output Logic MacroCell，OLMC)，可组态为专用输入、输出、寄存器 I/O 等方式，实现时序或组合逻辑；二代 GAL 具有电擦写、重复编程加密功能。

PLA：器件的与阵列和或阵列均具有可编程特性，其主要缺陷在于速度不高，同时在价格方面也不具备优势。PLA 分为组合型与时序型两类器件，分别用于实现组合逻辑电路与时序逻辑电路。

2) CPLD 器件

CPLD 采用逻辑板块编程而非逻辑门编程，其结构以逻辑宏单元为基础，构成包括内部的与阵列、或阵列和输入/输出控制模块。由于受到本身资源规模的限制，CPLD 器件通常用于相对简单的时序逻辑控制，适用于需要进行系统扩展、扩大应用范围，提高或扩展系统性能的场合。

3) FPGA 器件

FPGA 器件通过静态随机存取存储(Static Random Access Memory，SRAM)工艺制造，采用逻辑单元阵列结构，内部主要包括可配置逻辑模块 (Configurable Logic Block，CLB)、输出输入块 (Input Output Block，IOB)与内部连线(Interconnect)。FPGA 的组合逻辑通过查找表(16×1RAM)实现，查找表连接到 D 触发器，而后驱动其他逻辑电路或 I/O，由此实现组合逻辑与时序逻辑电路功能。相对于其他 PLD 器件，FPGA 具有设计灵活、集成度高、可重复编程、现场模拟调试验证等优点。

4) Lattice 的 ISP 器件

ISP 器件采用 E^2CMOS 工艺制造，内部具有存储程序信息的 E^2PROM，可电擦除。ISP 器件的编程利用 PC 机通过编程电缆实现。相对于其他 PLD 器件，ISP 器件无需专用编程器，编程方便，具有良好的易用性与高性能，具备 FPGA 的灵活性、高密度等特点，可在线重新编程。

3. PLD 器件的其他分类法

1) 互连结构分类法

这种分类方法根据器件的互连结构进行分类，分为确定型与统计型两个类别。确定型 PLD

器件每次布线的互连关系相同,实现具有同一逻辑功能的集成电路时,不会因为多次配置、适配而在 PLD 器件内部产生不同的连接结构。除 FPGA 之外的多数 PLD 器件均属于该类型。

与确定型 PLD 器件相反,统计型 PLD 器件在实现同一逻辑功能时,每次配置、适配电路都会在 PLD 器件内部产生不同的电路连接结构,多数 FPGA 器件隶属于该类器件。

2) 编程特性分类法

该分类方法把大规模可编程逻辑器件分为一次可编程 PLD 器件与重复可编程 PLD 器件。一次可编程 PLD 器件只可编程一次,早期的 PROM、PAL 与熔丝类 FPGA 均是一次可编程 PLD 器件;可多次编程、重新配置的 PLD 器件则是重复可编程 PLD 器件,包括紫外光擦除的器件、电擦除器件。现有的 PLD 器件大多数都是重复可编程逻辑器件,且是电擦除,编程次数达数千次。

2.2　典型 CPLD 器件

CPLD 是当前工业领域应用较为广泛的一类可编程逻辑器件,相对于早期的 SPLD,它具有更大的编程规模与更高的运算速度,内部含有更多的逻辑资源;相对于规模更大的 PLD 器件 FPGA,它具有更高的速度,无需外部 FLASH 等优势,Lattice、Altera 与 Xilinx 等均有自己系列化的 CPLD 产品,而且在不断更新,推出性能更强的 CPLD 器件。典型 CPLD 包括 Altera 的 MAX7000S 系列、MAX Ⅱ 系列、Lattice 的 ISP 系列等器件。

2.2.1　MAX7000S 系列器件

1. 主要器件及特性

Altera 是最早推出 CPLD 器件的 PLD 厂商,其目前尚在广泛应用的 CPLD 器件包括 MAX7000S、MAX3000A 与 MAX Ⅱ 等多个系列的 PLD,表 2.1 所示为 MAX7000S 系列 CPLD 的主要器件及性能参数。

表 2.1　Altera 公司的 MAX7000S 系列 CPLD 器件

特　性	EPM7032S	EPM7064S	EPM7128S	EPM7160S	EPM7192S	EPM7256S
可用门	600	1250	2500	3200	3750	5000
宏单元	32	64	128	160	192	256
LAB 数	2	4	8	10	12	16
最多 I/O 数	36	68	100	104	124	164
t_{PD}/ns	5	5	6	6	7.5	7.5
t_{SU}/ns	2.9	2.9	3.4	3.4	4.1	3.9
t_{FSU}/ns	2.5	2.5	2.5	2.5	3	3
t_{CO1}/ns	3.2	3.2	4	3.9	4.7	4.7
f_{CNT}/MHz	175.4	175.4	147.1	149.3	125	128.2
速度等级	−5, −6, −7, −10	−5, −6, −7, −10	−6, −7, −10, −15	−6, −7, −10, −15	−7, −10, −15	−7, −10, −15

MAX7000S 系列 CPLD 采用 0.8μ CMOS E^{2}PROM 工艺，可用逻辑门数为 600～5000，可通过内嵌的 5V JTAG 接口进行在线编程。器件计数器频率可达 175.4 MHz，端子到端子 (Pin to Pin) 延迟时间为 5 ns。该系列器件具有全局时钟、输出使能、快速输入寄存器、可编程电压摆动率控制等功能电路以及增强型连线等电路资源，同时提供漏极开路输出功能。器件可用于具有不同电压信号的混合电压系统，器件通过 CMOS E^{2}PROM 单元实现逻辑函数，从而实现器件的快速有效编程。器件提供 44、68、84、100、160、192、208 脚的 PLCC、PQFP、TQFP、PGA 多种封装形式。

2. MAX7000S 器件的结构与功能

1) 基本构成

MAX7000S 的逻辑结构如图 2.2 所示，其构成主要包括逻辑阵列块(Logic Array Block，LAB)、可编程连线阵(Programmable Interconnect Array, PIA)、I/O 控制块(I/O Control Blocks，IOB) 与宏单元。

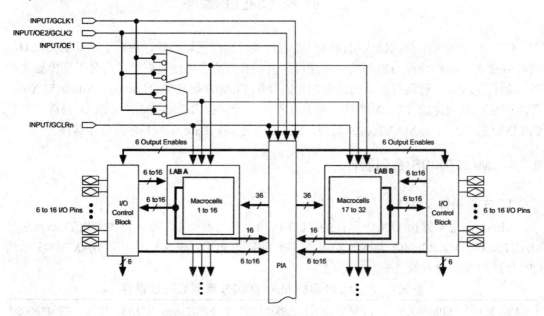

图 2.2　MAX7000S 器件的基本构成

EPM7128S 是 MAX7000S 系列 CPLD 的一款典型器件，具有 4 个专用输入端口，除了作为通用输入使用，这 4 个端口还可以作为整个电路的高速全局控制信号，为 PLD 的各个宏单元、I/O 端口提供时钟信号、清零信号与输出使能信号，从而实现电路的同步设计。

EPM7128S 系列可编程器件的功能主要通过 8 个高度灵活的高性能逻辑阵列模块-LAB 及其相互之间的连接实现。每个 LAB 包括 16 个宏单元，相互之间通过可编程连线阵(PIA) 与全局总线相连。全局总线与所有的专用输入端口、I/O 端口与宏单元进行数据交换。

LAB 接收来自 PIA 的 36 个信号，用作通用逻辑输入；接收全局控制信号，用于辅助寄存器；接收 I/O 端子到寄存器的直接输入，用于快速配置可编程器件。

2) 宏单元(Macrocell)

宏单元用来实现 CPLD 器件的逻辑功能，其基本结构如图 2.3 所示。

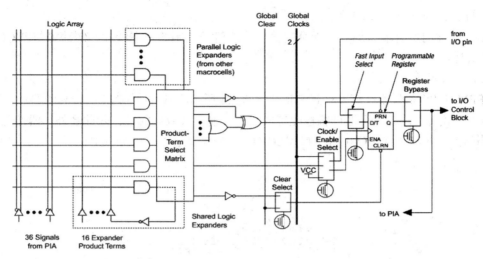

图 2.3　宏单元的基本构成

(1) 宏单元由逻辑阵列(Logic Array)、乘积项选择矩阵(Product-Term Select Matrix)与可编程触发器(Programmable Register)三类功能模块构成。通过编程，宏单元分别实现时序逻辑、组合逻辑电路。

(2) 逻辑阵列用来实现集成电路设计中的组合逻辑功能，逻辑阵列提供每个宏单元的五个乘积项。

(3) 乘积项选择矩阵分配乘积项作为或门、异或门的主要逻辑输入，实现组合逻辑；或者把乘积项作为宏单元触发器的清零、置位、时钟和时钟使能信号使用。

(4) 做寄存器使用时，宏单元的可编程触发器可单独编程为带时钟端的 D、T、JK 或 RS 触发器。同时，宏单元的触发器也可以被旁路，用于实现组合逻辑。

(5) 扩展乘积项(Expander Product Terms)

① 逻辑功能需要的乘积项数量多于五个时，可利用共享(Shared Logic Expanders)和并联扩展乘积项(Parallel Logic Expanders)来实现。

② MAX7000S 器件允许直接使用同一逻辑阵列块(LAB)内的乘积项实现逻辑功能，以节省资源，提高速度。

③ 共享扩展项：每个 LAB 有 16 个共享扩展项，每个宏单元提供一个未投入使用的乘积项。

④ 并联扩展项：宏单元中没有使用、且可分配到相邻宏单元、实现高速复杂逻辑功能的扩展乘积项称为并联扩展项。

3) 可编程连线阵列(PIA)

(1) 完成布线，连接各 LAB，构成所需的逻辑功能。

(2) 器件的所有专用输入、I/O 端口与宏单元的输出均与 PIA 相连，以保证整个器件能获取各个信号，实现具体功能。

(3) MAX7000S 的 PIA 具有固定延时，消除了信号之间的时间偏差。

4) I/O 控制块(I/O Control Block，IOCB)

(1) 通过 IOCB 可以配置 I/O 端口的工作方式；通过 IOCB，EPM7128S 的各端口可以配置成输入、输出与双向 3 种工作模式。

(2) 器件的所有端口均具有受全局输出使能信号控制的三态缓冲，缓冲可与 VCC 或 GND 直连。

5) 引线图

EPM7128S 系列器件有多种封装形式，图 2.4 所示为其 84 脚 PLCC 封装的器件。器件有 64 个通用 I/O 端口，可通过编程配置成输入、输出或双向端口；除此之外，器件还有 4 个专用输入端口、6 个 I/O 电源接口 VCCIO，2 个内部电压端口 VCCINT。

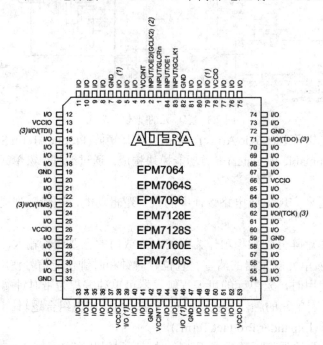

图 2.4　84 脚 PLCC 封装的 EPM7128S 器件

2.2.2　ISP 系列器件

1．主要器件及特性

Lattice 公司的 CPLD 器件普遍采用 E^2CMOS 工艺及 ISP 技术，主要包括 ispMach4000V/B/C、MachXO、ispLSI 等系列器件，其中 ispLSI 系列 CPLD 的部分典型器件及特性参数见表 2.2。

表 2.2　ispLSI 系列 CPLD 的部分典型器件及特性参数

器 件	1016	1032	2032	2064	2128	3256	5256V	6192	8840
PLD 门	2K	6K	1K	2K	6K	11K	12K	25K	45K
Fmax(MHz)	110	90	125	125	100	77	125	70	110
t_{pd}(ns)	10	12	5.5	7.5	10	15	7.5	15	8.5
宏单元	64	128	32	64	128	256	256	192	840
寄存器	96	192	32	64	128	384	256	416	1152
I/O 端口个数	36	72	34	68	136	128	192	159	432

同样，ispLSI 器件具有 PLCC、TQFP 等多种封装形式与多个速度等级。用户可根据实际设计所需要的逻辑复杂程度与集成度要求合理选择器件。

2．典型器件 ispLSI1032EA 器件的结构与功能

1）器件基本特点

(1) 器件内部集成逻辑门 6000 门，具有 64 个 I/O 端口，4 个专用输入，192 个触发器；器件具有 4 个专用时钟输入，同时具有同步与异步时钟，功能与管脚全面兼容 ispLSI1032E 器件。

(2) 器件最高工作频率可达 200 MHz，I/O 端口兼容 TTL 信号，传播延时 t_{pd} 可达 4 ns，用户可选 3.3 V 或 5 V I/O 端口，支持混合电压系统。

(3) 器件采用电擦除，可反复编程，通过标准 JTAG 可实现器件的在线编程。

2）基本结构

如图 2.5 所示为典型器件 ispLSI1032EA 的逻辑功能框图。

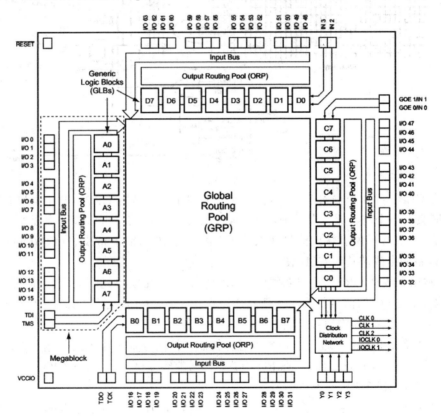

图 2.5　ispLSI1032EA 器件的逻辑功能框图

ispLSI1032EA 的基本构成包括 4 个宏块(Megablock)、1 个全局布线区(Global Routing Pool，GRP)与 1 个时钟分配网络。

(1) 全局布线区 GRP。

① 全局布线区位于集成电路中央，接收所有逻辑单元的输出信号和所有来自 I/O 端口的输入信号，实现 I/O 端口、GLB 之间的连接关系，完成程序制定的逻辑功能。

② 无论逻辑电路位置如何，GRP 都能够保证信号输入输出延迟时间恒定。

(2) 宏块(megablock)。宏块的基本构成包括 8 个通用逻辑块(Generic Logic Block，GLB)、1 个输出布线区(Output Routing Pool，ORP)、1 个输入总线(Input Bus)、16 个 I/O 端口，以及 2 个器件的专用输入端口。器件的专用输入端口信号直接进入 GLB，而非 GRP，因此可以消除时间延迟。

① 通用逻辑块 GLB。GLB 用于实现器件预定的逻辑功能，如图 2.6 所示为其结构框架。

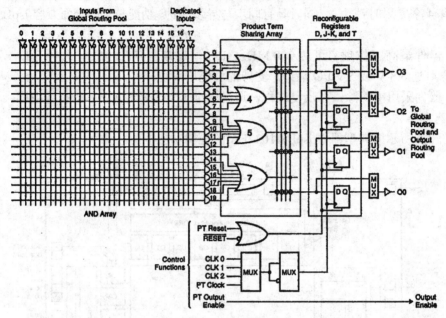

图 2.6　GLB 的逻辑结构

每个 GLB 有 18 个输入信号，其中 16 个来自全局布线区 GRP，两个来自专用输入端口；同时具有一个与、或、专用或阵列、4 个输出，输出信号可以根据需要配置为组合或寄存器输出。GLB 的所有输出信号送入全局布线区 GRP 与输出布线池 ORP(Output Routing Pool)，以备输出或被其他 GLB 使用。

② 输出布线池 ORP。输出布线池 ORP 是 GLB 与 I/O 单元间的可编程互连阵列，用以实现 GLB 与 I/O 的信号传输；实现高速逻辑功能时，GLB 可跨 ORP 与 I/O 直连。

③ 输入总线：16 位信号通道。

④ I/O 单元 IOC：可通过单独编程进行控制，使其分别工作于组合输入、寄存器输入或者锁存器输入、输出与双向三态 I/O 模式，信号兼容 TTL 电平；VCCIO 接 3.3 或 5 V 电源，端口相应输出 3.3 V 或 5 V 信号。

⑤ 可编程开路输出：除了作为标准输出，ispLSI1032EA 可单独编程为标准图腾柱输出或源极开路输出。

(3) 时钟分配网络。ispLSI1032EA 器件的时钟选择由时钟分配网络实现，专用时钟输入 Y0～Y3 送入时钟分配网络，产生 5 个时钟信号 CLK0-CLK2、IOCLK0 与 IOCLK1 并驱动各 GLB 与 I/O 单元 IOC；时钟分配网络也可由器件特定的 GLB(ispLSI1032EA 的通用逻辑块 C0)产生，C0 允许用户利用器件内部信号组合产生内部时钟。

3) 器件编程

Lattice 的 CPLD 器件的编程方法有两种，第一种是通过计算机与编程电缆灌制程序的在线编程方法；第二种是通过编程器编程。其中，ispLSI 器件可通过上述两种方法进行编程，pLSI 器件只可通过第二种方法进行编程。编程接口的具体定义如下：

(1) MODE(TMS)：模式控制。

(2) SCLK(TCK)：串行时钟，该端口为 CPLD 器件的编程操作提供数据移位时钟及时序逻辑操作时钟。

(3) SDI(TDI)：串行数据与命令输入。

(4) SDO(TDO)：串行数据输出。

(5) ispEN：编程使能。

(6) 地线及 ispLSI 电源电压监测线。

2.2.3　MAX II 系列器件

1. 主要器件及特性

MAX II 系列器件是 Altera 近年来根据工业需求推出的一类重要 CPLD，相对于原有的 MAX7000、MAX3000 系列器件，MAX II 器件功耗低、速度更快、逻辑资源更多、集成度更高。MAX II 使 CPLD 能够实现具有一定复杂程度的数据处理及运算、控制逻辑与控制策略、高性能数据通信协议等功能，能够在系统中发挥更大作用，MAX II 系列 CPLD 的典型器件及特性参数见表 2.3。

表 2.3　MAX II 系列 CPLD 的典型器件及特性参数

器 件 名 称	EPM240/ EPM240G	EPM570/ EPM570G	EPM1270/ EPM1270G	EPM2210/ EPM2210G	EPM240Z	EPM570Z
逻辑单元数	240	570	1270	2210	240	570
等效宏单元个数典型值	192	440	980	1700	192	440
等效宏单元个数	128~240	240~570	570~1270	1270~2210	128~240	240~570
可用 Flash(bit)	8192	8192	8192	8192	8192	8192
最大可用 I/O 数	80	160	212	272	80	160
t_{pd1} (ns)	4.7	5.4	6.2	7	7.5	9
f_{CNT} (MHz)	304	304	304	304	152	152
t_{su} (ns)	1.7	1.2	1.2	1.2	2.3	2.2
t_{CO} (ns)	4.3	4.5	4.6	4.6	6.5	6.7

MAX II 器件待机电流可低至 25 μA，可提供 4 个全局时钟，每个 LAB 可使用 2 个全局时钟；器件的多电压内核允许使用 3.3 V、2.5 V 或 1.8 V 等电压供电，同样多电压的信号端口接受 3.3 V、2.5 V、1.8 V 与 1.5 V 的逻辑信号；器件具有 –3、–4 与 –5 多个速度等级，提供 68、100、144、256、324 引脚的 TQFP、FineLine BGA 与 Micro FineLine BGA 封装形式。

MAX II 系列器件的具体命名规则如表 2.4 所示。器件名称的构成字段主要包含器件系列、逻辑单元数量、内部电压、封装形式、引脚数目、工作温度与速度等级等信息。

表2.4　MAX II 器件命名规则

系列	LE 数	内部电压	封装形式	引脚数目(个)	工作温度	速度等级	可选后缀
EPM	240	G	T	100	C	3	ES
Altera 公司的 CPLD 器件	240 570 1270 2210	G：1.8V 低功耗器件 Z：1.8V 低功耗器件 无标识：2.5 V 或 3.3 V 器件	T：TQFP F：FBGA M：MBGA	144 164 240 256 324 484 780	C：商业级(0～85℃) I：工业级(-40～100℃) A-汽车级(-40～25℃)	3 4 5 6 7 8 (3 级速度最快)	N：无铅封装 ES：工程样片

2.　器件的结构与功能

1)　器件功能结构

MAX II 器件的逻辑功能结构框架如图 2.7 所示。在图 2.7 所示的结构中，PLD 器件通过呈行、列结构排布的多组逻辑单元，高效地执行用户自定义的专用控制逻辑功能。行与列之间的连接线负责为不同 LAB 之间提供信号连接关系，形成逻辑功能各异的用户电路。

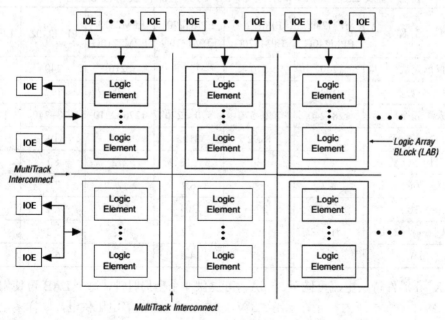

图 2.7　MAX II 系列器件的功能结构框架

MAX II 器件的逻辑阵列由行列排布的 LAB 构成，每个 LAB 包括10个逻辑单元(Logic Element，LE)，LE 提供一系列逻辑结构，以保证用户自定义专用逻辑功能的高效执行。多通道互连线(MultiTrack Interconnect)能够保证信号传输延迟降到最低，以保证 LAB 之间的高速连接。

MAX Ⅱ器件通过其全局时钟网络(Global Clock Network)的 4 个全局时钟驱动整个器件，为器件的所有逻辑资源提供时钟信号，同时也可用作清零、置位、输出使能等控制信号。

2) 器件的平面结构

图 2.8 所示为 MAX Ⅱ系列器件 EPM570 的平面布局结构，器件平面布局的左下角设计有专用 FLASH 存储区，主要作为器件配置专用 FLASH 存储区(Configuration Flash Memory，CFM)使用，用来存储所有的 SRAM 配置信息。器件上电时，配置专用 FLASH 存储区(CFM)自动将配置信息载入 SRAM，配置器件的逻辑与 I/O 功能，实现器件的快速启动。

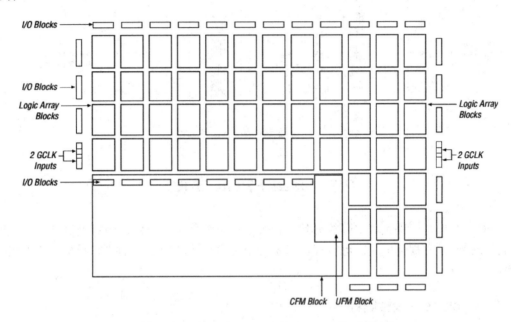

图 2.8　MAX Ⅱ系列 CPLD 器件 EPM570 的平面结构

器件 FLASH 存储区中的一小部分空间可用于用户数据的存储，这部分空间又称为用户 FLASH 存储区(User Flash Memory，UFM)，存储空间大小为 8192 bit。UFM 为逻辑阵列提供端口以实现存储单元的读写操作。典型器件 EPM570 共有 57 个 LAB，570 个 LE；在器件的 FLASH 存储区上方均匀分布了 4 行、12 列共 48 个 LAB，器件的 FLASH 存储区右侧均匀排布了 3 行、3 列共 9 个 LAB；I/O 控制块环绕 LAB 四周形成均匀排布，以方便电路布线，同时易使 I/O 信号均匀排布，均衡设计中的信号延迟。

3) 器件 LAB 的逻辑结构

EPM570 器件中，LAB 结构如图 2.9 所示。每个 LAB 的基本构成包括 10 个逻辑单元 LE、LE 进位链、LAB 控制信号、局部连线、查找表(Look-Up Table，LUT)链路与触发器链路。LAB 的输入信号包括最多 26 个独立输入，外加本 LAB 内各 LE 输出的 10 个局部回送信号。局部连线实现同一 LAB 内各 LE 之间的信号传输；LUT 链路将 LE 中的 LUT 输出送至相邻 LUT，在同一 LAB 内形成 LUT 的快速连接通道；触发器链路将 LE 寄存器的输出送入同一 LAB 内的相邻 LE。

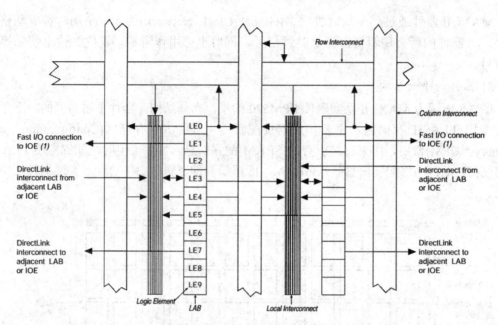

图 2.9　EPM570 器件的 LAB 框架结构

2.3　典型 FPGA 器件

　　FPGA 器件是工程领域常用的另外一种大规模可编程逻辑器件，相对于复杂可编程逻辑器件 CPLD，它规模更大，可编程逻辑资源更丰富，尤其适于复杂控制系统、片上系统等系统的设计。

2.3.1　Cyclone III 系列器件

1. 主要器件及特性

Cyclone III系列器件 FPGA 的典型器件及特性参数如表 2.5 所示。

表 2.5　Cyclone III 系列 FPGA 的主要器件及特性参数

器 件	LE 数	M9K 数	RAM 数/bit	18×18 乘法器	PLL	全局时钟网络	最大可用 I/O 数
EP3C5	5136	46	423936	23	2	10	182
EP3C10	10320	46	423936	23	2	10	182
EP3C16	15408	56	516096	56	4	20	346
EP3C25	24624	66	608256	66	4	20	215
EP3C40	39600	126	1161216	126	4	20	535
EP3C55	55856	260	2396160	156	4	20	377
EP3C80	81264	305	2810880	244	4	20	429
EP3C120	119088	432	3981312	288	4	20	531

　　Cyclone Ⅲ系列器件是 Altera 推出的一类重要的低功耗、低成本、高性能的 FPGA 器件，尤其适用于大容量、低功耗、价格敏感的应用场合，器件包括 5000～200 000 个逻辑单元，存储器容量为 0.5～8 Mbit，静态功耗为 1/4W。每个器件具有 4 个 PLL，每个 PLL 有 5 个输出，能为器件的时钟管理、外部系统时钟管理、I/O 接口提供灵活的时钟管理与综合；支持多种标准信号，速度分为 C6、C7、C8、I7、A7 五个等级，器件命名规则及其含义如表 2.6 所示。

表 2.6　器件命名规则

系列名称	LE 数量(个)	封装代号	引脚数	温度等级	速度级	可选后缀
EP3C	25	F	324	C	7	N
Altera 的 EP3C 系列 FPGA 器件	5　：5136 10　：10320 16　：15408 25　：24624 25E：24624 40　：39600 55　：55856 80　：81264 120：119088	E：EQFP Q：PQFP F：FBGA U：UBGA M：MBGA	144 164 240 256 324 484 780	C：商业级(0-85℃) I：工业级(-40～100℃) A：汽车级(-40～125℃)	6(最快) 7 8	N：无铅封装 ES：工程样片

2. Cyclone Ⅲ 器件的结构与功能

1) 器件构成框架

Cyclone Ⅲ 器件的平面结构如图 2.10 所示。

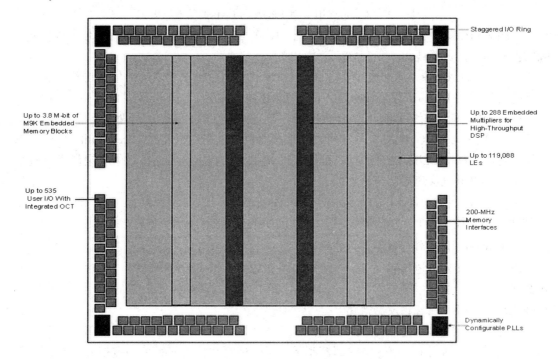

图 2.10　Cyclone Ⅲ 系列 FPGA 器件的平面结构布局

Cyclone III 系列器件能够满足便携式设备的特定需求，资源密度、存储器、内置乘法器与 I/O 功能可选范围大，支持高密度应用场合需要的大容量存储接口与 I/O 协议。器件构成包括 M9K 嵌入式存储块、交叉排列的 I/O 环、集成 OCT 功能的可用 I/O 口、可动态配置的 PLL、200 MHz 的存储器接口、LE 与高吞吐量 DSP 嵌入式乘法器。

2) 器件的 LAB 结构

Cyclone III 器件的 LAB 组织结构如图 2.11 所示。

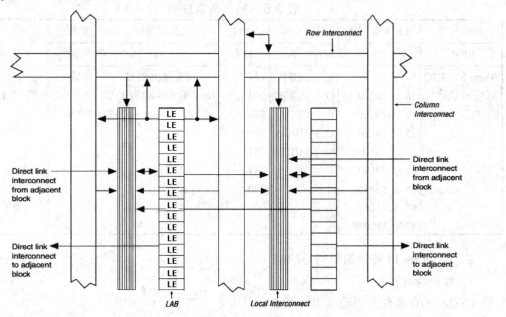

图 2.11　Cyclone III 系列 FPGA 的 LAB 的基本结构

Cyclone III 器件的 LAB 的基本结构包括 16 个 LE、LAB 的控制信号、LE 的进位链、触发器链路、局部连线。

在同一个 LAB 中，局部连线实现同一 LAB 的不同逻辑单元之间的信号传输，触发器链路把逻辑单元 LE 的寄存器输出送入同一 LAB 内的相邻 LE 寄存器。

LAB 的局部连线通过同一 LAB 内的行、列连线与 LE 的输出信号驱动。相邻 LAB、锁相环(PLL)、M9K RAM 块与左右两边的乘法器也可以通过直连线(Direct Link)进入 LAB 的局部连线。Direct Link 减少了行、列连线的使用，具有更好的连接效果与灵活性。每个逻辑单元可以通过快速局部与直连线驱动 48 个逻辑单元。

每个 LAB 还有内部 LE 的驱动信号专用控制逻辑，这些控制信号主要有 2 路时钟、2 路时钟使能信号、两个异步清零信号、一个同步清零信号与一个同步加载信号。

3) Cyclone III 器件的逻辑单元 LE

Cyclone III 器件逻辑单元 LE 的结构如图 2.12 所示，每个逻辑单元 LE 含有 1 个 4 输入查找表、一个可编程触发器、一个进位链与一个触发器链路；LE 能够驱动局部连线、行列连线、直接连线与触发器链路。

LE 的触发器可编程为带数据端、时钟端、时钟使能与清零端的 D、T、JK 与 RS 触发器。全局时钟、通用 I/O 或其他内部控制逻辑可生成寄存器的时钟或清零控制信号。通用端口或内部逻辑都可作为使能信号来使能触发器。实现组合逻辑功能时，查找表可以旁路触发器，直接将自身输出送至 LE 的输出端。

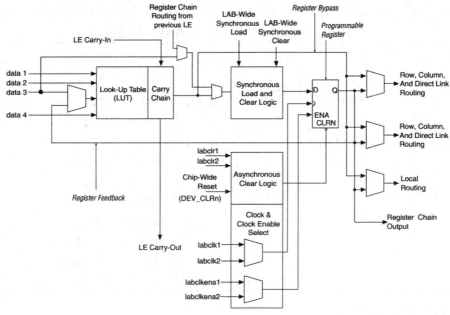

图 2.12　Cyclone Ⅲ 器件的逻辑单元 LE 的基本结构

LE 具有两种工作模式：普通模式与算术模式，普通模式用于实现常用逻辑功能与组合逻辑电路；算术模式尤其适于实现加、计数、累加、比较等运算功能。

2.3.2　Lattice XP2 系列器件

1．主要器件及特性

XP2 系列器件是 Lattice 开发的，基于查找表结构的一类 FPGA 器件。表 2.7 所示为 XP2 系列 FPGA 的主要器件及特性参数。

表 2.7　XP2 系列 FPGA 的主要器件及特性参数

器　件	XP2-5	XP2-8	XP2-17	XP2-30	XP2-40
LUT 数量/KB	5	8	17	29	40
分布式 RAM 数量/KB	10	18	35	56	83
EBR SRAM 数量/(KB)	166	221	276	387	885
EBR SRAM 块数	9	12	15	21	48
DSP 块数	3	4	5	7	8
18×18 乘法器数量	12	16	20	28	32
VCC 电压	1.2	1.2	1.2	1.2	1.2
GPLL 数量	2	2	4	4	4
最大可用 I/O 数	172	201	358	472	540

XP2 系列器件内置 FLASH 单元，具有快速启动、无限次编程等特点。器件内部包括 LUT 结构逻辑、分布式嵌入存储器、锁相环、预制同步 I/O 与增强 DSP 模块。器件提供 132、144、208、256、484、672 脚的多种封装形式，器件命名规则及其含义如表 2.8 所示。

表 2.8　Lattice XP2 系列 FPGA 器件命名规则

系列名称	逻辑规模	供电电压	速度等级	封装形式	等级
LFXP2	−5	E	−5	TN144	C
Lattice 的 LFXP2 系列 FPGA 器件	5：5K 个 LUT 8：8K 个 LUT 17：17K 个 LUT 30：30K 个 LUT 40：40K 个 LUT	1.2 V	5 (最慢) 6 7 (最快)	M132：132 csBGA FT25：256 ftBGA F484：484 fpBGA F672：672 fpBGA MN132：132 csBGA TN144：144 TQFP QN208：208 PQFP FTN256：256 ftBGA FN484：484 fpBGA FN672：672 fpBGA	C：商业级 I：工业级

2．器件结构与功能

1）器件结构

Lattice XP2 系列 FPGA 的基本框架结构如图 2.13 所示。

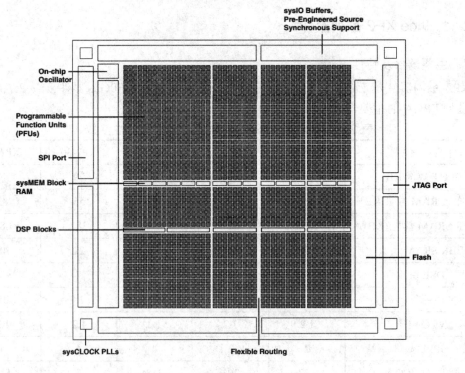

图 2.13　XP2 系列 FPGA 的基本结构

　　器件中间为逻辑块阵列，可编程 I/O 单元(Programmable I/O Cell，PIC)在器件四周均匀环绕分布，排成一行的 DSP 模块与成行排布的嵌入式 RAM 块(Embedded Block RAM，EBR)夹杂分布在成排的逻辑块之间，形成图 2.13 所示的阵列式结构。

　　可编程逻辑功能单元(Programmable Functional Unit，PFU)阵列左右两侧为非易失存储块，用于存放配置数据。上电时，配置数据由该存储块送入配置 SRAM，因此 XP2 器件无需外部配置 FLASH。

　　XP2 器件有两类逻辑功能模块：可编程逻辑功能单元 PFU 和无 RAM 的可编程逻辑功能单元 PFU(即 PFF)。PFU 带有逻辑、算术、RAM 与 ROM 四个构成模块，PFF 无 RAM 构成模块。

　　XP2 器件可以有一行或多行嵌入式 RAM 块 EBR，最多可有两行 DSP 块。每个 DSP 块均具有乘法器与加法器/累加器，用来实现复杂信号处理。

　　2) PFU 的功能结构

　　图 2.14 所示为 Lattice XP2 器件的可编程逻辑功能单元 PFU 的组织结构。

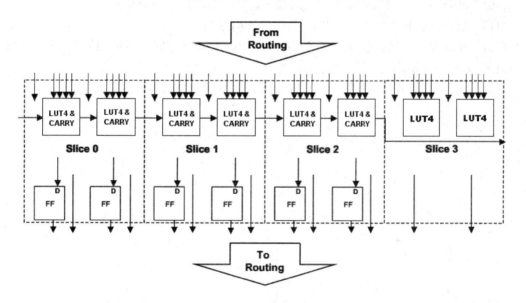

图 2.14　可编程逻辑功能单元 PFU 的结构框架

　　Lattice XP2 器件的核心功能由两类逻辑块——PFU 和 PFF 构成。通过编程，PFU 可以实现逻辑、算数运算以及分布式 RAM 和分布式 ROM 等功能，PFF 则只能实现逻辑、算数运算以及分布式 ROM，不能实现分布式 RAM。PFU 的所有 50 个输入与 23 个输出信号均取自或送至布线区。

　　在图 2.14 所示的可编程逻辑功能单元 PFU 的结构中，PFU 由四个逻辑单元 Slice0～Slice3 互相连接构成。其中，Slice0～Slice2 含有两个 4 输入、可组合查找表结构，输出可送入两个触发器。Slice3 则只包含两个查找表结构，没有触发器。PFU 的 Slice0 和 Slice2 可配置成分布式 RAM，PFF 则不能。另外，通过 PFU 的内部逻辑，可以将其查找表组合使用，实现较为复杂的功能，如 5 输入、6 输入、7 输入与 8 输入查找表。Slice 的触发器可以配置为沿触发或电平触发时钟。

习 题 与 思 考

[1] 请解释名词：ASIC、PLD、SPLD、CPLD、FPGA。

[2] 请介绍 PLD 器件的类型、特点。

[3] 主流 PLD 厂商及典型 PLD 器件有哪些？

[4] 何为 ISP 技术？有何优势？

[5] 请解释 MAX II 系列 CPLD 的逻辑结构以及组合逻辑、时序逻辑的实现方法。

[6] 请解释 Cyclone III 系列 FPGA 器件的逻辑结构以及组合逻辑、时序逻辑的实现方法。

[7] 请解释 XP2 系列 FPGA 器件的逻辑结构以及组合逻辑、时序逻辑的实现方法。

[8] 常用可编程逻辑器件的封装形式有哪些？其优缺点是什么？

[9] PLD 器件的编程信号有哪些？其基本功能是什么？

[10] PLD 器件中通常会设置专用的输入、时钟等端口，有何意义？

[11] 结合自己的理解，谈谈 PLD 器件的选用原则。

[12] PLD 器件中通常会设置多个 VCCIO、VCCINT、GND 等引脚，结合自己的理解，谈谈这样设置有何意义。

[13] 结合已有知识，谈谈自己对 PLD 器件、传统电路的理解以及看法。

第 3 章　VHDL 程序设计

本章主要介绍 VHDL 程序的基本结构、实体、结构体的设计方法，结构体的描述方法，复杂结构的设计方法，VHDL 的语言对象，数据类型及转换，基本运算与词法单元，常用并行语句，常用顺序语句以及采用 VHDL 语言的基本电路方法。

3.1　VHDL 程序结构

3.1.1　程序基本结构

1. 框架结构

与许多软件程序类似，VHDL 程序采用分段式结构，程序的基本构成包括实体 ENTITY 段、结构体 ARCHITECTURE 段、配置 CONFIGURATION 段、包集合 PACKAGE、设计库 LIBRARY 等五个部分，实体段与结构体段构成 VHDL 程序的最基本组成单元。

例 3-1-1　VHDL 程序框架：

```
-Demo VHDL Program
-Clearable loadable enable counter
LIBRARY IEEE;
USE IEEE.STD_LOGIC_1164.all;
ENTITY Cnt8 IS
    PORT( D     : IN INTEGER RANGE 0 TO 255;
          Clk   : IN STD_LOGIC;
          Clrn  : IN STD_LOGIC;
          Ld    : IN STD_LOGIC;
          En    : IN STD_LOGIC;
          Cnt   : OUT INTEGER RANGE 0 TO 255);
END Cnt8;
ARCHITECTURE Demo OF Cnt8 IS
    SIGNAL Count: INTEGER RANGE 0 TO 255;
BEGIN
        PROCESS (clk, clrn)
        BEGIN
            IF Clrn = '0' THEN
```

```
                    Count <= 0;
            ELSIF (Clk'EVENT AND Clk = '1') THEN
                IF ld = '1' THEN
                    Count <= D;
                ELSE
                    IF En = '1' THEN
                        Count <= count +1;
                    ELSE
                        Count <= Count;
                    END IF;
                END IF;
            END IF;
        END PROCESS;
        Cnt <= Count;
    END Demo;
```

上例程序实现了 0～255 的计数器，整个程序包括程序说明、设计库、实体设计与结构体设计 4 段。其中，程序行"Demo VHDL Program"与"Clearable loadable enable counter"用于说明程序功能，不参与编译；语句"LIBRARY IEEE"与"USE IEEE.STD_LOGIC_1164.all"为设计库的调用；从语句"ENTITY Cnt8 IS"开始，直至语句"END Cnt8"结束，构成程序的实体设计部分；从语句"ARCHITECTURE Demo OF Cnt8 IS"开始，直至语句"END Demo"结束，构成程序的结构体设计部分。

2. 实体

实体提供系统公共信息，是 VHDL 程序的基本单元，可以代表整个数字系统或集成电路，也可以仅代表构成数字系统或集成电路的子系统、构成电路。

3. 结构体

结构体也是 VHDL 程序的基本单元，用来表述电路系统的功能、行为、数据处理流程与组织结构，是 EDA 工具实现电路的重要依据。

VHDL 程序行以英文字符的"；"结尾。一段完整 VHDL 程序至少要包括实体段及结构体段，同时，一段 VHDL 程序有且只有一个实体段，即实体唯一；VHDL 程序中的结构体段可不唯一，即一个 VHDL 程序允许存在多个结构体段。

3.1.2　实体设计

1. 基本格式

VHDL 程序的实体段提供所设计系统或电路的基本情况与公共信息，实体段的主要构成包括实体名称、类属表、端口表与实体说明等语句，其基本格式如下：

```
    ENTITY  实体名  IS
        [GENERIC(类属表); ]
```

[PORT(端口表);]

实体说明

[BEGIN

实体语句;]

　　END [ENTITY] 实体名;

实体段定义从定义语句"ENTITY 实体名 IS"开始,"END 实体名"结束;实体主要描述元件或模块的属性以及与外界的连接关系,包括层次化设计中子电路、子模块或系统的 I/O 信号,集成电路或器件设计中芯片 I/O 端口、特性参数等。实体段格式定义中的类属表 GENERIC、端口表 PORT 与实体说明为可选项,可以没有,以下为 8 位二选一电路的实体定义:

例 3-1-2　8 二选一电路的实体定义:

```
ENTITY Mux8 IS
    PORT(A  : IN STD_LOGIC_VECTOR(7 DOWNTO 0);
         B  : IN STD_LOGIC_VECTOR(7 DOWNTO 0);
         Sel : IN STD_LOGIC;
         Q  : OUT STD_LOGIC_VECTOR(7 DOWNTO 0));
END Mux8;
```

上例定义了实体 Mux8, Mux8 中只包含端口定义,电路具有 3 个输入端口 A、B、Sel 和 1 个输出端口 Q。

2．类属定义

类属表是实体设计的可选项,位于端口说明之前,用于定义电路、子电路或系统、子系统的基本属性,提供静态信息,类属表的基本格式如下:

　　　　GENERIC([CONSTANT] 名称: 子类型标识[:= 静态表达式])

当系统或电路的类属表存在多个属性定义,需要多个行时,行尾以";"结束。用静态表达式给类属参数赋值。

例 3-1-3　存在多个属性定义的类属表:

　　　　GENERIC(t_{pd}: TIME : = 8 ns;

　　　　　　　　 t_{on}: TIME : = 8 ns);

上例分别定义属性 t_{pd} 与 t_{on},数据类型均为 TIME,均赋值 8 ns。

3．端口定义

端口表用来描述实体所代表的电路、系统或子电路、子系统与外部的接口,功能对应于电路引脚与输入输出信号。端口可被赋值或者作为变量使用,端口表的基本格式如下:

　　　　PORT(端口名称: 通信模式 数据类型[:= 静态表达式])

1) 端口名称

端口名称是实体所代表系统或者系统的外部引脚名称,要求一目了然,如 Clm、Clk、Cs 等。

2) 通信模式

通信模式是指数据、信号通过端口的方向。端口的通信模式与电路或系统的端口数据流向类型一致,包括输入端口 IN、输出端口 OUT、双向端口 INOUT 与缓冲输出 BUFFER

四种类型。

(1) IN：数据输入端口，单向，如电路的 EN、CS、CLK、Addr 等端口。

(2) OUT：数据输出端口，实体内不可读，不用于内部反馈，即输出端口不能赋给其他端口、信号或变量，也不能参与运算，只能出现在赋值符号左侧。

(3) INOUT：双向端口，既可作为输出将数据信息送出电路和系统，又可作为输入端口接收电路或系统的外部数据，如数据总线。

(4) BUFFER：BUFFER 的特性类似输出端口 OUT，但可以参与系统或电路的内部运算或直接赋给其他端口、信号或变量，可以在电路或内部引用，出现在赋值符号右侧。

3) 数据类型

VHDL 中的布尔数据类型与其他高级语言具有一定类似性，同时也有自身特定的新数据类型，主要包括布尔型 BOOLEAN、位 BIT、位矢量 BIT_VECTOR 与整数 INTEGER 等。

4) 初始化

端口定义中还可以通过数据类型后面的[:= 静态表达式]对端口设定初始状态。

以下为一个典型的端口定义实例：

例 3-1-4　典型端口定义：

```
ENTITY Mgate IS
    GENERIC(tpd: TIME := 5 ns;
            tsu: TIME := 10 ns;
            n  : INTEGER := 7);
    PORT( A : IN STD_LOGIC_VECTOR(0 TO n);
          B : OUT STD_LOGIC := '1');
    END Mgate;
```

实体 Mgate 具有两个端口 A 与 B，A 为输入端口，数据类型为 STD_LOGIC_VECTOR；B 为输出端口，数据类型为 STD_LOGIC。同时，程序为端口 B 设定了初始状态值"1"，电路上电后 B 端口为高电平。

4．实体说明

实体设计中可以包含实体说明部分，该部分置于端口定义之后，定义实体设计中一些可用的公共资源，如自定义数据类型、过程、函数等，以下为含实体说明的实体定义：

例 3-1-5　含实体说明的实体定义：

```
ENTITY Arith IS
    PORT(A, B: IN    BIT;
         S, C: OUT BIT);
    TYPE INT IS RANGE 0 TO 65535;
    PROCEDURE ADD( SIGNAL AA: IN BIT; SIGNAL BB: IN BIT; SIGNAL CC: BIT) IS
        BEGIN
            IF (AA = '1')AND(BB = '1') THEN
                CC <= '1';
```

```
        ELSE
            CC <= '0';
        END IF;
    END PROCEDURE ADD;
END Arith;
```

上面的实体定义的实体说明中分别定义了一种自定义数据 INT 与过程 ADD, 其中 INT 为取值范围 0~65535 的无符号整数, 过程 ADD 为加法器进位位的计算函数。完成上述定义后, 就可以在本段 VHDL 程序中使用数据 INT 或调用过程 ADD 计算一位加法的进位位。

5. 实体语句

实体设计的一般格式中包含实体语句, 允许在实体设计中包含电路的实现过程。实体语句为并行语句, 如并行断言、过程调用与进程等。

例 3-1-6 包含电路实现过程的实体设计:

```
LIBRARY IEEE;
USE IEEE.STD_LOGIC_1164.ALL;
ENTITY AndTri IS
    PORT(A: IN BIT;
        B: IN BIT;
        C: IN BIT;
        O: OUT BIT);
    TYPE INT IS RANGE 0 TO 255;
    PROCEDURE A3( SIGNAL AA, BB, CC: IN BIT; SIGNAL OO: OUT BIT) IS
    BEGIN
        OO <= AA AND BB AND CC;
    END PROCEDURE A3;
    BEGIN
        A3(A, B, C, O);
END AndTri;
```

上例中, 语句"A3(A, B, C, O);"即为实体语句, 调用过程函数 A3 实现 3 输入与门的逻辑运算。实际设计中, 电路实现一般放在结构体 ARCHITECTURE 中实现。

3.1.3 结构体设计

结构体的基本作用在于借助于硬件描述语言, 向 VHDL 编译工具准确清楚地描述电路或系统。不同于传统电路表述方法, VHDL 中的电路描述具有抽象性, 表现在它不一定用传统的布尔代数式或基本电路元件来描述电路, 只要在 VHDL 编译器中形成正确的解释, 结构体就实现了其基本职能。

1. 一般格式

1) 结构体格式

结构体的基本格式如下:

```
ARCHITECTURE 结构体名称 OF 所属实体名称 IS
    定义语句、内部信号、常数、数据类型、函数与过程等;
BEGIN
    [并行语句];
    [进程语句];
    [过程与函数调用];
END 结构体名;
```

一般而言，VHDL 程序通过结构体实现电路或系统，说明器件或电路的行为、功能与数据处理流程、基本结构以及相关的连接关系。结构体的行为与功能描述，使 VHDL 比传统描述方法更接近于自然语言，也更易于为非电子行业的其他领域设计人员掌握。

2) 结构体的命名

结构体的命名除了符合 VHDL 基本语法，没有其他特别要求，尽量做到功能结构一目了然即可。

3) 定义语句

定义语句位于关键字 ARCHITECHTURE 与 BEGIN 之间，常用来定义结构体内用到的内部信号、常数、专用数据类型、函数与过程等，上述定义只在当前结构体内有效。

需要特别说明的是由于一个 VHDL 程序可以有多个结构体，实体设计中定义的信号为外部信号，可以被实体的所有结构体使用，结构体中定义的内部信号只供当前结构体使用。结构体的典型实例如下：

例 3-1-7　结构体的典型实例：

```
ARCHITECTURE Struct OF MIC IS
    SIGNAL InpA, InpB: STD_LOGIC;
    SIGNAL OutP: STD_LOGIC_VECTOR(7 DOWNTO 0);
BEGIN
    ……
END Struct;
```

上例中，从语句"ARCHITECTURE Struct OF MIC IS"开始结构体设计，结构体名称为 Struct，关键字 OF 后跟结构体所属实体的名称，本例中为 MIC；以语句"END Struct"结束结构体设计；在 ARCHITECTURE 语句和 BEGIN 语句之间，结构体定义了 InpA、InpA 与 OutP 3 个信号。

4) 并行处理语句

结构体中的并行语句、进程语句、过程与函数描述实体端口之间的逻辑关系、定义实体功能、行为或实体结构描述，上述语句用来生成硬件电路，只表示相互之间的连接、输入输出对应关系，不表述执行的先后顺序。结构图中的并行语句生成电路后，动作执行同时发生。

同时，也存在例外，结构体的各个进程、函数、过程之间无先后顺序，同时并行执行；但是，在进程、函数、过程内部的语句，按先后顺序执行。结构体并行语句描述如下例：

例 3-1-8　结构体并行语句描述：

```
LIBRARY IEEE;
 USE IEEE.STD_LOGIC_1164.ALL;
ENTITY Mux21 IS
    PORT( D    : IN STD_LOGIC_VECTOR(1 DOWNTO 0);
          Sel  : IN STD_LOGIC;
          G    : OUT STD_LOGIC);
END   MUX21;
ARCHITECTURE DFlow OF Mux21 IS
    SIGNAL sTmp0, sTmp1: STD_LOGIC;
BEGIN
    sTmp0 <= D(1) AND Sel;
    sTmp1 <= NOT Sel AND D(0);
    G <= sTmp0 OR sTmp1;
END DFlow;
```

在上例的结构体中，语句"sTmp0 <= D(1) AND Sel;"、"sTmp1 <= NOT Sel AND D(0);"与"G <= sTmp0 OR sTmp1;"编译之后分别形成三个基本逻辑电路，同时执行三个逻辑运算。

2．常用描述方法

与结构体的作用相对应，结构体的描述方法主要分为：① 行为描述法：采用进程语句顺序描述实体电路或系统的行为；② 数据流描述法：采用进程语句顺序描述实体电路或系统中发生的数据加工、处理、存储过程；③ 结构描述法：并行语句描述实体电路或系统的组织结构及其构成单元之间的互连关系。

1) 结构体的行为描述

结构体的行为描述法按照电路算法的路径来描述，是一种高层次描述，对系统或电路的行为以及输入输出的对应关系而非某一器件进行抽象描述。以下程序为 1 位半加器电路的行为描述：

例 3-1-9　1 位半加器电路的行为描述：

```
LIBRARY IEEE;
USE IEEE.STD_LOGIC_1164.ALL;
ENTITY Add IS
    PORT(A, B: IN   STD_LOGIC;
         S, C: OUT STD_LOGIC);
END Add;
ARCHITECTURE Behav OF Add IS
BEGIN
    PROCESS(A, B)
    BEGIN
        IF (A = '1') AND (B = '1') THEN C <= '1';
```

```
        ELSE C <= '0';
        END IF;
        IF ((A = '0') AND (B = '1'))OR((A = '1') AND (B = '0')) THEN S <= '1';
        ELSE S <= '0';
        END IF;
    END PROCESS;
END Behav;
```

上例中，半加器的和 S 与进位位 C 均采用了行为描述，与常规的布尔代数描述有着本质不同，行为描述完全脱离了传统电路描述中电路组成、结构、逻辑关系等的说明。

2）结构体的数据流描述

结构体的数据流描述常表述数据流程路径、方向与结果，数据流描述常采用条件赋值语句 Case-When、选择性赋值语句 With-Select-When。

例 3-1-10 条件赋值语句 Case-When 实现的数据流描述：

```
LIBRARY IEEE;
USE IEEE.STD_LOGIC_1164.ALL;
ENTITY MUX41 IS
        PORT( D    : IN STD_LOGIC_VECTOR(3 DOWNTO 0);
              Sel  : IN STD_LOGIC_VECTOR(1 DOWNTO 0);
              G    : STD_LOGIC);
END MUX41;
ARCHITECTURE DFlow OF MUX41 IS
BEGIN
        G <= D(0) WHEN (Sel = "00") else
             D(1) WHEN (Sel = "01") else
             D(2) WHEN (Sel = "10") else
             D(3) WHEN (Sel = "11") else
             'Z';
END DFlow;
```

采用布尔代数式，也可用数据流描述，以下实例为采用布尔代数式的数据流描述方法设计的 1 位半加器。

例 3-1-11 布尔代数式实现的 1 位半加器数据流描述方法：

```
LIBRARY IEEE;
USE IEEE.STD_LOGIC_1164.ALL;
ENTITY Add IS
    PORT(A, B: IN    STD_LOGIC;
         S, C: OUT STD_LOGIC);
END Add;
ARCHITECTURE Behav OF Add IS
BEGIN
```

```
    S <= (NOT A AND B)OR(NOT B AND A);

    C <= A AND B;

END Behav;
```

数据流描述法通常采用并行信号赋值语句，而非进程顺序语句，表示数据的处理手段(经过何种处理)，不表示数据处理的先后顺序。

3) 结构体的结构化描述

结构体的结构化描述通常是指描述电路的组成结构或者称硬件结构的电路表述方法，常用于层次设计。结构化描述通常通过表述实体电路或系统的构成子系统、子电路及其连接关系实现。

在复杂系统设计的分模块并行设计中，结构化描述是一种有效的手段。下例为 1 位全加器的结构化描述，例中使用前例实现的半加器作为构成元件，全加器结构如图 3.1 所示。

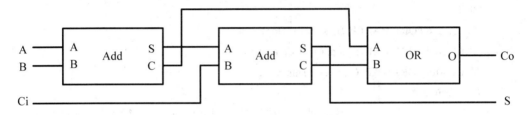

图 3.1　一位全加器电路结构

图中的全加器由两个半加器与一个或门构成，为演示结构化描述，这里将或门用 VHDL 设计成一个子电路元件 COMPONENT，电路名称为 MOR。

例 3-1-12　或门元件 COMPONENT：

```
    LIBRARY IEEE;

    USE IEEE.STD_LOGIC_1164.ALL;

    ENTITY Mor IS

        PORT(A, B: IN    STD_LOGIC;

            O: OUT STD_LOGIC);

    END Mor;

    ARCHITECTURE DFlow OF Mor IS

    BEGIN

        O <= A OR B;

    END DFlow;
```

半加器利用上例的 VHDL 描述程序，将其作为元件 COMPONENT 使用，完整的全加器 VHDL 程序如下。

例 3-1-13　全加器的结构化描述：

```
    LIBRARY IEEE;

    USE IEEE.STD_LOGIC_1164.ALL;

    ENTITY FAdd IS

        PORT(A, B, Ci: IN    STD_LOGIC;

            S, Co      : OUT STD_LOGIC);
```

```
END FAdd;
ARCHITECTURE Struct OF FAdd IS
    SIGNAL STmp, CTmp, CoTmp : STD_LOGIC;
    COMPONENT Mor IS
        PORT(A, B: IN    STD_LOGIC;
                 O: OUT STD_LOGIC);
    END COMPONENT Mor;
    COMPONENT Add IS
    PORT(A, B: IN    STD_LOGIC;
             S, C: OUT STD_LOGIC);
    END COMPONENT Add;
BEGIN
    u0: Add PORT MAP (A, B, STmp, CTmp);
    u1: Add PORT MAP (STmp, Ci, S, CoTmp);
    u2: Mor PORT MAP (CTmp, CoTmp, Co);
END Struct;
```

全加器 FAdd 通过三个子电路实现，分别是半加器 u0、u1 和自行设计的或门 u2。

需要说明的是，上述三种方法往往不是单独的，可以结合使用。在实际电路设计中，针对电路的不同构成模块或子电路，往往会使用多种描述方法，甚至一个 VHDL 程序中也会同时使用上述三种描述方法。

3.1.4　复杂结构体的描述方法

自顶向下的设计方法利用层层分级的方法将系统或实体电路分解成多个子模块或子电路，这种方法尤其适于复杂电路与系统的描述。与之相适应，VHDL 针对电路或系统的复杂结构体提出了多子结构模块描述方法，子结构形式主要包括进程 PROCESS、模块 BLOCK 与子程序 SUBPROGRAM。

1．多进程描述

进程是结构体设计中的一种重要的模块，它不仅仅用于复杂结构体设计，还在 VHDL 程序设计中大量使用。

1）一般格式

进程(PROCESS)的基本格式如下：

```
[进程名称]: PROCESS[敏感量表(敏感量 1, 敏感量 2, …)]
    变量定义
BEGIN
    顺序语句
END PROCESS [进程名称];
```

格式中的进程名称为可选项，使用时必须配对出现，前后一致；进程关键字 PROCESS 后跟敏感量表选项，包括小括号()与小括号中以"，"号隔开的敏感量，实体端口、信号量都可以作为进程敏感量使用。以下为采用 PROCESS 描述的二选一电路 MUX21。

例 3-1-14　二选一电路 MUX21 的 PROCESS 描述：

```
LIBRARY IEEE;
USE IEEE.STD_LOGIC_1164.ALL;
ENTITY Mux21 IS
    PORT( D    : IN STD_LOGIC_VECTOR(1 DOWNTO 0);
          Sel  : IN STD_LOGIC;
          G    : OUT STD_LOGIC);
END   MUX21;
ARCHITECTURE Sample OF Mux21 IS
BEGIN
    DemoP: PROCESS(Sel, D)
    BEGIN
        IF Sel = '0'THEN G <= D(0);
        ELSE G <= D(1);
          END IF;
        END PROCESS DemoP;
    END Sample;
```

例子中通过进程 DemoP 实现电路，端口 D 与 Sel 的数据发生变化时，进程 DemoP 执行一次，计算相应的输出值，送出输出端口 G。

2) 进程语句的顺序性

实现复杂结构体的设计时，可以根据实体电路、系统功能或数据处理过程，将复杂电路分成多个相互独立的过程分别实现，每个过程对应一个进程。不同于结构体中直接书写在 ARCHTECTURE 中的并行语句，进程中的语句按顺序逐条向下执行。在 VHDL 程序设计中，这种顺序语句只允许出现在进程与子程序(SUBPROGRAM)中。

在结构体中，描述复杂结构体的多个进程 PROCESS 之间、进程 PROCESS 与子程序 SUBPROGRAM 之间仍然保持并行关系，即多进程、子程序结构体中的各进程同时执行，不分书写的先后顺序。

3) 启动与执行

结构体中进程的执行是有条件的，进程可以由敏感量表中的敏感量启动，也可以通过 PROCESS 中的 WAIT 语句启动。

(1) 由敏感量启动时，敏感量表中的任意一个敏感量发生变化，进程就被启动，执行一次。

(2) 使用 WAIT 语句启动进程时，需在进程中设计 WAIT 语句，WAIT 语句的典型用法如下。

① 用法 1：等待信号发生变化，而后执行进程：

```
WAIT ON G;
```

② 用法 2：等待信号发生变化，延时 20 ns，然后执行进程：

WAIT ON G FOR 20ns;

4）进程的用法

（1）结构体的多进程表述。复杂系统或实体电路可具有多个结构体，每个结构体可包含有多个进程，图 3.2 展示了一个复杂结构体的多进程描述方法。

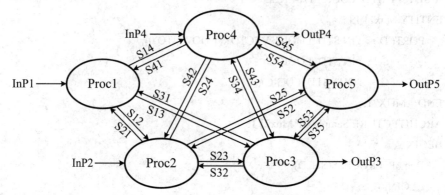

图 3.2　复杂结构体的多进程描述

图示结构体中，进程 Proc1、Proc2、Proc4 接收系统输入 InP1、InP2 与 InP4，进程 Proc3、Proc4、Proc5 形成系统输出 OutP3、OutP4 与 OutP5；同时，进程 Proc1、Proc2、Proc3、Proc4、Proc5 分别输出其他进程的内部控制信号。一般而言，复杂结构体的每一个进程都允许接收系统或实体电路的外部输入信号，同时输出系统或实体电路的输出信号。

（2）PROCESS 的启动。进程依靠敏感量或 WAIT 语句启动，当进程 PROCESS 结构中既无敏感量表，又无 WAIT 语句时，进程 PROCESS 无条件持续启动，进入死循环。因此，进程 PROCESS 一定要有敏感量表或 WAIT 语句。

（3）进程之间的数据交换。多进程之间的数据交换通过信号完成，同时要求同一信号只能在一个进程中进行赋值，不允许多个进程对同一信号进行赋值操作。

（4）构成复杂结构体的多进程在执行时并无先后顺序，且只要敏感量表中的敏感量或 WAIT ON 语句后的信号发生变化，进程就被启动。

（5）进程内语句按先后顺序逐条执行。

例 3-1-15　设计图 3.3 所示的两进程计数电路，要求：按下输入 InP，电路开始计数，计数到 5 结束，系统停止。In P 再次出现上升沿时，系统重新计数。

分析　图中的两进程 Proc0 与 Proc1 分别实现系统输入与计数功能；Proc0 收到来自 InP 的指令脉冲，输出 S01 启动进程 Proc1，对 Clk 计数；计数时，OutP 输出低电平；计数结束，OutP 输出高电平，Proc1 输出信号 S10 返回 Proc0，通知 Proc0 撤销计数启动信号。

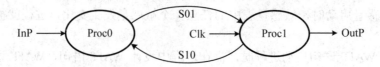

图 3.3　两进程计数电路结构体设计

电路的程序实现如下：

例 3-1-16　两进程计数电路结构体设计：

LIBRARY IEEE;

```
USE IEEE.STD_LOGIC_1164.ALL;
ENTITY Puls IS
    PORT(InP : IN STD_LOGIC; Clk : IN STD_LOGIC; OutP: OUT STD_LOGIC);
END Puls;
ARCHITECTURE Sample OF Puls IS
    SIGNAL S01, S10 : STD_LOGIC := '0';
BEGIN
    Proc0: PROCESS(InP, S10, Clk)
        VARIABLE Cnt: INTEGER RANGE 0 TO 5;
    BEGIN
        IF S10 = '1' THEN S01 <= '0';
        ELSIF InP'EVENT AND InP = '1' THEN S01 <= '1';
        END IF;
    END PROCESS Proc0;
    Proc1: PROCESS(Clk, S01)
        VARIABLE Cnt: INTEGER RANGE 0 TO 5;
    BEGIN
        IF S01 = '0'THEN S10 <= '0';
        ELSIF Clk'EVENT AND Clk = '0' THEN
            IF Cnt = 0 THEN
                IF S01 = '1' THEN Cnt := Cnt+1; OutP <= '0';
                END IF;
            ELSIF Cnt < 5 THEN Cnt := Cnt+1;
            ELSE Cnt := 0; OutP <= '1'; S10 <= '1';
            END IF;
        END IF;
    END PROCESS Proc1;
END ARCHITECTURE sample;
```

在上例中，Proc0 响应 InP 的上升沿，将 S01 置为高电平；启动 Proc1，开始对 Clk 计数，端口 OutP 变为低电平；计数结束后，Proc1 将端口 OutP 与信号 S10 置为高电平，启动 Proc0 并迅速将信号 S01 置为低电平，避免 Proc1 再次动作。

2. 多模块描述

模块(BLOCK)也是复杂结构体的一种常用描述方式，不同于进程，模块是一组并行语句的集合，语句之间不存在先后顺序。

1) 一般格式

模块的基本格式如下：

　　模块名称: BLOCK[(执行条件)]

　　　　[类属表;]

    [端口表;]

  BEGIN

    并行语句;

  END BLOCK [模块名称];

与实体设计一样，模块也具有属性表与端口表，分别描述 BLOCK 的属性参数与端口，相应的定义格式与实体设计也相同。根据上述格式，采用 BLOCK 结构设计一位半加器，电路实现代码如下：

例 3-1-17　一位半加器的 BLOCK 描述方法：

```
LIBRARY IEEE;
USE IEEE.STD_LOGIC_1164.ALL;
ENTITY Add IS
    PORT(A, B: IN    STD_LOGIC;
           S, C: OUT STD_LOGIC);
END Add;
ARCHITECTURE Blk OF Add IS
    SIGNAL Tmp0, Tmp1: STD_LOGIC;
BEGIN
  Sum: BLOCK
  BEGIN
      Tmp0 <= NOT A AND B; Tmp1 <= NOT B AND A; S <= Tmp0 OR Tmp1;
  END BLOCK Sum;
  Carry: BLOCK
  BEGIN
      C <= A AND B;
  END BLOCK Carry;
END Blk;
```

上面的半加器电路通过两个 BLOCK 结构实现，其中模块 Sum 实现半加器的和运算，计算 A 与 B 的和 S；模块 Carry 实现半加器的进位运算，计算 A+B 进位位 C；两模块的起始句 "Sum: BLOCK" 与 "Carry: BLOCK" 之后无执行条件，两模块无条件执行。

求和模块 Sum: BLOCK 通过 3 条并行语句 "Tmp0 <= NOT A AND B; "、"Tmp1 <= NOT B AND A; " 以及 "S <= Tmp0 OR Tmp1; " 实现，其中的与(AND)、或(OR)、非(NOT)运算同时执行，无顺序差异。

2) BLOCK 的执行条件

使用 BLOCK 结构时，可以在模块定义首句中关键字 BLOCK 后附加执行条件，通过条件表达式控制模块 BLOCK 中并行语句的执行。

以下为采用附加执行条件的 BLOCK 结构实现的 0～15 以内的加法计算器。使能端 EN 为 "1"，电路执行正常加法运算；使能端 EN 为 "0"，电路输出 "-1"，提示出错。

例 3-1-18　采用附加执行条件的 BLOCK 结构实现的 0～15 以内的加法器：

```
LIBRARY IEEE;
```

```
USE IEEE.STD_LOGIC_1164.ALL;
ENTITY EnAdd IS
    PORT(A, B: IN    INTEGER RANGE 0 TO 15; S : OUT INTEGER RANGE -1 TO 30;
          EN   : IN    STD_LOGIC);
END EnAdd;
ARCHITECTURE Blk OF EnAdd IS
    SIGNAL S0 : INTEGER RANGE 0 TO 30;
BEGIN
    Sum: BLOCK(EN = '1')
    BEGIN
        S0 <= A+B;
    END BLOCK Sum;
    S <= S0 WHEN EN = '1' ELSE    -1;
END Blk;
```

在上例中，当使能端 EN 为“1”时，电路的 Sum 模块激活，计算 A+B 的值后将其送入 S0，并通过电路输出端 S 输出正确结果 S0；当使能端 EN 为“0”时，Sum 模块被禁止，电路输出出错结果“-1”。

3. 多子程序描述

与高级语言程序设计一样，VHDL 提供子程序支持。子程序设计与人脑思维过程相似较高。因此，子程序设计在复杂结构体设计，尤其是在具有复杂处理或者运算过程的电路设计中，具有较为广泛的应用。

子程序主要分过程(PROCEDURE)与(FUNCTION)两类。一个子程序只能在执行完返回后才能再次调用。同时，需注意子程序内的局部变量只在子程序内有效，不能在子程序外访问。

1) 过程(PROCEDURE)

过程的基本格式如下：

```
PROCEDURE  过程名称(参数 1; 参数 2; …) IS
    [变量定义];
BEGIN
    [顺序语句];
END PROCEDURE 过程名称;
```

不同于常规的高级语言程序设计，指定过程定义参数时，必须指定参数的输入输出类型，过程参数可以选择输入(IN)、输出(OUT)或者双向(INOUT)。过程执行完毕，OUT 或 INOUT 型的参数送入调用时的信号或变量，若 OUT 或 INOUT 型的参数需作为信号使用，要求对其进行说明。以下为半加器子程序 BAdd：

例 3-1-19　半加器子程序 BAdd：

```
PROCEDURE BAdd(A: IN BIT; B: IN BIT; S: OUT BIT; C: OUT BIT ) IS
BEGIN
```

```
S := (NOT A AND B) OR (NOT B AND A);
IF (A = '1') AND (B = '1') THEN C := '1';
ELSE C <= '0';
END IF;
END PROCEDURE BAdd;
```

在过程定义的起始句"PROCEDURE BAdd(A: IN BIT; B: IN BIT; S: OUT BIT; C: OUT BIT) IS"与"BEGIN"之间，可以定义过程的局部变量，其作用域只局限于过程内。

2) 函数(FUNCTION)

函数的基本格式如下：

```
FUNCTION  函数名称(参数 1；参数 2；…) RETURN  数据类型名称  IS
    [变量定义];
BEGIN
    [顺序语句];
END  函数名;
```

函数与过程具有一定的类似性，二者的区别在于函数的参数无需指明输入输出类型，且均不能输出到函数之外；同时，FUNCTION 具有返回值，通过返回值可以把 FUNCTION 的运算结果送至相关的变量、信号或端口。

在一般情况下，函数与过程程序在程序库的包(PACKAGE)中进行定义。一个程序库可以包含多个程序包，包集合又可以定义多个子程序。以下为自定义函数库 mLIB 中函数的定义方法及其调用方法。

3) 函数库设计

例 3-1-20　函数库 mLIB 中的程序包与子函数定义：

```
LIBRARY IEEE;
USE IEEE.STD_LOGIC_1164.ALL;
PACKAGE RelPKG IS
    FUNCTION mMax(A: INTEGER; B: INTEGER) RETURN INTEGER;
END RelPKG;
PACKAGE AritPKG IS
    FUNCTION mAdd(A: INTEGER; B: INTEGER) RETURN INTEGER;
END AritPKG;
PACKAGE BODY RelPKG IS
    FUNCTION mMax(A: INTEGER; B: INTEGER) RETURN INTEGER IS
    BEGIN
        IF (a>b) THEN RETURN A;
        ELSE RETURN B;
        END IF;
    End FUNCTION mMax;
End RelPKG;
```

```
PACKAGE BODY AritPKG IS
    FUNCTION    mAdd(A: INTEGER; B: INTEGER) RETURN INTEGER IS
    BEGIN
        RETURN A+B;
    End FUNCTION mAdd;
End AritPKG;
```

在函数库 mLIB 中定义有两个程序包 RelPKG 与 AritPKG。其中，程序包 RelPKG 实现关系运算，当前包内只有一个比较整数大小的函数 mMax，其参数与返回值均为 INTEGER；程序包 AritPKG 实现算数运算，当前包内只有一个求和函数 mAdd。如有需要，还可以继续给函数库 mLIB 的两个程序包 RelPKG 与 AritPKG 添加其他函数。

4) 库函数调用

函数库设计完成后，可以使用 USE 语句实现对相关函数的调用，具体格式为："USE 函数库.程序包.ALL；"，下例为前文设计的比较函数 mMax 与求和函数 mAdd 的调用方法。

例 3-1-21　函数库的调用：

```
LIBRARY IEEE, mLIB;
USE IEEE.STD_LOGIC_1164.ALL;
USE mLIB.RelPKG.ALL;
USE mLIB.AritPKG.ALL;
ENTITY IntCmp IS
    PORT(A, B: IN    INTEGER RANGE 0 TO 15;
            Omx : OUT INTEGER RANGE 0 TO 15;
            Oadd: OUT INTEGER RANGE 0 TO 30);
END IntCmp;
ARCHITECTURE Samp OF IntCmp IS
BEGIN
    PROCESS(A, B)
    BEGIN
        Omx <= mMax(A, B);
        Oadd <= mAdd(A, B);
    END PROCESS;
END Samp;
```

调用库函数时，要求使用 LIBRARY 语句首先声明函数所在的库，使用 USE 语句调入函数所在的程序包，然后才能进行函数的调用。上例程序首先通过调入语句"USE mLIB.RelPKG.ALL；"与"USE mLIB.AritPKG.ALL；"，分别载入函数库 mLIB 的两个程序包 RelPKG 与 AritPKG，而后在 PROCESS 中通过语句"Omx <= mMax(A, B)；"与"Oadd <= mAdd(A, B)；"分别调用 mMax 函数来比较大小、调用 mAdd 函数来求和。

最后需要说明的是，相对于 PROCESS 与 BLOCK，VHDL 的子程序与其他高级语言的子程序具有高度的相似性，对于习惯了软件程序设计的编程者可能具有更好的易用性。同时，子程序在描述复杂算法及其他数据处理方面具有优势。

3.2　VHDL 语言的对象

3.2.1　VHDL 的命名规则

与常规高级语言程序设计一样，VHDL 语言程序的命名首先要求符合规则，其次要求简洁、明了，避免产生歧义。VHDL 的命名规范包括短标识符与扩展标识符。VHDL 87 约定了短标识符规则，VHDL 93 对其进行了修订，新增了扩展标识规范。

1. 短标识符

短标识符的基本要求主要包括：

1）基本构成

短标识符只能包括数字、英文字母与下划线"＿"，其他任何的图形符号如"%、$、#、@"等均为非法符号，不得在命名中使用。

2）起始字符

标识符必须以英文字母打头。

(1) 下划线的使用：VHDL 命名中的下划线前后必有字母或数字，即不得以下划线打头或结尾。

(2) 大小写：VHDL 程序对大小写不敏感，在电路进行综合仿真时，不区分大小写。

2. 扩展标识符

不同于 VHDL 87 制定的短标识符规则，VHDL 93 新增的扩展标识符的基本要求主要包括：

(1) 扩展标识符利用反斜杠定界。如：\Bus_State\、\Reset_Chip\、\Enable_Data\ 等合法。

(2) 扩展标识符对大小写敏感。区分大小写，如：\Data\ 不同于 \DATA\，也不同于 \data\。

(3) 扩展标识符不同于短标识符。如：\CS\ 与 Cs 或 cs 均不相同。

(4) 扩展标识符的界定符(\)之间可用数字开头。如：允许使用 \2MCU\、\3CP\ 等。

(5) 扩展标识符允许使用图形与空格。如：\EN$\、\Write&Enable\、\Chip Select\ 等均是合法有效的。

(6) 扩展标识符的反斜杠之间允许使用关键字。如：\END\、\LOOP\ 等有效。

(7) 扩展标识符允许使用多个下划线。如：\Data_Output_SPI\ 合法。

3.2.2　VHDL 的基本对象

VHDL 的基本对象即赋值对象，包括常量、信号、变量与文件四种类型。其中文件为 VHDL 93 通过的类型，常用于大量数据的传输。VHDL 对象的一般定义格式如下：

　　　　对象类别 标识符名称：子类型名称 [初始化 := 初值];

对象定义格式中的初始化部分在定义常量时为必选项，定义信号或变量时为可选项。

1．常量 CONSTANT

1) 一般格式

常量通常用来表述电路或系统的一些固定特性，如总线宽度、延迟时间等，其基本格式如下：

> CONSTANT 常量名称: 数据类型 := 表达式;

例 3-2-1　常量定义：

> CONSTANT n: INTEGER := 16;
>
> CONSTANT Nmax: INTEGER := 255;
>
> CONSTANT t_{on}: TIME := 20ns;
>
> CONSTANT CtrlWd: STD_LOGIC_VECTOR(7 DOWNTO 0) := X"50";

2) 基本规则

(1) 常量的取值：运行过程中常量值保持不变，要重置常量值，必须重写程序并重新编译才能使其有效。

(2) 常量的定义方法：常量在程序包、实体、结构体或进程等结构中均可以进行定义，定义时必须指定常量名称、数据类型，同时必须指定常量值。

(3) 常量的作用范围：与高级语言程序设计中的变量一样，常量有自己的作用域：① 定义在程序包中的常量，可由调用该程序包的任何实体或结构体使用；② 定义在实体内的常量，只能在实体有效范围内使用；③ 定义在进程内的常量，仅在进程范围内有效。

2．变量 VARIABLE

1) 一般格式

VHDL 中变量定义的基本格式如下：

> VARIABLE 变量名称: 数据类型 [范围限定] [初始化(:= 表达式)];

格式中的范围限定为可选项，可以根据应用情况限制变量的变化范围，主要用来节省资源；与软件程序设计一样，也可以对 VHDL 程序的变量进行初始化，设置其初始值或缺省值。

例 3-2-2　变量定义：

> VARIABLE EN : STD_LOGIC := '0';
>
> VARIABLE Busy: BOOLEAN := FALSE;
>
> VARIABLE Nmax: INTEGER RANGE -128 TO 127 := 0;

2) 使用规则

(1) 变量的作用域。在 VHDL 程序设计中，变量只能在进程或子程序中定义，也只能在其所属进程、过程或函数中使用。在变量所属的进程或子程序外使用变量时，需在进程或子程序中将变量赋给信号或端口，即进程或子程序数据传递通过信号或端口实现。

(2) 变量赋值。变量赋值与赋初值均通过符号"="实现，变量赋值不得附加延时语句。

(3) 变量的范围限定。在变量赋值时，可根据需要，对变量的变化范围进行限定，以节省 PLD 器件的逻辑资源。在变量数据类型为 INTEGER 时，推荐使用 RANGE 限制变量变化范围，无限定条件时，INTEGER 为 32 位整数。变量的范围限定如下例。

例 3-2-3　变量范围限定：

　　VARIABLE OutP: STD_LOGIC_VECTOR(7 DOWNTO 0);

　　VARIABLE NumCnt: INTEGER RANGE 0 TO 65535 := 0;

上例中第 1 句定义 8 位标准逻辑矢量 OutP，用于暂存中间数据；第 2 句定义 0～65535 的 16 位整数，同时将其初始化为 0。

3．信号 SIGNAL

1）基本格式

信号是 VHDL 中的一类重要对象，常用于不同结构内或结构之间的数据暂存、交换与传输，信号定义的基本格式如下：

　　SIGNAL　信号名称: 数据类型 [限定条件][初始化 := 表达式];

与变量定义类似，信号定义中的限定条件与初始化为可选选项，信号定义格式的使用方法如下。

例 3-2-4　信号定义：

　　SIGNAL Chip_Select : STD_LOGIC := '0';

　　SIGNAL Data_Enable : STD_LOGIC := '0';

　　SIGNAL Data_Tmp: STD_LOGIC_VECTOR(7 DOWNTO 0);

2）使用规则

(1) 信号赋值通过符号"<="实现，允许延时，例：

　　Chip_Select <= A AFTER 20ns;

(2) 与变量相同，信号赋初值采用符号":="实现，信号在赋初值时不可以跟延时语句，初值立即生效。

(3) 符号"<="还可以实现端口赋值。

4．文件 FILE

除了上述三种对象，VHDL 中还包括文件对象，专门用于大量数据传输，包含专门数据类型数值。EDA 仿真时，用于仿真激励与仿真输出。IEEE 1076 的 TEXTIO 程序包中定义的文件 I/O 传输典型子程序如下：

　　PROCEDURE READLINE(variable f:in TEXT; L: inout LINE);

　　PROCEDURE READ(L:inout LINE; VALUE: out bit; GOOD : out BOOLEAN);

　　PROCEDURE WRITELINE(f : out TEXT; L : inout LINE);

3.2.3　数据类型

为便于描述电路，VHDL 定义了丰富的数据类型，包括标准数据类型、用户自定义数据类型与 IEEE 标准数据类型。VHDL 的数据类型与软件程序语言的数据类型具有一定的类似性，同时又有体现其描述硬件专用性的特点。

1．标准数据类型

VHDL 语言的标准数据类型主要有整数(INTEGER)、实数(REAL)、布尔量(BOOLEAN)、字符(CHARACTER)、字符串(STRING)、位(BIT)等数据类型。

1) 整数 INTEGER

整数是 VHDL 的一种重要的数据类型，为 32 位，变化范围为 $-2^{31}\sim(2^{31}-1)$，其使用规则如下：

(1) 使用整数时，除非其 32 位全部被使用，否则应附加限定范围，如：

  SIGNAL A: INTEGER RANGE -32768 TO 32767;

(2) 整数只能进行算术运算，不可按位操作，不可进行逻辑运算。

(3) 整数可用进制表示。

2) 实数 REAL

VHDL 中的实数也称浮点数，与数学中的实数类似，取值范围为 $-1.0E38\sim+1.0E+38$，多用于 VHDL 仿真，多数 EDA 工具不支持浮点运算。

3) 布尔量 BOOLEAN

VHDL 中的布尔量常用来表述电路与系统的忙闲状况、使能状态、总线控制权、仲裁情况等内容。与软件设计高级语言的布尔量类似，但关键字不同，为全称 BOOLEAN。布尔量为二值型数据，取值 TRUE 或 FALSE，其使用规则如下：

(1) 布尔量只能完成逻辑运算，不能完成算术运算。

(2) 布尔量的初始值一般为 FALSE。

例 3-2-5　布尔量使用：

  SIGNAL EN: BOOLEAN := FALSE;

  SIGNAL EMPTY: BOOLEAN := TRUE;

4) 字符 CHARACTER

VHDL 中的字符型数据用法与 C 语言类似，其名称为 CHARACTER，而非 C 语言中的 CHAR。字符型数据使用规则如下：

(1) VHDL 的字符型数据 CHARACTER 的取值需使用单引号，如'T'、'f'等。

(2) CHARACTER 的取值区分大小写，如取值'T'不同于't'。

(3) CHARACTER 的取值包括字母、数字与特殊字符，如'A'、'5'与'%'等。

5) 字符串 STRING

字符串与 C 语言中的字符串含义相同，又称字符数组；字符串的取值需用双引号引起来，如"EDA"；字符串 STRING 通常用于程序提示、结果说明等场合。

6) 位 BIT

VHDL 语言中的位为二值型数据类型，取值为"0"或"1"；BIT 量通常用于数据量单个位元的取值，在使用时，其取值需用单引号引起来。

7) 时间 TIME

时间 TIME 是 VHDL 语言专有的一种数据类型，又称物理类型(PHYSICAL TYPES)，一般用于仿真而不用于综合。其构成包括整数量与时间单位两部分，整数部分取值范围为 $-2^{31}\sim2^{31}-1$，时间单位包括 fs、ps、ns、μs、ms、sec、min 与 Hr。

8) 错误等级 SEVRITY_LEVEL

错误等级 SEVRITY_LEVEL 通常用于系统或电路状态表述，一般用于仿真而不用于综合，取值包括 NOTE、WARNING、ERROR、FAILURE 四个等级。

9）自然数 NATURAL 与正整数 POSITIVE

VHDL 中的自然数 NATURAL 和正整数 POSITIVE 与数学中的定义相同，自然数包括 0 与 0 以上的整数，正整数为大于 0 的整数。

2. 自定义数据类型

1）枚举型数据

枚举型数据要求在定义时把数据的取值一一列举出来，这种数据类型也存在于软件程序设计语言中，两者的定义及使用方法类似，枚举型数据的基本格式为：

　　　　TYPE　数据类型名称　IS (取值 1, 取值 2, …, 取值 n);

按照上述格式，可以定义以下枚举型数据：

例 3-2-6　枚举型数据：

　　　　TYPE FuzyData IS (PB, PM, PS, ZERO, NS, NM, NB);

　　　　TYPE BusState IS (DT, DR, IDLE, FB);

上例中的第 1 句定义了一种枚举量 FuzyData，其取值共有"PB"、"PM"、"PS"、"ZERO"、"NS"、"NM"与"NB"七种情况，其实 Fuzy Data 的取值就是模糊数学中常用的模糊数，分别表示正大、正中、正小、零、负小、负中和负大；第 2 句定义了一种枚举量 BusState，其取值分别为"DT"、"DR"、"IDLE"与"FB"，可用于描述总线状态，分别对应总线的数据发送、接收、总线空闲与禁止 4 种状态。

2）自定义整数与实数

整数与实数是 VHDL 语言中定义的标准数据，在实际使用中，为节省资源或其他原因，经常会对该类数据进行重新定义，其一般格式为：

　　　　TYPE　数据类型名　IS　约束范围;

例 3-2-7　自定义数据类型：

　　　　TYPE U16 IS RANGE 0 TO 65535;

　　　　TYPE S8 IS RANGE -128 TO 127;

3）数组(ARRAY)

VHDL 程序设计中，同样有数组的概念，多用来实现电路或系统中的 ROM、RAM。VHDL 的数组包括一维数组和多维数组，多维数组要用多个范围来描述，且不能生成逻辑电路。

数组的基本格式如下：

　　　　TYPE　数据类型名　IS ARRAY (下标范围) OF　数据类型;

数组又分为限定性数组与非限定数组，限定性数组下标变化范围在定义中已限定，非限定数组的下标变化在定义中未限定。

例 3-2-8　限定性数组的定义与使用：

　　　　TYPE mRAM IS ARRAY (0 TO 9) OF STD_LOGIC_VECTOR(7 DOWNTO 0);

　　　　SIGNAL DataS: mRAM;

上例中第 1 句定义了 10 字节的数组 mRAM，数组下标为 0～9；第 2 句定义 mRAM 型的信号 DataS，从本质上而言，DataS 为电路中开辟的 10 字节存储单元。

例 3-2-9　非限定性数组的定义与使用：

　　　　TYPE mRAM IS ARRAY (NATURAL RANGE<>) OF STD_LOGIC_VECTOR(7 DOWNTO 0);

SIGNAL DataS: mRAM(11 DOWNTO 0);

上例中第 1 句定义了非限定数组 mRAM，数组元素为 8 位 STD_LOGIC_VECTOR；第 2 句定义了 mRAM 型的信号 DataS，mRAM 包含 0～11 共 12 个元素，DataS 为电路中开辟的 12 字节存储单元。

4) 记录(RECORD)

RECORD 型数据把不同类型的数据组织在一起，构成一种新的数据类型。RECORD 型数据与 C 语言中的 STRUCTURE 具有相似性，RECORD 的基本格式如下：

```
TYPE 记录名称 IS RECORD
    元素 1 名称：数据类型;
    元素 2 名称：数据类型;
    …
    元素 n 名称：数据类型;
END RECORD [记录名称];
```

记录能够在一种数据结构中容纳多种数据类型，尤其适合系统总线、通讯协议等方面的描述。与 C 语言程序设计的 STRUCTURE 类似，从记录中提取元素的数据利用"．"操作符。记录的定义与使用方法如下例。

例 3-2-10 记录的定义与使用：

```
ARCHITECTURE sample OF AndTri IS
    TYPE Count IS RECORD
        Addr : STD_LOGIC_VECTOR(2 DOWNTO 0); D: STD_LOGIC_VECTOR(15 DOWNTO 0);
    END RECORD Count;
    SIGNAL mCnt: Count;
BEGIN
    PROCESS(A, WR, D)
    BEGIN
        IF WR'EVENT AND WR = '1' THEN
            mCnt.Addr <= A;
            mCnt.D <= D;
        END IF;
    END PROCESS;
    …
END sample;
```

在上例中从语句"TYPE Count IS RECORD"开始定义记录型数据 Count，记录包括 3 位地址信息 Addr 与 16 位数据信息 D，语句"END RECORD Count；"表示结束定义。然后定义 Count 型的信号量 mCnt，在写信号 WR 的上升沿上，系统使用"."操作符，把地址信息 A 写入 mCnt.Addr，数据信息 D 写入 mCnt.D。

5) 文件(FILE)

文件可以赋值，其值是系统文件中值的序列。其定义的基本格式为：

TYPE 文件类型名 IS FILE 限定条件;

根据上述定义格式，文件的定义方法如下例。

例 3-2-11 文件的定义方法：

TYPE TxtF IS FILE OF STRING;

TYPE DataF IS FILE OF INTEGER;

VHDL 库中，程序 TEXTIO 预定义了两个标准文本文件：

FILE Input : TEXT OPEN READ_MODE IS "STD_INPUT";

FILE Output : TEXT OPEN WRITE_MODE IS "STD_OUTPUT";

6) 存取类数据(ACCESS)

存取类数据用于建立赋值对象之间的联系，或为对象分配或释放存储空间。在 IEEE Std.1076-1993 标准的程序包 TEXTIO 中定义了存取类型数据 LINE：

TYPE LINE IS ACCESS STRING;

LINE 型数据为 ACCESS 型数据量，为字符串。只有变量可以定义为存取类型，如：

VARIABLE mLine: line;

3．IEEE 标准数据类型

为了便于描述电路，IEEE'93 新增了"STD_LOGIC"和"STD_LOGIC_VECTOR"两种数据类型。

1) STD_LOGIC 类型数据

其取值主要包括："U"、"X"、"0"、"1"、"Z"、"W"、"L"、"H"与"-"，分别表示未定义、未知、0、1、高阻、弱未知、弱 0、弱 1 与不可能等 9 种情况。

2) STD_LOGIC_VECTOR 类型数据

该类型为多位 STD_LOGIC；使用 STD_LOGIC 与 STD_LOGIC_VECTOR 时，必须事先对相应的库进行定义与调用。

3.2.4 数据类型转换

为数据对象赋值时，要求赋值符号的左右两侧数据类型一致，因此有时就需要不同数据类型之间的转换。例如从端口进入系统时，需将 STD_LOGIC_VECTOR、BIT_VECTOR 等类型的数据转换为整数或浮点数才能参与运算；从端口输出时，又需要将整数或浮点数等数据转换为 STD_LOGIC_VECTOR 或 BIT_VECTOR 等类型输出。VHDL 常用的数据转换方法包括类型标记法、函数转换法等。

1．类型标记法

在 VHDL 程序设计中，可以通过直接在表达式、端口、变量、信号前加注数据类型标记进行数据类型的强制转换。

类型标记法可以实现的数据类型转换包括：整数与实数之间的数据转换；有符号数(SIGNED)或无符号数(UNSIGNED)与 BIT_VECTOR 之间的数据转换；有符号数或无符号数与 STD_LOGIC_VECTOR 之间的数据转换。

例 3-2-12 类型标记法数据转换：

```
ARCHITECTURE Sample OF AndTri IS
    SIGNAL mNumU, mNumU1 : UNSIGNED(15 DOWNTO 0);
    SIGNAL mNumS, mNumS1 : STD_LOGIC_VECTOR(15 DOWNTO 0);
BEGIN
    mNumU1 <= UNSIGNED(mNumS);
    mNumS1 <= STD_LOGIC_VECTOR(mNumU);
    …
END Sample;
```

例中通过语句"mNumU1 <= UNSIGNED(mNumS);"将标准逻辑矢量 mNumS 转换为无符号数，而后送至 mNumU1；通过语句"mNumS1 <= STD_LOGIC_VECTOR(mNumU);"将无符号数 mNumU 转换为标准逻辑矢量，而后送至 mNumS1。

2. 函数法

VHDL 语言的标准程序库 STD_LOGIC_1164、STD_LOGIC_ARITH 与 STD_LOGIC_UNSIGNED 中均定义了数据类型转换函数。

1) STD_LOGIC_1164 程序包定义的数据类型转换函数

(1) 函数 TO_STD_LOGIC_VECTOR(A)：将 BIT_VECTOR 转换为 STD_LOGIC_VECTOR。

(2) 函数 TO_BIT_VECTOR(A)：将 STD_LOGIC_VECTOR 转换为 BIT_VECTOR。

(3) 函数 TO_STD_LOGIC(A)：将 BIT 转换为 STD_LOGIC。

(4) 函数 TO_BIT(A)：将 STD_LOGIC 转换为 BIT。

BIT、BIT_VECTOR 与 STD_LOGIC、STD_LOGIC_VECTOR 之间的数据转换实例如下：

例 3-2-13　BIT、BIT_VECTOR 与 STD_LOGIC、STD_LOGIC_VECTOR 间的转换：

```
ARCHITECTURE Sample OF AndTri IS
    SIGNAL mNumB, mNumB1 : BIT_VECTOR(15 DOWNTO 0);
    SIGNAL mNumS, mNumS1 : STD_LOGIC_VECTOR(15 DOWNTO 0);
BEGIN
    mNumS1 <= TO_STD_LOGIC_VECTOR(mNumB);
    mNumB1 <= TO_BIT_VECTOR (mNumS);
        …
END Sample;
```

上例中，通过函数 TO_STD_LOGIC_VECTOR(mNumB)把位矢量 mNumB 转换为标准逻辑矢量；通过函数 TO_BIT_VECTOR (mNumS)把标准逻辑矢量转换为位矢量。

2) STD_LOGIC_ARITH 程序包定义的数据类型转换函数

(1) 函数 CONV_STD_LOGIC_VECTOR(A, 位长)：将 INTEGER、SIGNED 与 UNSIGNED 类型的数据转换为 STD_LOGIC_VECTER 类型。

(2) 函数 CONV_SIGNED(A)：将 INTEGER、UNSIGNED 类型的数据转换为 SIGNED 类型。

(3) 函数 CONV_INTEGER(A)：将 SIGNED 与 UNSIGNED 类型的数据转换成

INTEGER 类型。

(4) STD_LOGIC_UNSIGNED 程序包定义的数据类型转换函数。

(5) 函数 CONV_INTEGER(A)：将 STD_LOGIC_VECTOR 转换成 INTEGER 类型。

例 3-2-14　有符号数、无符号数、整数、标准逻辑矢量之间的相互转换：

```
LIBRARY IEEE;
USE IEEE.STD_LOGIC_1164.ALL;
USE IEEE.STD_LOGIC_ARITH.ALL;
USE IEEE.STD_LOGIC_UNSIGNED.ALL;
...
ARCHITECTURE Sample OF AndTri IS
    SIGNAL mNumI, mNumI1 : BIT_VECTOR(15 DOWNTO 0);
SIGNAL mNumS, mNumS1 : STD_LOGIC_VECTOR(15 DOWNTO 0);
BEGIN
mNumI1 := CONV_INTEGER (mNumS);
mNumS1 := CONV_STD_LOGIC_VECTOR(mNumI, 16);
...
END Sample;
```

上例中，通过语句“mNumI1 := CONV_INTEGER (mNumS);”，把标准逻辑矢量 mNumS 转换为整数送入 mNumI1；通过语句“mNumS1 := CONV_STD_LOGIC_VECTOR(mNumI, 16);”，把整数 mNumI 转换为 16 位标准逻辑矢量送入 mNumS1。

3. 数据类型的限定

在 VHDL 程序中，为避免 EDA 编译工具判断出错，必要时应在数据前添加数据类型名称。

例 3-2-15　数据类型限定：

```
Data <= BIT_VECTOR("01101001");
```

3.2.5　词法单元

1. 注释

注释是 VHDL 程序的重要组成部分，其作用主要在于增加程序的可读性。与其他程序设计语言一样，VHDL 程序的注释部分不参与编译，不形成电路；VHDL 的程序注释位于 VHDL 代码之后，以“--”开始，典型示例如下：

例 3-2-16　VHDL 程序的注释：

```
ENTITY IntCmp IS      --Definition of Entity
```

2. 数字量的表示

在 VHDL 程序中，数字量的表示方法分为十进制表示法与基表示法两类。

1) 数字量的十进制数表示法

十进制数表示法的基本格式为：整数[整数][指数]。其中，整数部分可以是数字或者通过下划线连接的数字串，指数由“E[+]整数”或“E[-]整数”构成。

例 3-2-17　数字量的十进制表示：

整数：036、0、736_83、3E7、2E7

实数：46.76、7.0、3.7E-6、4.6E+3

2) 数字量的基表示法

基表示法的基本格式为：基#整数#指数。其中基为整数 2、8 与 16，分别对应二、八与十六进制；整数为用二、八与十六进制表示的整数。

例 3-2-18　数字量的基表示法：

整数：十进制数 178 的基表示分别为：2#10110010#(二进制)，8#262#(八进制)，16#B2#(十六进制)。

实数：16#0A#E1，16#1F5#E2。

3. 字符和字符串的表示

1) 字符

在 VHDL 程序中，用到字符数据时，需将字符采用单引号括起来，基本格式为：'ASCII 字符'。

例 3-2-19　字符的表示方法：

'5'、'A'、'a'

2) 字符串

在 VHDL 程序中使用字符串时，需将字符串采用双引号括起来，基本格式为："ASCII 字符串"。

例 3-2-20　"PCI BUS TRANSMITION ENABLED"、"Reset is activated!"：

4. 位串的表示

在 VHDL 程序设计中，位串通常用来表述数字系统的数据、地址等信息，其基本表示格式为：基说明符 "各位值"。其中，基说明符为位串的进制数说明，包括二进制 B、八进制 O 与十六进制 X；"" 内为各位取值构成的扩展数字序列。

例 3-2-21　位串的表示方法：

B"1111-1100"

X"FBC"

O" 371"

3.2.6　运算操作符

VHDL 的运算操作包括逻辑运算、关系运算、算术运算与并置运算四类。

1. 逻辑运算符

VHDL 的逻辑运算对 VHDL 中的量实现逻辑操作，主要包括标准逻辑量、位量、标准逻辑矢量、位矢量等数据类型。

1) 运算种类

VHDL 的逻辑运算与数字逻辑相同，相关的运算符主要包括非运算 NOT、与运算 AND、或运算 OR、与非运算 NAND、或非运算 NOR、异或运算 XOR 等操作。

2) 运算符使用方法

(1) 执行逻辑运算时，要求逻辑运算符两侧或赋值符号两侧的信号、变量或端口的数据类型一致。

(2) 当 VHDL 程序行中存在两个或两个以上的逻辑运算符时，运算符的左右位置不影响逻辑操作的顺序，即运算符的左右没有优先级差别。

(3) VHDL 程序行中存在括号“()”操作符时，先根据括号里的运算形成电路，再根据括号外的运算形成电路；存在多个括号“()”操作符时，先根据最里层括号内的运算形成电路，再根据外层括号的运算形成电路。

例 3-2-22 逻辑运算符的使用：

　　　a<= b AND c AND d AND e;

2. 算术运算符

算术运算是数字系统的一种重要功能，与其他软件设计程序语言类似，VHDL 的算术运算共有 10 种算术运算。

1) 运算种类

VHDL 的算术运算主要包括加运算 +、减运算 −、乘运算 *、除运算 /、取模运算 MOD、取余运算 REM、正运算 +、负运算 −、指数运算 ** 与绝对值操作 ABS 等。

2) 运算符使用方法

VHDL 的算术运算适用于整数、实数或物理量类型的变量、端口、信号值。

(1) 正运算、负运算可以操作整数、实数与物理量；加运算、减运算可以实现整数、实数的加减操作，但操作数的类型必须匹配。

(2) 乘运算、除运算可用于整数、实数与物理量的运算操作；物理量相乘或相除，商为整数或实数。

(3) 取模、取余运算操作数的类型必须匹配。

(4) 形成电路时，算术操作中的加、减、乘运算可以被开发工具综合，形成逻辑电路，其余运算很难甚至不能综合成逻辑电路。

3. 关系运算符

1) 运算种类

关系运算用于对运算符左右的两个对象进行比较，类似于软件程序设计语言，VHDL 的关系运算符主要包括等于 =、不等于 /=、小于 <、小于等于 <=、大于 >、大于等于 >= 等 6 种，功能也基本与软件程序设计语言中的运算符一致。

2) 运算符使用

(1) 作用范围。

关系运算符用于两数据对象的比较，要求运算符左右两侧数据类型一致。其中，运算符“=”和“/=”可用于所有数据类型的比较操作；运算符“>”、“>=”、“<”与“<=”用于整数、实数、位矢量、标准逻辑矢量以及数组的比较操作。

(2) 符号“<=”。

“<=”具有两种含义：端口或信号的代入赋值符号与小于等于符号，具体需根据上下

文判断。

(3) 矢量比较。

位矢量进行比较时，比较操作按照自左至右的顺序按位执行。程序包中，对 STD_LOGIC_VECTOR 的关系运算专门作了定义。比较前须说明并调用相关包集合。

例 3-2-23　关系运算符的使用：

```
ARCHITECTURE Sample OF Arith IS
    SIGNAL AA, BB, CC: STD_LOGIC_VECTOR(7 DOWNTO 0);
BEGIN
    Comp: PROCESS(AA, BB)
    BEGIN
        IF AA >= BB THEN CC <= AA;
        ELSE CC <= BB;
        END IF;
    END PROCESS Comp;
        …;
END ARCHITECTURE Sample;
```

上例中按位自左向右比较 8 位标准逻辑矢量 AA 与 BB 的大小，将比较的较大值送入信号 CC 备用。

4．并置运算符

并置运算"&"为 VHDL 语言中一种独有的运算符，用于连接单个或多个数据位，形成具有更大数据宽度的数据。其基本使用方法如下：

1) 位连接

并置运算符可用于多个单个位或标准逻辑量的连接，形成一个位或标准逻辑矢量。

例 3-2-24　单个位连接成位矢量：

```
ARCHITECTURE Sample OF Arith IS
    SIGNAL AA: STD_LOGIC_VECTOR(3 DOWNTO 0);
    SIGNAL A, B, C, D: STD_LOGIC;
BEGIN
    AA <= D&C&B&A;
        …;
END ARCHITECTURE Sample;
```

2) 矢量连接

并置运算符可用于连接两个位矢量或标准逻辑矢量，构成位宽更大的位或标准逻辑矢量。

例 3-2-25　位矢量或标准逻辑矢量连接构成位宽更大的位或标准逻辑矢量：

```
ARCHITECTURE Sample OF Arith IS
    SIGNAL AA, BB: STD_LOGIC_VECTOR(3 DOWNTO 0);
    SIGNAL CC: STD_LOGIC_VECTOR(7 DOWNTO 0);
BEGIN
```

```
        CC <= AA&BB;
            …;
    END ARCHITECTURE Sample;
```

3) 位连接，可以用并置符连接法，也可用集合体连接法。

例 3-2-26 并置的多种用法：

```
    ARCHITECTURE Sample OF Arith IS
        SIGNAL AA, BB: STD_LOGIC_VECTOR(3 DOWNTO 0);
        SIGNAL CC: STD_LOGIC_VECTOR(11 DOWNTO 0);
        SIGNAL A, B, C, D: STD_LOGIC;
    BEGIN
        AA <= D&C&B&A;
        BB <= (D, C, B, A);
        CC <= "10"&D&BB&AA&A;
            …;
    END ARCHITECTURE Sample;
```

例中的信号 AA、BB、CC 采用不同的位连接方法实现多位宽的数据，实际应用中，多位数据的形成还可以采用更为灵活的方法。

5．运算符的优先级

与软件程序设计语言一样，VHDL 语言的逻辑、关系、算术、并置运算是分优先级的。VHDL 语言运算符的优先级如表 3.1 所示。

表 3.1　运算符的优先级

优先级	类型	操作符	功能
高 ↓ 低 (同一行 高→低)	算术运算	NOT, ABS, **, REM, MOD, / , *, −, +	非，绝对值，指数运算，取余，求模，除，乘，负，正
	并置	&	并置
	算术运算	-, +	减，加
	关系运算	>=, <=, >, <, /=, =	大于等于，小于等于，大于，小于，不等于，等于
	逻辑运算	XOR, NOR, NAND, OR, AND	异或，或非，与非，或，与

在同一行 VHDL 程序中，优先级不影响程序执行时间上的先后顺序，但影响形成电路的顺序。优先级高的运算符首先形成电路，然后其他运算符才能被执行，从而形成电路嵌套，即电路输入输出关系。

在电路工作时，VHDL 语言描述的各子电路同时动作，执行相应的功能任务，电路描述语句的先后不影响其执行，即 VHDL 语言具有并行性。

3.3　VHDL 的并行语句

VHDL 程序通过结构体描述电路或系统的组成结构、数据处理过程以及电路或系统的功能行为。从组织结构而言，结构体是一个多种并行语句、并行结构组成的复合结构组合。结构体中的多个并行语句、并行结构在执行电路功能时具有并行性，动作顺序与书写顺序无关。结构体的一般结构如下：

```
ARCHITECTURE 结构体名称 OF 所属实体名称 IS
    定义语句
BEGIN
        并行语句或并行结构 1;
                …
        并行语句或并行结构 n;
    END ARCHITECTURE   结构体名称;
```

结构体格式中的并行语句与并行结构主要包括进程、并行信号赋值语句、条件信号赋值语句、选择信号赋值语句、并行过程调用语句、块语句、并行断言语句(ASSERT)与生成语句(GENERATE)。

3.3.1　进程语句(PROCESS)

1．一般格式与特点

进程语句是 VHDL 程序中应用最广的一种并行结构，也是描述硬件电路并行工作行为最常用的基本语句。PROCESS 结构的内部语句顺序执行，与常规的软件程序设计思维一致，适于电路数据处理过程与电路行为的描述。

前文已经简述过 PROCESS 结构的基本格式，此处加以详细的解释，其基本格式可以表述为：

```
[进程名称:]PROCESS[敏感量表]
    变量说明语句;
BEGIN
        …
    顺序说明语句;
        …
    END PROCESS [进程名称];
```

相应地，进程 PROCESS 具有以下特点：

(1)　PROCESS 内部语句按先后顺序依次执行。

(2) 不同的 PROCESS 进程之间并行，进程可访问程序包、结构体、实体中定义的信号，或自己内部定义的变量，但不可以访问其他进程内部定义的变量。

(3) 进程通过自身敏感量表中的敏感信号触发或由内部的 WAIT 语句启动。

(4) 进程之间的通信由定义在程序包、结构体、实体中的信号完成。

2. 进程的应用

根据格式定义，通过相关实例简介 PROCESS 的触发方式、PROCESS 间的数据交换方法及其他用法。

1) 由敏感量触发的进程

以下为通过敏感信号触发的进程设计。

例 3-3-1 通过敏感信号触发的进程结构：

```
ARCHITECTURE Demo OF Logic IS
    SIGNAL A, B: STD_LOGIC_VECTOR(7 DOWNTO 0);
    SIGNAL C: STD_LOGIC := '0 ';
BEGIN
    Comp: PROCESS(A, B)
    BEGIN
        IF A = B THEN C <= '1 ';
        ELSE C <= '0 ';
        END IF;
    END PROCESS Comp;
        …;
END ARCHITECTURE Demo;
```

上例中的进程 Comp 带有敏感量表，通过敏感量 A 或 B 启动进程。当 A 或 B 任何一个信号发生变化，Comp 执行一次。Comp 比较 A 和 B，若二者相等，进程将信号 C 置"1"；反之，进程将 C 置"0"。

2) 由 WAIT 语句触发的进程

除了由敏感量触发，进程还可以由 WAIT 语句触发，见下例。

例 3-3-2 通过 WAIT 语句触发的进程结构：

```
ARCHITECTURE Demo OF Logic IS
    SIGNAL A, B: STD_LOGIC_VECTOR(7 DOWNTO 0);
    SIGNAL C: STD_LOGIC := '0 ';
BEGIN
    Comp: PROCESS
    BEGIN
        WAIT ON A, B;
        IF A = B THEN C <= '1 ';
        ELSE C <= '0 ';
        END IF;
    END PROCESS Comp;
        …;
END ARCHITECTURE Demo;
```

上例中的进程 Comp 不带敏感量表，通过 WAIT 语句启动。电路等待信号 A 与 B 发生变化，若 A 与 B 之中任意信号发生变化，则进程执行。

3) 进程间的通信

采用多进程描述的结构体，进程采用信号实现进程之间的数据交换。

例 3-3-3　进程之间的数据交换：

```
LIBRARY IEEE, mLIB;
USE IEEE.STD_LOGIC_1164.ALL;
USE IEEE.STD_LOGIC_UNSIGNED.ALL;
ENTITY Logic IS
    PORT(A, B: IN    STD_LOGIC_VECTOR(3 DOWNTO 0);
         C    : OUT STD_LOGIC);
END Logic;
ARCHITECTURE Demo OF Logic IS
    SIGNAL Tmp: INTEGER RANGE 0 TO 30;
BEGIN
    AddP: PROCESS(A, B)
    BEGIN
        Tmp <= CONV_INTEGER(A)+CONV_INTEGER(B);
    END PROCESS AddP;
    OutP: PROCESS(Tmp)
    BEGIN
        IF Tmp > 9 THEN C <= '1 ';
        ELSE    C <= '0';
        END IF;
    END PROCESS OutP;
END ARCHITECTURE Demo;
```

上例中通过两个进程 AddP 与 OutP 实现结构体，AddP 计算输入数据 A 与 B 的和，OutP 判断输入数据和是否有进位，有进位输出高电平"1"，无进位输出低电平"0"。通过 0～30 的整数信号量 Tmp，进程 AddP 把算好的和送给进程 OutP，由 OutP 根据和产生电路输出。

使用进程时需注意：当进程执行完最后一句后，敏感量才能重新触发进程；同时，只有当敏感量发生变化时，进程才会执行。

4) 进程的时钟响应

在数字系统的设计中经常会遇到时序逻辑电路，这时候就需要考虑如何设计时钟信号。同时，同步电路也经常需要响应同步时钟，以执行相应的动作。以下为一个时钟触发的计数器。

例 3-3-4　由时钟触发的计数电路：

```
LIBRARY IEEE;
USE IEEE.STD_LOGIC_1164.ALL;
USE IEEE.STD_LOGIC_UNSIGNED.ALL;
```

```
ENTITY Logic IS
    PORT(Clk : IN STD_LOGIC;
        Cnt : OUT STD_LOGIC_VECTOR(2 DOWNTO 0));
END Logic;
ARCHITECTURE Demo OF Logic IS
BEGIN
    CountP: PROCESS(Clk)
        VARIABLE Tmp: STD_LOGIC_VECTOR(2 DOWNTO 0) := "000";
    BEGIN
        IF Clk = '1' THEN
            IF Tmp > "101" THEN
                Tmp := "000";
            ELSE
                Tmp := Tmp+1;
            END IF;
        END IF;
        Cnt <= Tmp;
    END PROCESS CountP;
END ARCHITECTURE Demo;
```

上例设计了一个时钟触发的计数电路，时钟 Clk 的变化触发计数进程 CountP，如果 Clk 变为高电平(上升沿)，则 CountP 计数，Tmp 加 1，当 Tmp 计到"110"即十进制中的 6 时，Tmp 恢复"000"，重新计数。CountP 计数结束后，进程将计数值 Tmp 送至端口 Cnt 输出。

3.3.2　WAIT 语句

1. 使用格式

WAIT 语句也是 VHDL 的一种重要语句，它可以用来触发进程 PROCESS，也可以用于进程的同步。WAIT 语句的使用格式主要有：

(1) WAIT：无限等待。

(2) WAIT ON：等待 WAIT ON 之后的敏感量发生变化。

(3) WAIT UNTIL 表达式：等待 UNTIL 之后的表达式成立，若表达式成立，则进程启动。

(4) WAIT FOR 时间表达式：等待时间满足要求后启动进程。

2. WAIT 语句的使用方法

WAIT 语句一般用于实现进程启动或进程同步等功能，以下通过相关实例介绍其具体功能。

1) 由 WAIT 语句实现的进程触发

例 3-3-5　由 WAIT 语句触发的进程：

```
LIBRARY IEEE, mLIB;
```

```
USE IEEE.STD_LOGIC_1164.ALL;
USE IEEE.STD_LOGIC_UNSIGNED.ALL;
ENTITY Logic IS
    PORT(Clk : IN    STD_LOGIC;
         C    : OUT STD_LOGIC_VECTOR(2 DOWNTO 0));
END Logic;
ARCHITECTURE Demo OF Logic IS
    SIGNAL Tmp: STD_LOGIC_VECTOR(2 DOWNTO 0);
BEGIN
    C <= Tmp;
    PROCESS
    BEGIN
        Tmp <= Tmp+1;
        WAIT ON Clk UNTIL Clk = '1';
    END PROCESS;
END ARCHITECTURE Demo;
```

上例的进程通过 WAIT 语句"WAIT ON Clk UNTIL Clk = '1';"监测时钟端口 Clk 的变化，当 Clk 变为高电平"1"时，即 Clk 的上升沿，进程计数值 Tmp 加 1，以此实现对 Clk 的计数。

2) WAIT 实现的进程同步

例 3-3-6　WAIT 语句实现的进程同步：

```
LIBRARY IEEE, mLIB;
USE IEEE.STD_LOGIC_1164.ALL;
USE IEEE.STD_LOGIC_UNSIGNED.ALL;
ENTITY Logic IS
    PORT(Clk : IN    STD_LOGIC;
         Cyc : OUT STD_LOGIC_VECTOR(3 DOWNTO 0);
         C    : OUT STD_LOGIC_VECTOR(2 DOWNTO 0));
END Logic;
ARCHITECTURE Demo OF Logic IS
    SIGNAL Tmp: STD_LOGIC_VECTOR(2 DOWNTO 0);
    SIGNAL Cnt: STD_LOGIC_VECTOR(3 DOWNTO 0);
BEGIN
    C <= Tmp; Cyc <= Cnt;
    CycP: PROCESS
    BEGIN
        Cnt <= Cnt+1;
        WAIT ON Tmp UNTIL Tmp = "101";
    END PROCESS CycP;
    CntP: PROCESS(Clk)
```

```
    BEGIN
        IF Clk = '0' THEN
            IF Tmp < "101" THEN Tmp <= Tmp+1;
            ELSE Tmp<= "000"; END IF;
        END IF;
    END PROCESS CntP;
END ARCHITECTURE Demo;
```

上例通过进程 CycP 与 CntP 实现双计数，CntP 对时钟 Clk 计数，当 Tmp 计数达到"101"（即十进制中的 5)后则清零；CycP 通过 WAIT 语句 "WAIT ON Tmp UNTIL Tmp = "101"; " 监测 CntP 计数 Tmp 的变化，当 Tmp 发生变化且取值等于 5 时，进程 CycP 的计数值 Cyc 加 1，以此实现对 CntP 工作循环的计数。

此外，WAIT 语句还有很多其他用法，如 "WAIT ON Rdy FOR 120ns"，此句表示电路监测信号 Rdy 的变化，自 Rdy 的值发生改变后经 120 ns 再启动进程。

3.3.3　BLOCK 语句

1. 基本格式

模块是复杂电路的一种重要描述方法，它通过一系列并行语句或结构的组合实现电路的特定功能。通过 BLOCK 的合理应用，能够实现电路或系统的多种功能。此处在前文对 BLOCK 介绍的基础上，对其进行更为详尽地介绍，BLOCK 的基本格式如下：

```
块名称: BLOCK[(保护表达式)]
    [类属表; ]
    [端口表; ]
    定义语句;
BEGIN
    并行语句或结构;
        …
END BLOCK [块名称];
```

2. BLOCK 结构的使用方法

下例为一个利用多 BLOCK 结构实现的 1 位多功能逻辑运算器。Sel 选择 "00" - "11"，C 端分别输出输入信号 A、B 的与、或、异或与非法运算结果；iL 端输出结果状态，结果为 "1" 表明运算非法。

例 3-3-7　BLOCK 结构实现的 1 位多功能逻辑运算器：

```
LIBRARY IEEE;
USE IEEE.STD_LOGIC_1164.ALL;
USE IEEE.STD_LOGIC_UNSIGNED.ALL;
ENTITY Logic IS
    PORT(A, B : IN    STD_LOGIC;
        Sel : IN    STD_LOGIC_VECTOR(1 DOWNTO 0);
```

```
                C, iL: OUT STD_LOGIC);
        END Logic;
        ARCHITECTURE Demo OF Logic IS
            SIGNAL CC, OO: STD_LOGIC_VECTOR(3 DOWNTO 0);
        BEGIN
            AndB: BLOCK(Sel = "00")
            BEGIN
                CC(0) <= A AND B; OO(0) <= '0';
            END BLOCK AndB;
            OrB: BLOCK(Sel = "01")
            BEGIN
                CC(1) <= A OR B; OO(1) <= '0';
            END BLOCK OrB;
            XorB: BLOCK(Sel = "10")
            BEGIN
                CC(2) <= A XOR B; OO(2) <= '0';
            END BLOCK XorB;
            ILB: BLOCK(Sel = "11")
            BEGIN
                CC(3) <= 'Z'; OO(3) <= '1';
            END BLOCK ILB;
            OutP: PROCESS(Sel, CC, OO)
            BEGIN
                IF Sel = "00" THEN C <= CC(0); iL <= OO(0);
                ELSIF Sel = "01" THEN C <= CC(1); iL <= OO(1);
                ELSIF Sel = "10" THEN C <= CC(2); iL <= OO(2);
                ELSIF Sel = "11" THEN C <= CC(3); iL <= OO(3);
                END IF;
            END PROCESS OutP;
        END ARCHITECTURE Demo;
```

上例的模块 AndB、OrB、XorB 分别实现电路的与、或与异或运算，模块 ILB 处理异常输入 Sel="11"的情况。当 Sel 选择值为"00"～"11"时，分别启动上述 4 个模块 AndB、OrB、XorB 与 ILB，实现相关逻辑运算。进程 OutP 实现电路输出，OutP 检测各模块运算结果与输入选择 Sel，根据 Sel 取值选择输出 4 个 BLOCK 的运算结果。

3.3.4　子程序和子程序调用语句

子程序包括过程与函数，是结构体、尤其是复杂结构体的主要实现手段，也是 VHDL 程序中的重要并行语句。在前面的章节中已经对过程与函数做过简要的介绍，本节只对其进行简单的回顾，更详细的子程序组织方法与调用技巧会在程序包与设计库一节中说明。

1. 过程及使用方法

1）过程格式及其定义

过程的格式定义如下：

    PROCEDURE 过程名称(参数 1；参数 2；…) IS

        [变量定义语句]；

    BEGIN

        [顺序处理语句与结构]；

          …

    END [PROCEDURE] 过程名称；

前文中已讲到，过程与函数虽然同属于子程序，但是二者的定义格式存在较大差别。过程参数带有方向性，同时过程无返回值，运算结果通过参数中的 OUT 或 INOUT 型参数带回。以下为根据上述的过程定义格式，实现的一个典型过程定义实例。

例 3-3-8 过程定义：

    PROCEDURE fAdd(SIGNAL A, B, Ci: IN BIT; SIGNAL S, Co: OUT BIT) IS

    BEGIN

        IF ((A&B&Ci) = "111") THEN S <= '1'; Co <= '1';

        ELSIF ((A&B&Ci) = "000") THEN S <= '0'; Co <= '0';

        ELSIF ((A&B&Ci) = "101") OR ((A&B&Ci) = "110")OR((A&B&Ci) = "011") THEN

          S <= '0'; Co <= '1';

        ELSE S <= '1'; Co <= '0';

        END IF;

    End PROCEDURE fAdd;

2）过程的调用

在并行过程调用语句前可以加标号，语句带有 IN、OUT、INOUT 类型的参数，通过合理设置过程参数，可带回所需要的计算结果。并行过程的 OUT 参数或 INOUT 参数可以多于一个，因而过程可将多个结果送回主函数，相对于函数而言更为灵活，过程调用方法见下例。

例 3-3-9 过程调用方法：

    LIBRARY IEEE, mLIB;

    USE IEEE.STD_LOGIC_1164.ALL;

    USE mLIB.AritPKG.ALL;

    ENTITY Logic IS

      PORT(A0, B0, Ci0 : IN BIT;

        Co0, S0 : OUT BIT);

    END Logic;

    ARCHITECTURE Demo OF Logic IS

    BEGIN

```
u1: fAdd(A0, B0, Ci0, S0, Co0);
END ARCHITECTURE Demo;
```

上例通过语句"u1: fAdd(A0, B0, Ci0, S0, Co0);"调用自定义函数库 mLIB 中的全加器过程 fAdd，过程直接将输出送至系统输出端口 S0 与 Co0，若参数变化则启动函数调用语句。例中函数调用语句直接出现在结构体中，作为并行语句使用。

2．函数(FUNCTION)

函数的基本定义及其调用方法在前面已经做过说明，此处通过实例来说明结构体中并行语句使用函数的方法。下例为 1 位全加器的函数实现方法。

1) 函数定义

根据函数的定义格式，本例中全加器用到的函数定义如下。

例 3-3-10　全加器函数定义：

```
FUNCTION sFAdd(A: BIT; B: BIT; Ci: BIT) RETURN BIT IS
    VARIABLE C: BIT;
BEGIN
    IF ((A&B&Ci) = "101") OR ((A&B&Ci) = "110")OR
        ((A&B&Ci) = "011")OR ((A&B&Ci) = "000") THEN
        C := '0';
    ELSE C := '1'; END IF;
    RETURN C;
END FUNCTION sFAdd;
FUNCTION cFAdd(A: BIT; B: BIT; Ci: BIT) RETURN BIT IS
    VARIABLE C: BIT;
BEGIN
    IF ((A&B&Ci) = "101") OR ((A&B&Ci) = "110")OR
        ((A&B&Ci) = "011")OR ((A&B&Ci) = "111") THEN
        C := '1';
    ELSE C := '0'; END IF;
    RETURN C;
END FUNCTION cFAdd;
```

本例中共用到两个子函数 sFAdd 与 cFAdd，分别用于 1 位全加器和的计算与进位位的计算。输入输出端口数据均为位类型，在自定义库的相关程序包中对这两个函数进行了定义。

2) 函数调用

函数调用部分分别调用自定义库的 sFAdd 与 cFAdd 函数，计算带进位加法的和与进位位。调用方法及例程如下。

例 3-3-11　全加器函数的调用方法：

```
LIBRARY IEEE, mLIB;
USE IEEE.STD_LOGIC_1164.ALL;
USE mLIB.AritPKG.ALL;
```

```
ENTITY FAdd IS
    PORT(A, B, Ci: IN    BIT;
            S, Co : OUT BIT);
END FAdd;
ARCHITECTURE Samp OF FAdd IS
BEGIN
    S <= sFAdd(A, B, Ci);
    Co <= cFAdd(A, B, Ci);
END Samp;
```

上例中首先声明了自定义函数库 mLIB，而后利用 USE 语句调用 mLIB 函数库中的程序包 AritPKG。程序包 AritPKG 是所有自定义函数的集合，包括了 sFAdd 与 cFAdd 的定义。通过直接书写在结构体 Samp 中的并行语句"S <= sFAdd(A, B, Ci); "与"Co <= cFAdd(A, B, Ci); "，电路求得一位全加器的和与进位位，直接送入端口 S 与 Co。

3.3.5　并行断言语句

VHDL 的断言语句不生成实体电路，主要用于程序功能仿真调试。针对电路执行的不同结果，断言语句能够给出适当的文字提示信息，方便 VHDL 程序的逻辑仿真与调试。

1. 语句格式及定义

断言语句的基本格式如下：

ASSERT 条件[REPORT 报告信息][SEVERITY 出错级别];

上述格式中，如果关键字 ASSERT 后面的断言条件为 FALSE，则显示报告信息。格式中的 SEVERITY 为出错级别，为 SEVERITY_LEVEL 类型，主要分为失败(FAILURE)、错误(ERROR)、警告(WARNING)与注意(NOTE)4 个类别。

2. 使用方法

并行断言语句可放在实体、结构体和进程中的任何需要关注的观测调试点上。使用断言语句时，要求报告信息必须为用""引起来的字符串型数据。

下例用于监测读写信号，要求二者不同时作用，在出现同时有效的误操作时给出提示。

例 3-3-12　并行断言语句实现仿真调试：

```
LIBRARY IEEE;
USE IEEE.STD_LOGIC_1164.ALL;
ENTITY mLogic IS
    PORT(Wr, Rd, Cs: IN STD_LOGIC;
        D : INOUT STD_LOGIC_VECTOR(15 DOWNTO 0);
        OutP : OUT STD_LOGIC);
    BEGIN
        ASSERT ((Wr&Rd) /= "00") REPORT("Wr AND Rd are activated at the same time")
        SEVERITY ERROR;
END ENTITY mLogic;
```

```
ARCHITECTURE Samp OF mLogic IS
    ...
```

上例中的并行断言语句检测读写信号 Wr 与 Rd，当二者同时变为低电平(即有效)时给出提示信息"Wr AND Rd are activated at the same time"以提示系统出错。

下例为断言语句在除运算的应用，电路监测运算器的操作数，若被除数为 0，则提运算出错。

例 3-3-13　并行断言语句实现仿真调试：

```
LIBRARY IEEE;
USE IEEE.STD_LOGIC_1164.ALL;
ENTITY Divd IS
    PORT(A : IN STD_LOGIC_VECTOR(15 DOWNTO 0);
         B : IN STD_LOGIC_VECTOR(7 DOWNTO 0);
          Rs, Rm: INOUT STD_LOGIC_VECTOR(7 DOWNTO 0));
END ENTITY Divd;
ARCHITECTURE Samp OF Divd IS
BEGIN
    ASSERT (B /= X"00") REPORT("Divided by Zero") SEVERITY ERROR;
    ...
    END ARCHITECTURE Samp;
```

上例为除法电路中常做的判断处理，若被除数出现零值，系统给出出错信息"Divided by Zero"。

3.3.6　并行赋值语句

并行赋值语句是 VHDL 语言最常用的基本程序语句之一，根据格式与处理过程，可以将其分为并行信号赋值语句(CONCURRENT SIGNAL ASSIGNMENT)、条件信号赋值语句(CONDITIONAL SIGNAL ASSIGNMENT)与选择信号赋值语句(SELECTIVE SIGNAL ASSIGNMENT)3 类。

1. 并行信号赋值语句

1) 基本格式

赋值语句是 VHDL 程序最基本的构成语句，其基本格式为：

```
信号量或端口 <= 表达式；
```

下例为根据上述格式，通过并行信号赋值语句实现的 3 输入与门电路。

例 3-3-14　并行信号赋值语句实现的 3 输入与门电路：

```
LIBRARY IEEE;
USE IEEE.STD_LOGIC_1164.ALL;
ENTITY AndTri IS
    PORT(A, B, C: IN STD_LOGIC; O: OUT STD_LOGIC);
END AndTri;
```

```
ARCHITECTURE Samp OF AndTri IS
    SIGNAL C0: STD_LOGIC;
BEGIN
    C0 <= A AND B;
    O <= C0 AND C;
END ARCHITECTURE Samp;
```

例中通过并行信号赋值语句"C0 <= A AND B;"计算输入端口 A、B 的与操作结果 C0，而后通过"O <= C0 AND C;"语句计算 C0 与 C 的与操作，得到最终的总输出 O。

2) 使用方法

就语句本身而言，VHDL 的赋值语句本身并没有并行语句或顺序语句的格式区别；若赋值语句在进程、过程、函数内使用，作为顺序语句出现，就具有顺序语句的特性；若赋值语句在结构体的进程、过程或函数外使用，直接书写在结构体或结构体的 BLOCK 结构中，作为并发语句出现，语句就具有并行语句的特性。

从效果上讲，并行信号赋值语句等效于一个进程，以下为二者等效的实例

例 3-3-15 并行信号赋值语句与进程的等效性：

```
LIBRARY IEEE;
USE IEEE.STD_LOGIC_1164.ALL;
ENTITY Add2 IS
    PORT(A, B: IN BIT; O: OUT BIT);
END Add2;
ARCHITECTURE sample OF Add2 IS
    SIGNAL S0, S1: BIT;
BEGIN
    S0 <= NOT A AND B; S1 <= A AND NOT B; O <= S0 OR S1;
END sample;
```

上例中通过 3 个并行信号赋值语句分别计算中间结果 S0、S1 与最终的电路输出 O。从实际效果来看，上述的过程还可以采用以下的等效进程实现：

例 3-3-16 与并行信号赋值语句等效的进程：

```
LIBRARY IEEE;
USE IEEE.STD_LOGIC_1164.ALL;
ENTITY Add2 IS
    PORT(A, B: IN BIT; O: OUT BIT);
END Add2;
ARCHITECTURE sample OF Add2 IS
    SIGNAL S0, S1: BIT;
BEGIN
    PROCESS(A, B, S0, S1)
    BEGIN
        S0 <= NOT A AND B; S1 <= A AND NOT B; O <= S0 OR S1;
```

　　　　END PROCESS;

　　　END sample;

上述两种方式实现的运算结果完全相同。

2．条件信号赋值语句(CONDITIONAL SIGNAL ASSIGNMENT)

顾名思义，条件信号赋值语句根据条件，把不同的结果值赋给目标信号或端口，条件信号赋值语句本身属于并行描述语句范畴。

1) 基本格式

条件信号赋值语句的基本格式如下：

　　　目标信号或端口 <= 结果表达式 1　　WHEN　条件表达式 1　ELSE
　　　　　　　　　　　　　结果表达式 2　　WHEN　条件表达式 2　ELSE
　　　　　　　　　　　　　…
　　　　　　　　　　　　　结果表达式 n-1 WHEN　表达式条件 n-1 ELSE
　　　　　　　　　　　　　结果表达式 n;

根据上述格式，电路在执行操作时，首先计算并判断条件表达式 1 到 n 的值，根据判断结果，选择不同的结果表达式并计算取值，最后将结果送入目标信号或端口，实现不同输出。

2) 使用方法

下例为采用条件信号赋值语句实现的 1 位半加器电路，端口 A、B 为加数与被加数，数据类型为 1 位 BIT 量；端口 Sum 为输出和，数据类型为 2 位 BIT 量。

例 3-3-17　采用条件信号赋值语句实现的 1 位半加器：

```
LIBRARY IEEE;
USE IEEE.STD_LOGIC_1164.ALL;
ENTITY Add2 IS
    PORT(A, B: IN BIT;
         Sum: OUT BIT_VECTOR(1 DOWNTO 0));
END Add2;
ARCHITECTURE sample OF Add2 IS
    SIGNAL Bin: BIT_VECTOR(1 DOWNTO 0);
BEGIN
    Bin <= B & A;
    Sum <= "01" WHEN (Bin = "01") OR (Bin = "10") ELSE
           "00" WHEN Bin = "00" ELSE "10";
END sample;
```

上例中的程序根据半加器的真值表实现半加器电路，程序将来自输入端口的加数与被加数做并运算，得到 2 位输入值 Bin，并根据 Bin 的取值条件输出结果值。

下例为条件信号赋值语句实现的同或电路，输出 Q 为输入端口信号 A、B 的同或运算。若 A 与 B 相等，电路输出高电平"1"；不等，输出低电平"0"。

例 3-3-18　条件信号赋值语句实现的同或电路：

```
LIBRARY IEEE;
```

```
    USE IEEE.STD_LOGIC_1164.ALL;
    ENTITY mXnor IS
        PORT(A, B : IN STD_LOGIC;
                Q : OUT STD_LOGIC);
    END mXnor;
    ARCHITECTURE Samp OF mXnor IS
    BEGIN
        Q <= 'Z' WHEN (A = 'Z')OR(B = 'Z') ELSE
             '1' WHEN (A = B) ELSE
             '0';
    END Samp;
```

若上例中的任一输入端口信号为高阻，则电路输出高阻"Z"。

3. 选择信号赋值语句(SELECTION SIGNAL ASSIGNMENT)

选择信号赋值语句根据选择条件表达式的不同取值，把不同的结果值或结果表达式送至目标端口或信号。

1) 基本格式

选择信号赋值语句的基本格式如下：

```
    WITH  选择条件表达式  SELECT
    目标端口或信号  <=  结果表达式 1 WHEN  选择条件 1,
                        结果表达式 2 WHEN  选择条件 2,
                        …,
                        结果表达式 n WHEN  选择条件 n;
```

执行操作时，电路计算选择条件表达式，根据条件表达式的计算结果，选择性地将结果表达式输出到指定端口或信号。

2) 实例与使用方法

选择信号赋值语句的条件表达式可以是一个端口、信号，也可以是一个逻辑表达式，语句可以在条件表达式中实现一定的运算。下例为选择信号赋值语句实现的 1 位半加器。

例 3-3-19　选择信号赋值语句实现的 1 位半加器：

```
    LIBRARY IEEE;
    USE IEEE.STD_LOGIC_1164.ALL;
    ENTITY Add2 IS
        PORT(A, B: IN BIT;
            Sum: OUT BIT_VECTOR(1 DOWNTO 0));
    END Add2;
    ARCHITECTURE Sample OF Add2 IS
    BEGIN
        WITH B&A SELECT
        Sum <= "00" WHEN "00",
```

```
              "10" WHEN "11",
              "01" WHEN OTHERS;
    END Sample;
```

上例中采用输入信号的并置运算"B&A"作为条件表达式,输入信号相同且均为"0",则电路输出"00"至输出端口 Sum;输入信号相同且均为"1",则电路输出"10";上例通过关键字"OTHERS"穷举了输入信号的其他情况,此时 Sum 端口输出"01"。

由于选择信号赋值语句可以选择性地输出不同格式的数据,尤其适于进制转换、查表、译码等电路,以下实例为二进制数转为十进制数电路的选择信号赋值语句实现方法。

例 3-3-20　二-十进制转换电路的选择信号赋值语句实现方法:

```
    LIBRARY IEEE;
    USE IEEE.STD_LOGIC_1164.ALL;
    ENTITY NConv IS
        PORT(A : IN STD_LOGIC_VECTOR(2 DOWNTO 0);
             Q : OUT INTEGER RANGE 0 TO 7);
    END ENTITY NConv;
    ARCHITECTURE Samp OF NConv IS
    BEGIN
        WITH A SELECT
        Q <= 0 WHEN "000",
             1 WHEN "001",
             2 WHEN "010",
             3 WHEN "011",
             4 WHEN "100",
             5 WHEN "101",
             6 WHEN "110",
             7 WHEN "111";
    END Samp;
```

上例通过选择赋值语句建立二进制数 A 与十进制数 Q 的对应关系,根据输入端口信号 A 的不同,选择输出其对应的十进制数 Q。

3.3.7　通用模块与元件

1. 元件定义

通用元件模块用于实现数字系统或实体电路的子电路与构成单元,基于通用元件与模块的设计方法也是自顶向下设计方法的主要设计手段。采用模块与元件描述数字系统,易于更清楚地描述电路系统的层次结构,实现整个数字系统的并行设计。

通用模块、元件的基本定义格式如下:

```
    COMPONENT 元件种属名称
        GENERIC(类属说明);
```

PORT(端口说明);

　　END COMPONENT 元件种属名称;

在上述的格式定义中，元件种属名称指该元件的种类名称，如 2 输入与门 AND2、3 输入或门 OR3 等。

通用元件、模块的定义格式与实体类似，均包括类属说明、端口说明。其中的类属说明指定元件与模块的基本属性，包括属性名称、数据类型等，定义格式与实体相同；端口说明指定输入输出信号及其特性，包括信号名称、通信模式(数据流向)、数据类型及缺省值等，定义格式与实体相同。

通用元件与模块可在定义结构体、程序包、模块时对其进行说明，其相应的作用范围也分别为对其作出定义的结构体、程序包与模块等的范围内；定义中的 GENERIC 语句用于指定元件属性参数，PORT 语句用于指定元件输入、输出信号。

2．调用格式

使用通用模块或元件，除了要对其进行定义以外，还要通过相关的语句实现具体的元件调用。模块或元件的一般调用格式如下：

　　元件名：元件种属名称 GENERIC MAP(属性参数 1，…) PORT MAP(信号 1，…);

其中的元件名又称实例名，特指某一具体元件的名字，例如 2 输入与门 U2，这里的名字 U2 即所属地元件名，而其中的 2 输入与门此处称为元件种属名称。

1) 参数映射

调用格式中的 "GENERIC MAP(属性参数 1，…)" 部分为参数映射，关键字 GENERIC MAP 后的括号内根据元件定义依次按顺序写入元件的各个参数，如位矢量宽度、数组长度、时间参数等。

需注意 GENERIC 的属性参数均为整型数，其他数据类型不能综合形成电路。

2) 端口映射

调用格式中的 "PORT MAP(信号 1，…)" 部分为端口映射，用于实现调用模块与元件间信号的连接关系，关键字 PORT MAP 后的括号内为根据元件定义依次按顺序写入的元件的各个端口或信号名称。

以下为通用元件、模块调用的一个典型实例。

例 3-3-21　通用元件、模块调用：

　　U0: and2 PORT MAP(D0, D1, Q0);

上例中，元件名字为 U0，元件种类为 2 输入与门 and2，无属性参数，元件 U0 的端口信号为 D0、D1 与 Q0，分别对应元件定义中端口说明中的第 1、2、3 个信号或端口。

3) 调用规则

在使用元件或通用模块时，必须遵从以下要求：

(1) 元件名(或称实例名，如上例中的名字 U0)在程序中唯一。

(2) 元件种属名称(如上例中的名称 and2)必须存在于元件库中。

(3) 参数映射 GENERIC MAP 与端口映射 PORT MAP 中的各参数、端口必须与元件定义严格对应。

3．模块与元件的使用方法

这里通过一个 4 输入或门的实例介绍通用模块与元件的使用方法。所设计的 4 输入或门由三个 2 输入或门构成，2 输入或门自行设计，生成元件。

1) 二输入或门通用元件设计

首先设计 2 输入或门元件，假定元件种类名称为 mOr2，其 VHDL 实现程序如下：

例 3-3-22　自行设计的二输入或门通用元件：

```
LIBRARY IEEE;
USE IEEE.STD_LOGIC_1164.ALL;
ENTITY mOr2 IS
    GENERIC(Tr : TIME := 7ns; Tf : TIME := 10ns);
    PORT(A, B : IN STD_LOGIC; Q : OUT STD_LOGIC);
END mOr2;
ARCHITECTURE Samp OF mOr2 IS
BEGIN
    PROCESS(A, B)
    BEGIN
        IF (A OR B) = '1' THEN
            Q <= A OR B AFTER Tr;
        ELSE
            Q <= A OR B AFTER Tf;
        END IF;
    END PROCESS;
END Samp;
```

例中通过 PROCESS 实现 2 输入或门，端口信号 A、B 作为敏感量；A、B 发生变化，PROCESS 启动，若二者进行或运算后的结果为"1"，输出端口 Q 延时 Tr 时间后输出高电平；反之，Q 延迟 Tf 时间输出低电平。

2) 元件调用及四输入或门的实现

得到 2 输入或门通用元件后，多次调用生成的通用元件，就可以得到需要的四输入或门，实现电路如下。

例 3-3-23　利用通用元件实现的 4 输入或门：

```
LIBRARY IEEE;
USE IEEE.STD_LOGIC_1164.ALL;
ENTITY mOr4 IS
    GENERIC(Tr : TIME := 7ns; Tf : TIME := 10ns);
    PORT(D : IN STD_LOGIC_VECTOR(3 DOWNTO 0);
            Q : OUT STD_LOGIC);
END mOr4;
ARCHITECTURE Samp OF mOr4 IS
```

```
SIGNAL Q0, Q1 : STD_LOGIC := '0';
COMPONENT mOr2 IS
    GENERIC(Tr : TIME; Tf : TIME);
    PORT(A, B : IN STD_LOGIC;
          Q : OUT STD_LOGIC);
END COMPONENT mOr2;
BEGIN
U0: mOr2 GENERIC MAP(Tr, Tf) PORT MAP(D(0), D(1), Q0);
U1: mOr2 GENERIC MAP(Tr, Tf) PORT MAP(D(2), D(3), Q1);
U2: mOr2 GENERIC MAP(Tr, Tf) PORT MAP(Q0, Q1, Q);
END Samp;
```

上例中首先在 ARCHITECTURE 的定义部分声明通用元件 COMPONENT mOr2，然后通过例化语句定义元件 U0、U1 与 U2，三者的元件种属名称均为 mOr2；通过参数映射 GENERIC MAP，根据 COMPONENT 定义中指定的参数顺序依次送入上升、下降沿 Tr 与 Tf；通过端口映射 PORT MAP，根据 COMPONENT 定义中指定的端口顺序依次对应各端口信号。

需注意的是：在使用元件的过程中，实现元件的 VHDL 实体、调用元件 VHDL 程序中的元件定义以及元件调用中各属性参数的顺序、各端口参数的顺序必须一致。

3.3.8　生成语句(GENERATE)

1．语句基本格式

生成语句(GENERATE)用来在实体电路或数字系统产生多个相同的结构或相同描述规则的结构。根据用途，生成语句分为两种形式：

1) FOR-GENERATE 结构

FOR-GENERATE 连续生成同种结构或规则的电路，其基本格式为：

```
GENERATE 名称: FOR 循环变量 IN 不连续区间 GENERATE
        <并行生成语句>
END GENERATE [GENERATE 名称];
```

FOR-GENERATE 形成的是同规则或同结构的电路，不是一种顺序执行的程序，因此不能使用过程控制语句 EXIT 和 NEXT 对 FOR-GENERATE 进行干预，其语句并行。

2) IF-GENERATE 结构

IF-GENERATE 结构用来处理大量生成同结构或同规则电路时的例外情况，其基本格式为：

```
GENERATE 名称: IF 条件 GENERATE
        <并行生成语句>
END    GENERATE[GENERATE 名称];
```

若关键字 IF 后的条件成立，执行结构内的生成语句。IF-GENERATE 是一种并行语句，不含 ELSE 语句描述的其他情况。

2．GENERATE 结构的使用方法

本例通过一个 4 位计数器来介绍 GENERATE 的使用方法，并比较电路的 GENERATE 实现方法与普通元件实现方法的优劣。所设计的 4 位计数器通过 4 个 1 位计数器实现，首先设计 1 位计数器。

1) 1 位计数器设计

1 位计数器响应时钟，时钟下降沿到来一次，计数值加 1，程序实现如下：

例 3-3-24　下降沿触发的 1 位计数器：

```
LIBRARY IEEE;
USE IEEE.STD_LOGIC_1164.ALL;
ENTITY mCnt1 IS
    PORT(Clk, R, S : IN STD_LOGIC; Q : OUT STD_LOGIC);
END mCnt1;
ARCHITECTURE Samp OF mCnt1 IS
    SIGNAL iQ : STD_LOGIC := '0';
BEGIN
    PROCESS(Clk, R, S, iQ)
    BEGIN
        IF R = '1' THEN iQ <= '0';
        ELSIF S = '1' THEN iQ <= '1';
        ELSIF CLK'EVENT AND Clk = '0'
        THEN iQ <= NOT iQ;
        END IF;
    END PROCESS;
    Q <= iQ;
END Samp;
```

上例中设计了带置位端与复位端的下降沿触发的 1 位计数器，若复位端有效，电路输出低电平 "0"，实现复位；若置位端有效，电路输出高电平 "1"，实现置位。若复位端与置位端都无效时，时钟 Clk 的下降沿每到达 1 次，计数器输出信号加 1，变为上一输出的非。

2) 利用通用元件实现的四位计数器

采用 1 位计数器作为通用元件，4 位计数器的逻辑结构如图 3.4 所示。

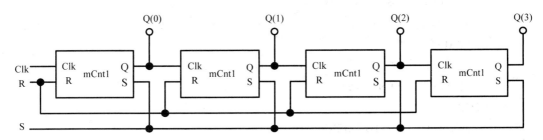

图 3.4　四位计数器的逻辑结构

根据图 3.4 所示的逻辑结构，将上例 1 位计数器设计成通用元件，可以实现 4 位计数器，实现程序如下。

例 3-3-25　利用通用元件实现的 4 输入计数器：

```
LIBRARY IEEE;
USE IEEE.STD_LOGIC_1164.ALL;
ENTITY mCnt4 IS
    PORT(Clk, R, S : IN STD_LOGIC; Q : OUT STD_LOGIC_VECTOR(3 DOWNTO 0));
END mCnt4;
ARCHITECTURE Samp OF mCnt4 IS
    SIGNAL iQ : STD_LOGIC_VECTOR(3 DOWNTO 0) := "0000";
    COMPONENT mCnt1 IS
        PORT(Clk, R, S : IN STD_LOGIC; Q : OUT STD_LOGIC);
    END COMPONENT mCnt1;
BEGIN
    U0: mCnt1 PORT MAP(Clk, R, S, iQ(0));
    U1: mCnt1 PORT MAP(iQ(0), R, S, iQ(1));
    U2: mCnt1 PORT MAP(iQ(1), R, S, iQ(2));
    U3: mCnt1 PORT MAP(iQ(2), R, S, iQ(3));
    Q <= iQ;
END Samp;
```

例中通过 1 位计数器元件 mCnt1 调用 U0、U1、U2 与 U3 实现 4 位计数器。

3) 利用生成语句 FOR-GENERATE 实现的四位计数器

采用前文所述的生成语句 FOR-GENERATE 结构同样可以实现上述功能，所用元件仍为 1 位计数器元件 mCnt1，程序实现如下。

例 3-3-26　利用 FOR-GENERATE 实现的四位计数器：

```
LIBRARY IEEE;
USE IEEE.STD_LOGIC_1164.ALL;
ENTITY mCnt4 IS
    PORT(Clk, R, S : IN STD_LOGIC; Q : OUT STD_LOGIC_VECTOR(3 DOWNTO 0));
END mCnt4;
ARCHITECTURE Samp OF mCnt4 IS
    SIGNAL iQ : STD_LOGIC_VECTOR(4 DOWNTO 0) := "00000";
    COMPONENT mCnt1 IS
        PORT(Clk, R, S : IN STD_LOGIC; Q : OUT STD_LOGIC);
    END COMPONENT mCnt1;
BEGIN
    mGen: FOR i IN 0 TO 3 GENERATE
        UX: mCnt1 PORT MAP(iQ(i), R, S, iQ(i+1));
    END GENERATE mGen;
```

```
            iQ(0) <= Clk;
            Q <= iQ(4 DOWNTO 1);
        END Samp;
```

上例中通过 FOR-GENERATE 结构 mGen 实现 4 位计数器。为方便结构描述，对图 3.4 的第 1 和第 4 个 1 位计数器的输入输出做了处理，在结构外将系统时钟 Clk 送入中间信号 iQ(0)。上述电路中，计数器位数越多，需要重复的结构越多，FOR-GENERATE 结构的优势也越明显。

4) FOR-GENERATE 结合 IF-GENERATE 的重复结构电路设计

除了 FOR-GENERATE 结构，上述电路还可以采用 FOR-GENERATE 结合 IF-GENERATE 结构的方法来实现。下例介绍结合两种 GENERATE 结构实现 4 位计数器的方法，同时介绍 IF-GENERATE 的用法。

例 3-3-27　FOR-GENERATE 结合 IF-GENERATE 实现的四位计数器：

```
        LIBRARY IEEE;
        USE IEEE.STD_LOGIC_1164.ALL;
        ENTITY mCnt4 IS
            PORT(Clk, R, S : IN STD_LOGIC; Q : OUT STD_LOGIC_VECTOR(3 DOWNTO 0));
        END mCnt4;
        ARCHITECTURE Samp OF mCnt4 IS
            SIGNAL iQ : STD_LOGIC_VECTOR(3 DOWNTO 1) := "000";
            COMPONENT mCnt1 IS
                PORT(Clk, R, S : IN STD_LOGIC; Q : OUT STD_LOGIC);
            END COMPONENT mCnt1;
        BEGIN
            mGen: FOR i IN 0 TO 3 GENERATE
                IfGen0: IF i = 0 GENERATE
                    UX: mCnt1 PORT MAP(Clk, R, S, iQ(i+1));
                END GENERATE IfGen0;
                IfGen1: IF i>0 AND i<3 GENERATE
                    UY: mCnt1 PORT MAP(iQ(i), R, S, iQ(i+1));
                END GENERATE IfGen1;
                IfGen2: IF i = 3 GENERATE
                    UZ: mCnt1 PORT MAP(iQ(3), R, S, Q(3));
                END GENERATE IfGen2;
            END GENERATE mGen;
            Q(2 DOWNTO 0) <= iQ(3 DOWNTO 1);
        END Samp;
```

上例首先通过 4 次循环的 FOR-GENERATE 实现 4 位计数器，再在循环体内根据循环变量 i 的取值分 3 种情况分别生成 1 位计数器。

3.4 顺序语句

除了并行语句，VHDL 程序的构成语句还包括顺序语句。VHDL 的顺序语句不能直接出现在结构体中形成电路，但是可以出现在进程、函数与过程中。VHDL 的顺序语句主要包括 IF、CASE、LOOP、NEXT、EXIT、RETURN、NULL 等类型。

3.4.1 IF 语句

VHDL 的 IF 语句分为门闩控制 IF 语句、二选一控制 IF 语句与多项选择 IF 控制语句。

1. 门闩控制 IF 语句

门闩控制 IF 语句的基本格式如下：

```
IF  控制条件  THEN
     <顺序语句>
END IF;
```

根据上述格式，下例为采用门闩控制 IF 语句设计的上升沿触发的 2 位计数器。

例 3-4-1 门闩控制 IF 语句实现的上升沿触发的 2 位计数器：

```
LIBRARY IEEE;
USE IEEE.STD_LOGIC_1164.ALL;
USE IEEE.STD_LOGIC_UNSIGNED.ALL;
ENTITY mCnt2 IS
    PORT(Clk : IN STD_LOGIC; Q : OUT STD_LOGIC_VECTOR(1 DOWNTO 0));
END mCnt2;
ARCHITECTURE Samp OF mCnt2 IS
BEGIN
    PROCESS(Clk)
        VARIABLE iQ: STD_LOGIC_VECTOR(1 DOWNTO 0) := "00";
    BEGIN
        IF CLK'EVENT AND Clk = '1' THEN
            iQ := iQ+'1';
        END IF;
        Q <= iQ;
    END PROCESS;
END Samp;
```

上例中通过 PROCESS 响应时钟 Clk，若时钟信号发生变化，PROCESS 启动。若 PROCESS 监测到时钟上升沿，则计数值加 1。

上例中的 Clk 上升沿通过 "CLK'EVENT AND Clk = '1'" 语句描述，若将其中的 Clk 改为其他信号或端口则可以描述其他信号的上升沿。Clk 下降沿采用 "CLK' EVENT AND

Clk = '0' " 语句描述。

信号的上升沿与下降沿还可以分别通过关键字 RISING_EDGE(Clk) 与 FALLING_EDGE(Clk) 描述，分别表示 Clk 信号的上升沿与下降沿。

2. 二选一控制 IF 语句

二选一控制 IF 语句的基本格式为：

```
IF  控制条件  THEN
    <顺序语句-结果 1>;
ELSE
    <顺序语句-结果 2>;
END IF;
```

根据上述格式，采用二选一控制 IF 语句实现四位比较器的电路实现程序如下：

例 3-4-2　二选一控制 IF 语句实现的四位比较器：

```
LIBRARY IEEE;
USE IEEE.STD_LOGIC_1164.ALL;
USE IEEE.STD_LOGIC_UNSIGNED.ALL;

ENTITY Max4 IS
    PORT(A, B: IN STD_LOGIC_VECTOR(3 DOWNTO 0);
        Q :   OUT STD_LOGIC_VECTOR(3 DOWNTO 0));
END Max4;
ARCHITECTURE Samp OF Max4 IS
BEGIN
    PROCESS(A, B)
        VARIABLE iQ: STD_LOGIC_VECTOR(3 DOWNTO 0) := "0000";
    BEGIN
        IF A >= B THEN
            iQ := A;
        ELSE
            iQ := B;
        END IF;
        Q <= iQ;
    END PROCESS;
    END Samp;
```

上例通过二选一控制 IF 语句直接按位比较四位二进制数 A 与 B，将得到的大值送至输出端口 Q。

3. 多项选择控制 IF 语句

多项选择控制 IF 语句对比多个控制条件，选择输出相应结果，语句基本格式为：

```
IF  控制条件 1 THEN
```

```
        <顺序语句-结果 1>;
    ELSIF  条件 2 THEN
        <顺序语句-结果 2>;
        …
    ELSIF  条件 n THEN
        <顺序语句-结果 n>;
    ELSE
        <顺序语句-结果 n+1>;
    END IF;
```

由于接近人的思维习惯，且经过适当设计能够替代条件选择语句、选择赋值语句的功能，多项选择控制 IF 在 VHDL 程序设计中的应用较为广泛。

以下例子通过多项选择控制 IF 语句实现 0～9 的十进制数到 ASCII 码的转换，对应关系如表 3.2 所示，电路的 VHDL 程序如下。

表 3.2 数字 ASCII 码对应关系

数字	0	1	2	3	4	5	6	7	8	9
ASCII 码	30H	31H	32H	33H	34H	35H	36H	37H	38H	39H

例 3-4-3 多项选择控制 IF 语句实现的十进制数-ASCII 码转换电路：

```
LIBRARY IEEE;
USE IEEE.STD_LOGIC_1164.ALL;
USE IEEE.STD_LOGIC_UNSIGNED.ALL;
ENTITY ASC IS
    PORT(A : IN STD_LOGIC_VECTOR(3 DOWNTO 0);
         Q :  OUT STD_LOGIC_VECTOR(7 DOWNTO 0));
END ASC;
ARCHITECTURE Samp OF ASC IS
BEGIN
    PROCESS(A)
        VARIABLE iQ: STD_LOGIC_VECTOR(7 DOWNTO 0);
        BEGIN
        IF A = X"0" THEN iQ := X"30" ;
        ELSIF A = X"1" THEN iQ := X"31" ;
        ELSIF A = X"2" THEN iQ := X"32" ;
        ELSIF A = X"3" THEN iQ := X"33" ;
        ELSIF A = X"4" THEN iQ := X"34" ;
        ELSIF A = X"5" THEN iQ := X"35" ;
        ELSIF A = X"6" THEN iQ := X"36" ;
        ELSIF A = X"7" THEN iQ := X"37" ;
        ELSIF A = X"8" THEN iQ := X"38" ;
```

```
        ELSIF A = X"9" THEN iQ := X"39" ;
        ELSE iQ := X"FF";
        END IF;
        Q <= iQ;
    END PROCESS;
END Samp;
```

当然，采用多项选择控制 IF 语句还可以实现其他的数码管译码、地址解码、译码等电路。

3.4.2　CASE 语句

CASE 也是一种多项选择控制语句，在描述总线控制、编码电路、译码电路、查表电路等结构中具有较为广泛的应用，CASE 语句的基本格式如下：

```
CASE  条件表达式   IS
    WHEN  条件值 1 => 顺序语句-结果 1;
    WHEN  条件值 2 => 顺序语句-结果 2;
            …
    WHEN  条件值 n => 顺序语句-结果 n;
END CASE;
```

以下为根据上述格式，采用 CASE 语句实现的数码管译码电路。

例 3-4-4　采用 CASE 语句实现的数码管译码电路：

```
LIBRARY IEEE;
USE IEEE.STD_LOGIC_1164.ALL;
ENTITY DCode IS
    PORT(A : IN STD_LOGIC_VECTOR(3 DOWNTO 0);
         Q :  OUT STD_LOGIC_VECTOR(7 DOWNTO 0));
END DCode;
ARCHITECTURE Samp OF DCode IS
BEGIN
    PROCESS(A)
        VARIABLE iQ: STD_LOGIC_VECTOR(7 DOWNTO 0);
    BEGIN
        CASE A IS
            WHEN X"0" => iQ := X"3F" ;
            WHEN X"1" => iQ := X"06" ;
            WHEN X"2" => iQ := X"5B" ;
            WHEN X"3" => iQ := X"4F" ;
            WHEN X"4" => iQ := X"66" ;
            WHEN X"5" => iQ := X"6D" ;
```

```
            WHEN X"6" => iQ := X"7D" ;
            WHEN X"7" => iQ := X"07" ;
            WHEN X"8" => iQ := X"7F" ;
            WHEN X"9" => iQ := X"6F" ;
            WHEN X"A" => iQ := X"77" ;
            WHEN X"B" => iQ := X"7C" ;
            WHEN X"C" => iQ := X"39" ;
            WHEN X"D" => iQ := X"5E" ;
            WHEN X"E" => iQ := X"79" ;
            WHEN X"F" => iQ := X"71" ;
        END CASE;
        Q <= iQ;
    END PROCESS;
END Samp;
```

上例中通过设计 PROCESS 实现了共阴极 7 段数码管的译码电路，PROCESS 使用端口 A 作为敏感量，A 发生变化，进程执行一次；利用 CASE 语句选择控制结果，实现译码。

CASE 语句完成的电路功能与多项选择控制 IF 语句类似，IF 语句实现的电路也可用 CASE 语句完成；二者的区别在于优先顺序，IF 语句先处理起始优先条件，而 CASE 语句对所有表达式值并行处理。

在 CASE 语句中，不能穷尽的条件表达式值可以通过 OTHERS 语句处理，下例通过 CASE 语句实现的译码电路来介绍 OTHERS 语句的用法。

例 3-4-5 OTHERS 与 CASE 实现的 3-8 译码电路：

```
LIBRARY IEEE;
USE IEEE.STD_LOGIC_1164.ALL;
ENTITY DCode IS
    PORT(A, B, C : IN STD_LOGIC;
            Q :  OUT STD_LOGIC_VECTOR(7 DOWNTO 0));
END DCode;
ARCHITECTURE Samp OF DCode IS
    SIGNAL DIn : STD_LOGIC_VECTOR(2 DOWNTO 0);
BEGIN
    DIn <= A&B&C;
    PROCESS(DIn)
        VARIABLE iQ: STD_LOGIC_VECTOR(7 DOWNTO 0);
    BEGIN
        CASE DIn IS
            WHEN "000" => iQ := X"7F" ;
            WHEN "001" => iQ := X"BF" ;
            WHEN "010" => iQ := X"DF" ;
```

```
            WHEN "011" => iQ := X"EF" ;
            WHEN "100" => iQ := X"F7" ;
            WHEN "101" => iQ := X"FB" ;
            WHEN "110" => iQ := X"FD" ;
            WHEN "111" => iQ := X"FE" ;
            WHEN OTHERS => iQ := X"FF" ;
        END CASE;
        Q <= iQ;
    END PROCESS;

END Samp;
```

上例对 3-8 译码器进行了适当简化，省略了传统译码器的使能端 G1、G2，输入端口从"000"变化至"111"，真值表规定的相应端口位清"0"。输入端口出现"000"～"111"之外的其他值，输出端口全部置"1"，输出"FF"。

3.4.3　LOOP 语句

与软件程序设计语言一样，VHDL 也有自己的循环语句，主要包括 FOR-LOOP 循环、WHILE-LOOP 循环。二者的不同之处在于，VHDL 的循环语句执行速度要快得多，而软件程序的循环语句由计算机指令控制，与计算机硬件、字长等有关。

1. FOR-LOOP 循环

FOR-LOOP 循环语句的基本格式如下：

```
    [循环名称]: FOR 循环变量 IN 离散范围 LOOP
            <循环体顺序语句>;
    END LOOP [循环名称];
```

上述格式中的循环变量用于控制循环的执行，每执行 1 次循环，循环变量发生变化，在变化范围内，循环继续；反之，循环结束。离散范围表示循环变量在循环执行过程中的取值变化范围。

下例为使用 FOR-LOOP 实现的 8 位奇偶校验电路，其中 A 为待校验数据，P 为校验位，该电路为偶校验。

例 3-4-6　FOR-LOOP 实现的 8 位奇偶校验电路：

```
LIBRARY IEEE;
USE IEEE.STD_LOGIC_1164.ALL;
ENTITY mLogic IS
    PORT(A : IN STD_LOGIC_VECTOR(7 DOWNTO 0);
         P : IN STD_LOGIC;
         Q : OUT STD_LOGIC);
END mLogic;
ARCHITECTURE Samp OF mLogic IS
BEGIN
```

```
PROCESS(A, P)
    VARIABLE iParity: STD_LOGIC := '0';
BEGIN
    iParity := '0';
    mLp: FOR i IN 0 TO 7 LOOP
        IF A(i) = '1' THEN iParity := NOT iParity;
        END IF;
    END LOOP mLp;
    Q <= iParity XOR P;
END PROCESS;
END Samp;
```

在上述的校验电路中，FOR-LOOP 计算被校验数据 A 中"1"的位数，若位数为奇数，循环输出 iParity 置"1"；若位数为偶数，iParity 清"0"；iParity 为"1"时，若校验位 P 为"1"，则校验结果 Q 输出"0"，数据校验无误；若校验位 P 为"0"，校验出错；iParity 为"0"时，若校验位 P 为"1"，则校验结果 Q 输出"1"，数据校验出错；若校验位 P 为"0"，校验无误；为典型的偶校验电路。

FOR-LOOP 的循环变量 i 无需专门定义，只要出现在关键字 FOR 之后的变量即默认其为循环变量，相应的数据类型等特性遵从循环变量的基本要求。

2．WHILE-LOOP 循环

条件循环语句 WHILE-LOOP 是 VHDL 的另一种重要顺序语句，用于在执行条件满足要求的情况下，进行循环体的指定操作，WHILE-LOOP 结构的基本格式如下：

```
[循环名称:] WHILE  循环控制条件表达式   LOOP
    <循环体顺序语句>;
END LOOP [循环名称];
```

根据上述的语句格式,通过 WHILE-LOOP 循环实现前文所述的偶校验电路的程序如下：

例 3-4-7　WHILE-LOOP 实现的 8 位数据奇偶校验电路：

```
LIBRARY IEEE;
USE IEEE.STD_LOGIC_1164.ALL;
ENTITY mLogic IS
    PORT(A : IN STD_LOGIC_VECTOR(7 DOWNTO 0);
        P : IN STD_LOGIC;
        Q : OUT STD_LOGIC);
END mLogic;
ARCHITECTURE Samp OF mLogic IS
BEGIN
    PROCESS(A, P)
        VARIABLE iParity: STD_LOGIC := '0';
        VARIABLE i: INTEGER RANGE 0 TO 7 := 0;
```

```
    BEGIN
        iParity := '0';
        i := 0;
        mLp: WHILE i <= 7 LOOP
            IF A(i) = '1' THEN iParity := NOT iParity;
            END IF;
            i := i+1;
        END LOOP mLp;
        Q <= iParity XOR P;
    END PROCESS;
END Samp;
```

上例通过 WHILE-LOOP 实现 8 位数据的偶校验，除了 LOOP 格式的不同之外，WHILE-LOOP 还要求对循环变量进行定义，同时要求在程序中实现循环变量的运算。

3．循环控制语句 NEXT

与软件程序设计语言一样，VHDL 语言允许使用 NEXT 语句对循环进行适当干预，循环控制语句 NEXT 的格式如下：

NEXT [语句标号] [WHEN 控制条件];

NEXT 语句用来结束本次循环转入下次循环，格式中的语句标号指定下一循环的起始位置，为可选项。当 NEXT 之后无语句标号时，程序转入循环起始位置；NEXT 语句之后还可跟由关键字 WHEN 引导的控制条件，若控制条件满足，程序转向语句标号指定位置；若 NEXT 语句之后无 WHEN 条件，程序无条件跳转。

下例利用 NEXT 控制的 FOR-LOOP 循环计算 8 位数据中数据位"1"的个数。

例 3-4-8 NEXT 结合 FOR-LOOP 循环的计数电路：

```
LIBRARY IEEE;
USE IEEE.STD_LOGIC_1164.ALL;
USE IEEE.STD_LOGIC_UNSIGNED.ALL;
ENTITY mLogic IS
    PORT(A : IN STD_LOGIC_VECTOR(7 DOWNTO 0);
        Q : OUT INTEGER RANGE 0 TO 8);
END mLogic;
ARCHITECTURE Samp OF mLogic IS
BEGIN
    PROCESS(A)
        VARIABLE iQ: INTEGER RANGE 0 TO 8 := 0;
    BEGIN
        iQ := 0;
        iLp: FOR j IN 0 TO 7 LOOP
            NEXT iLp WHEN A(j) = '0';
```

```
                iQ := iQ+1;
            END LOOP iLp;
                Q <= iQ;
            END PROCESS;
        END Samp;
```

上例利用 NEXT 语句控制 FOR-LOOP 依次检测 8 位数据 A 各位的取值，若数据位为"1"，则计数值 iQ 加 1；若数据位为"0"，则跳转到循环起始句 iLp，开始下一循环。

下例利用 NEXT 控制 WHILE-LOOP 实现上述电路。NEXT 语句的控制方法与上例类似，两者的不同之处在于循环变量的计算与控制条件的描述。

例 3-4-9 NEXT 结合 WHILE-LOOP 循环的计数电路：

```
    LIBRARY IEEE;
    USE IEEE.STD_LOGIC_1164.ALL;
    USE IEEE.STD_LOGIC_UNSIGNED.ALL;
    ENTITY mLogic IS
        PORT(A : IN STD_LOGIC_VECTOR(7 DOWNTO 0);
            Q : OUT INTEGER RANGE 0 TO 8);
    END mLogic;
    ARCHITECTURE Samp OF mLogic IS
    BEGIN
        PROCESS(A)
            VARIABLE j, iQ: INTEGER RANGE 0 TO 8 := 0;
            BEGIN
                j := 0; iQ := 0;
                iLp: WHILE j<8 LOOP
                    j := j+1;
                    NEXT WHEN A(j-1) = '0';
                    iQ := iQ+1;
                END LOOP iLp;
                Q <= iQ;
            END PROCESS;
        END Samp;
```

4. 循环控制语句 EXIT

VHDL 中，NEXT 语句结束本次循环开始下次循环；与之对应，EXIT 语句结束整个循环，其基本格式如下：

    EXIT [语句标号] [WHEN 控制条件]

当上述格式中的 EXIT 语句不存在语句标号和控制条件时，无条件结束 LOOP 循环；若关键字 EXIT 后跟语句标号，程序跳到语句标号处继续执行；若关键字 WHEN 后跟控制条件，条件为真，则跳出 LOOP 循环。

根据上述的语句格式，下例采用 EXIT 结合 FOR-LOOP 查找 8 位数据中的第 1 个 "0"
位的位置，并将其输出到输出端口。

例 3-4-10　EXIT 结合 FOR-LOOP 查找 8 位数据的第 1 个 "0" 位并输出结果：

```
LIBRARY IEEE;
USE IEEE.STD_LOGIC_1164.ALL;
USE IEEE.STD_LOGIC_UNSIGNED.ALL;
ENTITY mLogic IS
    PORT(A : IN STD_LOGIC_VECTOR(7 DOWNTO 0);
        Q : OUT INTEGER RANGE 0 TO 8);
END mLogic;
ARCHITECTURE Samp OF mLogic IS
BEGIN
    PROCESS(A)
        VARIABLE iQ: INTEGER RANGE 0 TO 8 := 0;
    BEGIN
        iQ := 0;
        iLp: FOR i IN 0 TO 7 LOOP
            EXIT WHEN A(i) = '0';
            iQ := iQ+1;
        END LOOP iLp;
        Q <= iQ;
    END PROCESS;
END Samp;
```

上例通过 FOR-LOOP 检测 8 位数据 A 的各数据位，若数据位为 "1"，则计数值 iQ 加
1；若数据位为 "0"，则循环退出，并将计数值 iQ 送至输出端口 Q，输出数据 A 中第 1 个
"0" 的位置值。

3.4.4　其他顺序语句

除了前述语句，VHDL 顺序语句还包括 RETURN、REPORT、NULL 等语句。

1. RETURN 语句

RETURN 语句用于在子程序中返回运算结果，一般用于主程序结束行，其基本格式为：

```
RETURN [表达式];
```

RETURN 语句的相关用法已在前文的子程序设计及相关章节做过介绍，不再赘述。

2. REPORT 语句

REPORT 语句不形成具体电路，多用于电路实现中的仿真说明，增强系统仿真的可读
性，语句基本格式为：

```
[语句标号]REPORT "输出字符串" [SEVERIY 出错级别]
```

REPORT 语句等价于断言语句，出错级别默认为 NOTE。

3. NULL 语句

空语句用于使程序走到下一语句，其基本格式为：

```
NULL;
```

3.5 VHDL 的程序组织

3.5.1 子程序重载

1. 重载的概念

VHDL 语言允许两个或两个以上的子程序使用同一子程序名称，即函数重载。但重载函数必须在参数、返回值或其他方面有所区别，主要包括：

(1) 子程序参数数目或数据类型不同。

(2) 函数返回值类型不同。

下例为自行设计的子函数 mCmp 的重载，mCmp 用于比较数值大小，其定义如下：

例 3-5-1　自行设计的子重载函数 mCmp：

```
LIBRARY IEEE;
USE IEEE.STD_LOGIC_1164.ALL;
PACKAGE AritPKG IS
    FUNCTION mCmp(A: INTEGER; B: INTEGER) RETURN INTEGER;
    FUNCTION mCmp(A: STD_LOGIC_VECTOR; B: STD_LOGIC_VECTOR) RETURN
STD_LOGIC_VECTOR;
    END AritPKG;
    PACKAGE BODY AritPKG IS
    FUNCTION mCmp(A: INTEGER; B: INTEGER) RETURN INTEGER IS
     BEGIN
      IF A >= B THEN
        RETURN A;
      ELSE
        RETURN B;
      END IF;
    End FUNCTION mCmp;
    FUNCTION mCmp(A, B:STD_LOGIC_VECTOR) RETURN STD_LOGIC_VECTOR IS
     BEGIN
      IF A >= B THEN RETURN A;
      ELSE RETURN B;
      END IF;
```

```
        End FUNCTION mCmp;
    End AritPKG;
```

例中存在两个同名函数 mCmp，一个用于比较整数的大小，参数与返回值均为整数；另一个用于比较标准逻辑矢量的大小，参数与返回值均为标准逻辑矢量。具体函数调用方法见下例。

例 3-5-2　重载函数 mCmp 的调用：

```
    LIBRARY IEEE, mLIB;
    USE IEEE.STD_LOGIC_1164.ALL;
    USE mLIB.AritPKG.ALL;
    ENTITY IntOr IS
        PORT(A, B : IN INTEGER RANGE 0 TO 15;
             C : OUT INTEGER RANGE 0 TO 15);
    END IntOr;
    ARCHITECTURE Samp OF IntOr IS
    BEGIN
        C <= mCmp(A, B);
    END Samp;
```

上例中首先声明了自定义程序库 mLIB，而后调用重载函数所在的程序包 mLIB.AritPKG，最后在结构体中调用 mCmp 比较两整型数 A、B 的大小，返回值送入端口 C，数据类型为整数 INTEGER。

2. 特殊运算符的重载

在 VHDL 中，不仅可以对常规函数和过程重载，还可以对 VHDL 标准程序包中的函数，例如逻辑、关系、算术运算符等重载，对应函数名应为各运算符符号。

下例通过对算术运算符"+"的重载，实现标准逻辑量 STD_LOGIC 的加操作。

例 3-5-3　"+"运算符重载：

```
    LIBRARY IEEE;
    USE IEEE.STD_LOGIC_1164.ALL;
    PACKAGE AritPKG IS
        FUNCTION "+"(A: STD_LOGIC; B: STD_LOGIC) RETURN STD_LOGIC;
    END AritPKG;
    PACKAGE BODY AritPKG IS
        FUNCTION "+"(A: STD_LOGIC; B: STD_LOGIC) RETURN STD_LOGIC IS
            VARIABLE C : STD_LOGIC_VECTOR(1 DOWNTO 0):="00";
        BEGIN
            C := A&B;
            IF C = "00" OR C = "11" THEN
                RETURN '0';
            ELSE
```

```
            RETURN '1';
        END IF;
    End FUNCTION "+";
End AritPKG;
```

上例在自定义库 mLIB 中重载"+"运算符，实现 STD_LOGIC 的加操作，函数调用如下：

例 3-5-4　重载后的"+"运算符调用：

```
LIBRARY IEEE, mLIB;
USE IEEE.STD_LOGIC_1164.ALL;
USE mLIB.AritPKG.ALL;
ENTITY IntOr IS
    PORT(A, B : IN STD_LOGIC;
            C : OUT STD_LOGIC);
END IntOr;
ARCHITECTURE Samp OF IntOr IS
BEGIN
    C <= A + B;
END Samp;
```

上例中程序调用重载后的"+"操作符，计算 STD_LOGIC 量 A 与 B 之和，送入端口 C。

3.5.2　程序库及设计

在进行大型程序设计或者复杂电路系统设计时，不可避免地要涉及自定义程序库与自定义程序包的设计。

1. 库的基本构成

程序库的组织形式是一种包括程序库、程序包与子程序的分级结构，一个程序库可包括多个程序包，程序包中又包含多个子函数、子过程、常量及自定义数据类型等元素。

2. 程序包

程序包是程序库的主要构成单元，同时也是自定义过程、函数、数据类型等元素的集合。程序包的组织结构包括两大部分：定义单元与包体单元。其中，程序包的定义单元指定包中的构成部分，包体单元为程序包的具体实现方法与过程。

程序包的基本定义格式如下：

```
PACKAGE  程序包名称  IS
    <定义单元>;
END [程序包名称];
PACKAGE BODY  程序包名称  IS
    <包体单元>;
END [程序包名称];
```

3. 访问方法

程序包的访问包括两个步骤，声明程序库与调用程序包，声明程序库的基本语句为：

LIBRARY 程序库 1, 程序库 2, …, 程序库 n;

上述的程序库可以是标准库, 也可以是自行设计的程序库。采用上述格式, 可以声明一个或多个标准库与自定义程序库。

程序库访问语句的基本格式如下:

USE 程序库名称.程序包名称.项目名称;

格式中的项目名称选用关键字 "ALL" 表示可访问程序包内的所有内容。

4. 程序库的设计与调用

以下通过具体的实例详细介绍程序库的设计与访问方法, 包括相关的自定义函数的调用方法。下述内容为根据选择实现输入标准逻辑信号的比较大小 mComp、取最大值 mMax、加 mAdd 与乘 mMul 运算等运算的电路设计、实现过程。

1) 程序库、包与子程序创建

创建程序库与程序包, 在程序包内实现比较大小 mComp、取最大值 mMax、加 mAdd 与乘 mMul 等相关子程序。

例 3-5-5　专用程序库与程序包设计:

```
LIBRARY IEEE;
USE IEEE.STD_LOGIC_1164.ALL;
PACKAGE RelPKG IS
    PROCEDURE mCmp(A, B: IN STD_LOGIC; S, C: OUT STD_LOGIC);
    FUNCTION mMax(A: STD_LOGIC; B: STD_LOGIC) RETURN STD_LOGIC;
END RelPKG;
PACKAGE BODY RelPKG IS
    PROCEDURE mCmp(A, B: IN STD_LOGIC; S, C: OUT STD_LOGIC) IS
    BEGIN
        IF A>B THEN S := '1'; C := '0';
        ELSIF A = B THEN S := '0'; C := '0';
        ELSE S := '1'; C := '1';
        END IF;
    End PROCEDURE mCmp;
    FUNCTION mMax(A, B: STD_LOGIC) RETURN STD_LOGIC IS
     BEGIN
        IF A >= B THEN
            RETURN A;
        ELSE
            RETURN B;
        END IF;
    End FUNCTION mMax;
End RelPKG;
LIBRARY IEEE;
```

```
USE IEEE.STD_LOGIC_1164.ALL;
PACKAGE AritPKG IS
    PROCEDURE mAdd(A, B: IN STD_LOGIC; S, C: OUT STD_LOGIC);
        FUNCTION mMul(A: STD_LOGIC; B: STD_LOGIC) RETURN STD_LOGIC;
END AritPKG;
PACKAGE BODY AritPKG IS
    PROCEDURE mAdd(A, B: IN STD_LOGIC; S, C: OUT STD_LOGIC) IS
    BEGIN
        S := (NOT A AND B) OR (A AND NOT B);
        IF A = '1' AND B = '1' THEN
            C := '1';
        ELSE
            C := '0';
        END IF;
    End PROCEDURE mAdd;
    FUNCTION mMul(A: STD_LOGIC; B: STD_LOGIC) RETURN STD_LOGIC IS
     BEGIN
        RETURN A AND B;
    End FUNCTION mMul;
End AritPKG;
```

上例为自定义程序库 mLIB 的设计，库中包括两个程序包——数据比较程序包 RelPKG 与算术运算程序包 AritPKG。数据比较程序包 RelPKG 中有比较大小程序 mCmp 与最大值求取程序 mMax 的具体实现过程，算术运算程序包 AritPKG 中有加程序 mAdd 与乘程序 mMul 的具体实现过程。

2) 自定义程序库、包的访问

自定义程序库、包的访问方法以及相关的子程序调用方法见下例。

例3-5-6 自定义程序库、包的访问以及子程序调用：

```
LIBRARY IEEE, mLIB;
USE IEEE.STD_LOGIC_1164.ALL;
USE mLIB.RelPKG.ALL;
USE mLIB.AritPKG.ALL;
ENTITY mChip IS
    PORT(A, B : IN    STD_LOGIC;
            Sel : IN    STD_LOGIC_VECTOR(1 DOWNTO 0);
            CN, RS: OUT STD_LOGIC);
END mChip;
ARCHITECTURE Demo OF mChip IS
BEGIN
    OutP: PROCESS(Sel, A, B)
```

```
        VARIABLE C, S: STD_LOGIC;
    BEGIN
        C := '0'; S := '0';
        IF Sel = "00" THEN mCmp(A, B, S, C);
        ELSIF Sel = "01" THEN S := mMax(A, B); C :='0';
        ELSIF Sel = "10" THEN mAdd(A, B, S, C);
        ELSIF Sel = "11" THEN S := mMul(A, B); C :='0';
        END IF;
        CN <= C; RS <= S;
    END PROCESS OutP;
END ARCHITECTURE Demo;
```

上例中的程序使用 LIBRARY 声明自定义程序库 mLIB，使用 USE 语句调入 mLIB 库下的 RelPKG 程序包与 AritPKG 程序包，使用 "ALL" 调入两个库下的所有内容。例中程序根据输入选择 Sel 调用包中的不同子程序，若 Sel 为 "00"，则调用比较程序 mCmp；若 Sel 为 "01"，则调用最大值求取程序 mMax；若 Sel 为 "10"，则调用求和程序 mAdd；若 Sel 为 "11"，则调用乘程序 mMul。

程序中的信号 C 表示加 mAdd 与乘 mMul 运算的进位位，以及比较大小程序 mCmp 与最大值求取程序 mMax 的符号位。C 做符号位时，"0" 表示正数或零，"1" 表示负数。信号 S 表示运算结果，C、S 最终分别送至端口 CN、RS 输出。

3.6　元　件　配　置

VHDL 程序设计中，在使用通用模块或元件描述实体电路或系统时，需指定生成元件或通用模块所使用的结构体，上述工作一般通过 VHDL 程序专门的配置段 CONFIGURATION 或配置语句实现。

配置语句的一般格式为：

```
    FOR 元件名称: 元件种属名称
        USE ENTITY 程序库名称.实体名称[(结构体名称)];
```

上述各式中的元件名称为生成的构成单元名，如 U1、U2 等；元件种属名称为元件的种类，如 AND2、OR3 等。

3.6.1　体内配置

元件或通用模块的体内配置指在结构体内对所生成的元件指定结构体从而进行配置。以下以一个 3 输入与门的设计为例介绍元件的体内配置方法。

3 输入与门通过自行设计的 2 输入与门元件实现，二输入与门元件的 VHDL 程序如下：

例 3-6-1　2 输入与门元件的 VHDL 实现：

```
LIBRARY IEEE;
USE IEEE.STD_LOGIC_1164.ALL;
```

```
ENTITY mAnd2 IS
    PORT(A, B : IN STD_LOGIC; Q : OUT STD_LOGIC);
END ENTITY mAnd2;
ARCHITECTURE iFa OF mAnd2 IS
BEGIN
    PROCESS(A, B)
    BEGIN
        IF A = '1' AND B = '1' THEN Q <= '1';
        ELSE Q <= '0'; END IF;
    END PROCESS;
END ARCHITECTURE iFa;
ARCHITECTURE gAn OF mAnd2 IS
BEGIN
    Q <= A AND B;
END ARCHITECTURE gAn;
```

上例通过两种结构体 iFa 与 gAn 实现 2 输入与门，将其存入自定义程序库 mLIB 以备调用。接下来利用上例得到的元件实现 3 输入与门电路，实现程序如下：

例 3-6-2 通过元件与体内配置实现的 3 输入与门电路：

```
LIBRARY IEEE, mLIB;
USE IEEE.STD_LOGIC_1164.ALL;
USE mLIB.ALL;
ENTITY mAnd3 IS
    PORT(D : IN STD_LOGIC_VECTOR(2 DOWNTO 0); Q : OUT STD_LOGIC);
END mAnd3;
ARCHITECTURE Samp OF mAnd3 IS
    SIGNAL Q0 : STD_LOGIC := '0';
    COMPONENT mAnd2 IS
        PORT(A, B : IN STD_LOGIC;
             Q : OUT STD_LOGIC);
    END COMPONENT mAnd2;
    FOR U0: mAnd2 USE ENTITY mLIB.mAnd2(iFa);
    FOR U1: mAnd2 USE ENTITY mLIB.mAnd2(gAn);
BEGIN
    U0: mAnd2 PORT MAP(D(0), D(1), Q0);
    U1: mAnd2 PORT MAP(Q0, D(2), Q);
END ARCHITECTURE Samp;
```

上例首先声明并调用自定义程序库 mLIB，然后设计 2 输入与门元件 U0、U1 实现 3 输入的与门电路 mAnd3。生成元件 U0、U1 时，分别通过体内配置语句 "FOR U0: mAnd2 USE ENTITY mLIB.mAnd2(iFa); " 与 " FOR U1: mAnd2 USE ENTITY mLIB.mAnd2(gAn)；"，调用 mAnd2 的结构体 iFa 与 gAn 实现两个子电路。

3.6.2　体外配置

当 VHDL 程序设计中用到通用元件或模块时，元件配置还可以通过专门的配置段实现，VHDL 程序配置段的基本格式如下：

```
CONFIGURATION 配置体名称 OF 所属的实体名称 IS
    FOR 结构体名称
        [配置语句];
        END FOR;
    END CONFIGURATION 配置体名称;
```

以下以前文所述的 3 输入与门的设计为例，介绍 VHDL 程序配置体的设计方法。3 输入与门仍然通过 2 输入与门元件实现，通用元件的 VHDL 程序同上，仍然放入自定义程序库 mLIB。3 输入与门的实现程序如下：

例 3-6-3　通过元件与配置段实现的 3 输入与门电路：

```
LIBRARY IEEE, mLIB;
USE IEEE.STD_LOGIC_1164.ALL;
USE mLIB.ALL;
ENTITY mAnd3 IS
    PORT(D : IN STD_LOGIC_VECTOR(2 DOWNTO 0);
        Q : OUT STD_LOGIC);
END mAnd3;
ARCHITECTURE Samp OF mAnd3 IS
    SIGNAL Q0 : STD_LOGIC := '0';
    COMPONENT mAnd2 IS
        PORT(A, B : IN STD_LOGIC;
            Q : OUT STD_LOGIC);
    END COMPONENT mAnd2;
BEGIN
    U0: mAnd2 PORT MAP(D(0), D(1), Q0);
    U1: mAnd2 PORT MAP(Q0, D(2), Q);
END ARCHITECTURE Samp;
CONFIGURATION mConfig OF mAnd3 IS
    FOR Samp
        FOR U0: mAnd2
            USE ENTITY mLIB.mAnd2(iFa);
        END FOR;
        FOR U1: mAnd2
            USE ENTITY mLIB.mAnd2(gAn);
```

```
        END FOR;
    END FOR;
END CONFIGURATION mConfig;
```

例中增加了配置段 mConfig，对元件 U0 与 U1 调用的结构体进行指定，需要注意的是元件的完整配置语句与体内配置有所差别，基本格式为：

```
FOR  元件名称: 元件种属名称
    USE ENTITY  程序库名称.实体名称[(结构体名称)];
END FOR;
```

通过上述格式，把元件 U0 的实现结构体指定为自定义库 mLIB 内实体 mAnd2 的结构体 iFa，把元件 U1 的实现结构体指定为自定义库 mLIB 内实体 mAnd2 的结构体 gAn。

3.6.3 直接例化

使用通用元件或模块时，除了上述的体内配置、体外配置方法，还可以在使用元件或模块时直接对元件进行配置，其基本格式如下：

```
元件名称: ENTITY [库名.]实体名称[(结构体名称)]
            [GENERIC MAP(属性参数映射)]
            PORT MAP(端口信号映射);
```

以下仍然以前文所述的 3 输入与门实现方法设计为例，介绍 VHDL 通用元件的直接例化配置方法。程序库采用前例生成的自定义库 mLIB，使用直接例化元件实现的 3 输入与门的 VHDL 程序如下：

例 3-6-4 通过直接例化元件实现的 3 输入与门电路：

```
LIBRARY IEEE, mLIB;
USE IEEE.STD_LOGIC_1164.ALL;
USE mLIB.ALL;
ENTITY mAnd3 IS
    PORT(D : IN STD_LOGIC_VECTOR(2 DOWNTO 0);
        Q : OUT STD_LOGIC);
END mAnd3;
ARCHITECTURE Samp OF mAnd3 IS
    SIGNAL Q0 : STD_LOGIC := '0';
    COMPONENT mAnd2 IS
        PORT(A, B : IN STD_LOGIC;
            Q : OUT STD_LOGIC);
    END COMPONENT mAnd2;
BEGIN
    U0: ENTITY mLIB.mAnd2(iFa) PORT MAP(D(0), D(1), Q0);
    U1: ENTITY mLIB.mAnd2(gAn) PORT MAP(Q0, D(2), Q);
END ARCHITECTURE Samp;
```

以上介绍了元件配置的具体方法及其程序实现，如果顶层实体的 VHDL 程序未使用到通用模块或元件，或者实现元件或通用模块的结构体全部唯一，则元件调用时无需指定结构体，采用默认配置，也可作如下配置：

例 3-6-5　无元件或组成元件实现结构体唯一的顶层实体的配置。

```
CONFIGURATION mConfig OF mAnd3 IS
    FOR Samp
    END FOR;
END CONFIGURATION mConfig;
```

由于顶层实体不通过元件、通用模块实现，或者说元件与通用模块的实现结构体唯一，不需要配置语句，此时配置体中可以无配置语句。

习 题 与 思 考

[1]　请介绍 VHDL 程序的基本结构与作用。

[2]　VHDL 程序实体设计的基本格式是什么？如何定义？

[3]　VHDL 程序结构体设计的基本格式是什么？如何定义？

[4]　结构体的常用描述方法有哪些？各自的特点是什么？

[5]　进程结构的基本格式是什么？进程如何启动？进程之间如何通信？

[6]　BLOCK 结构的基本格式是什么？执行条件是什么？

[7]　两类子程序 PROCEDURE 与 FUNCTION 的定义格式与调用方法是什么？如何调用？

[8]　VHDL 的基本命名规则包括什么？

[9]　VHDL 的赋值对象有哪些？定义格式是什么？

[10]　VHDL 的标准数据类型有哪些？取值范围是什么？

[11]　举例说明枚举型数据的定义。

[12]　举例说明如何定义自定义整数。

[13]　试在 VHDL 程序中定义 16 位二进制数的数组，数组元素个数为 32。

[14]　试在 VHDL 程序中定义记录型数据 Stu，包含元素 Index，数据类型为 0～50 的整数；元素 Score，数据类型为 0～100 的整数；元素 Height，数据类型为 0～255 的整数。

[15]　数据类型 STD_LOGIC 的取值有哪些？主要应用于什么场合？

[16]　STD_LOGIC_VECTOR 与 INTEGER 数据之间的转换函数有哪些？如何使用？

[17]　举例说明 VHDL 中位串数据如何表示。

[18]　VHDL 程序中运算操作符有哪些？运算符之间优先级是什么？

[19]　请解释 VHDL 程序中符号"<="与":="的用法与区别。

[20]　VHDL 的并行语句类型有哪些？请解释 VHDL 语句的并行性。

[21]　条件信号赋值语句的基本格式是什么？

[22]　采用条件信号赋值语句实现 4 选 1 电路 MUX41。

[23]　选择信号赋值语句的基本格式是什么？

[24]　采用选择信号赋值语句实现 4 选 1 电路 MUX41。

[25]　元件定义的基本格式是什么？如何调用元件？

[26]　设计 1 位半加器元件并调用该元件实现 4 位半加器。

[27]　FOR-GENERATE 语句的基本格式是什么？

[28]　采用 FOR-GENERATE 语句实现 4 位半加器电路。

[29]　采用多项选择控制 IF 语句实现 4 选 1 电路。

[30]　CASE 语句的基本格式是什么？

[31]　采用 CASE 语句实现 4 选 1 电路。

[32]　FOR-LOOP 语句的基本格式是什么？

[33]　采用 FOR-LOOP 语句编制 VHDL 程序，计算 8 位数据中数据位 '1' 与 '0' 的个数。

[34]　WHILE-LOOP 语句的基本格式是什么？

[35]　采用 WHILE-LOOP 语句编制 VHDL 程序，计算 8 位数据中数据位 '1' 与 '0' 的个数。

[36]　举例说明何为子程序重载。

[37]　何为程序库、程序包与子程序？三者之间有什么关系？

[38]　如何调用程序库、包与子程序？

[39]　设计程序库计算 1 位不带进位的加法与带进位的加法，两种运算分别通过程序库中的不同函数实现。

[40]　举例说明何为元件的体内配置。

[41]　举例说明何为元件的体外配置。

[42]　举例说明何为元件的直接例化。

第 4 章　EDA 开发工具

本章主要介绍 EDA 的详细设计过程，结合主流 EDA 工具 Quartus Ⅱ，介绍专用集成电路的一般开发过程。内容主要包括相关的功能需求分析、功能框架结构、设计输入、编译、基于 Quartus Ⅱ 工具的测试分析方法及过程。结合典型实例，介绍自顶向下的设计方法在专用集成电路设计中的具体应用过程。

4.1　EDA 设计过程

结合前文介绍的 EDA 设计流程，借助现代 EDA 开发工具的 EDA 设计全过程包括电子系统需求与功能分析、功能框架结构设计与模块功能规划、功能模块与总体电路的描述与设计输入、编辑编译、测试仿真分析等。

4.1.1　功能与需求分析

1. 任务解析

EDA 过程的功能与需求分析阶段主要进行设计命题与设计任务的详细解析，明确设计系统的一般要求与基本功能。同时，结合目标系统的应用场合、作用环境与特定用户人群，确定系统应该满足的特殊功能要求与个性化需求。

2. 基本要求

在进行功能需求分析时，要求设计者对照目标数字系统的设计任务、运行环境、用户人群以及与其他系统的制约、承启关系，展开全面系统的论述，依次逐条列出针对该条目应该具备的功能与达到的要求。要求清晰明确地表达出应实现何种功能，达到何种程度，具体的性能指标为什么。

最终，设计者应对目标系统的功能需求分析加以总结，清晰明了地给出目标系统应具备的功能、应满足的要求与应达到的性能指标。系统功能、要求与性能指标必须易于考核，不受主观性影响。

4.1.2　框架设计

1. 框架划分

EDA 过程的系统框架设计阶段首先根据功能，确定系统的整个工作过程、各个工作状态及状态转换条件。然后，根据工作过程，逐条分析各子功能的启动条件、继启关系、输入输出、工作原理、实现原理与实现方法，并按照资源均衡、接口简洁、便于调测试等分割准则，对系统的各功能结构进行分类、整合，得到整个电子系统的构成框架，明确各构成模块的具体功能与接口信号。

最后，根据系统构成框架的具体功能及接口信号，结合现有的具有类似功能子电路与子模块，确定系统各构成电路的实现原理、一般结构、操作时序、实现方法、存在的问题与解决办法。

2．项目创建

根据系统框架设计确定的模块功能、接口信号及其他基本要求，确定模块的工作过程、工作状态及工作状态转换条件，继而确定模块的基本功能结构、数据处理顺序以及功能行为。在此基础上，按照层层分解的方法，确定模块的层阶框架、各层阶构成单元的具体实现方法、真值表、时序图、典型电路等。然后，创建项目文件、模块及其构成单元的设计文件并初选可编程逻辑器件。

4.1.3　构成模块设计

1．模块设计输入及其构成单元设计

根据前文确定的真值表、时序图等设计模块构成单元，将项目顶层实体分别指定为模块的各构成单元，编译并仿真分析模块的各构成单元，实现各构成单元电路；指定模块为项目顶层实体，利用软件工具的图形、文本编辑器实现模块电路设计输入。

2．模块编译

利用 EDA 工具软件编译完成的模块项目文件，修正语法错误。

3．模块仿真波形编辑

借助 EDA 工具软件或第三方仿真工具创建仿真波形文件，在仿真波形文件中添加输入、输出端口、关键变量、信号；设定仿真时长、仿真时间栅格大小等仿真参数并存储仿真文件，编辑、设定各信号、端口、变量的取值，完成仿真准备。

4．模块仿真分析

借助 EDA 工具软件或第三方的仿真工具，启动电路仿真功能；根据仿真波形，考察系统模块输入输出对应关系、时间关系等指标，对模块功能与时序进行分析，根据分析结果完善模块设计。

根据上述过程，分别将各模块指定为顶层实体，完成系统各构成模块的设计、仿真分析以及优化。

4.1.4　系统实现及分析

1．系统项目创建、输入、编译与仿真分析

创建系统设计文件，将完成的模块文件作为元件载入设计文件；将设计文件中的实体指定为顶层实体，按照前文所述方法完成编译、仿真分析，并对系统设计进行优化。

2．器件与引脚分配

根据编译及仿真分析结果，结合系统应用条件，综合考虑资源占用、器件规模以及封

装形式等情况，合理选择器件并指定端口与器件引脚的对应关系。

　　3．编程下载

　　结合实际情况，通过编程电缆或其他方式，下载程序至相应 PLD 器件，制版并进行物理测试。

4.2　典型 EDA 工具 Quartus II

　　Quartus II 是 Altera 开发的一款主流 EDA 设计工具，它具有人机界面友好、方便易用等特点。本章以 EDA 集成开发环境 Quartus II 为例，介绍 EDA 开发工具的使用以及基于典型 EDA 工具的数字系统设计的基本流程以及相关设计分析方法。

4.2.1　主界面

　　Quartus II 面向 Altera 的各类可编程逻辑器件，提供 AHDL、VHDL、Verilog HDL 等多种硬件描述语言的编辑编译环境。同时，Quartus II 支持图形、文本以及图形文本相结合的多种设计输入方式，能够实现包括设计输入、仿真分析、综合、布线以及下载编程的 EDA 全过程，并为上述的过程操作提供集成的 IDE 环境。

　　1．启动界面

　　集成开发工具 Quartus II 的启动界面如图 4.1 所示，界面分为右侧的开始设计(Start Design)、右侧的开始学习(Start Learning)以及界面底部的网上支持三部分。开始设计部分包括新建项目(Creat a New Project)与打开已有项目(Open Existing Project)两项功能，打开项目下方列有最近打开的项目，用鼠标点击后可将这些项目打开并显示在系统主界面中；开始学习部分提供交互式教程功能，同时，启动界面底部提供按钮以打开在线设计文化(Literature)、在线培训(Training)、在线实例(Online Demos)与技术支持(Support)。

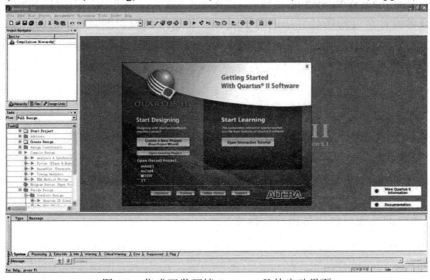

图 4.1　集成开发环境 Quartus II 的启动界面

2．工作界面

用鼠标点击选中 Quartus Ⅱ启动界面的新建项目或打开已有项目，系统进入如图 4.2 所示的 Quartus Ⅱ工作界面。

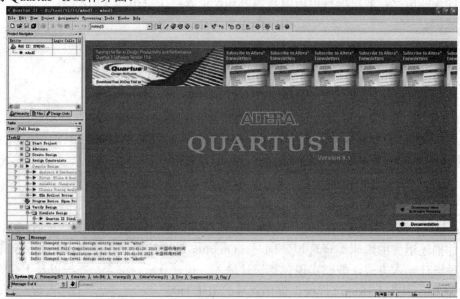

图 4.2 集成开发环境 Quartus Ⅱ的工作界面

图 4.2 中的工作界面中包括完整的 EDA 设计使用的所有工具、要完成的工作过程以及所设计系统的层次结构。工作界面左上侧子窗口为项目浏览器(Project Navigator)，包括设计层次结构图(Hierachy)、文件结构图(Files)与设计单元结构图(Design Units)。层次结构图按照自顶向下的描述方法，从顶层实体开始，依次描述电路系统的构成结构；文件结构图描述构成整个电路系统的所有设计文件；设计单元结构图显示所有构成数字系统的实体。

界面左侧中部为设计任务及进度子窗口(Tasks)，通过下拉列表(Flow)中的 Compilation、Early Timing Estimate With Synthesis 与 Full Design 选项，可以在窗口中分别显示设计编译、时序仿真或者设计全过程所要完成的各个过程及其进度状况。图 4.2 中设计任务及进度子窗口所示为设计过程中的全部任务，主要包括启动项目、创建设计、定制设计、编译设计、设计校验等；工作界面底部为信息窗口，用以输出设计过程中的必要提示信息、警告、出错等内容。

图 4.2 所示界面中的右侧灰色部分窗体为当前文档显示窗口，用鼠标左键双击项目浏览器(Project Navigator)的实体、文件或其他条目后，相应文档内容会显示于右侧灰色窗口区域。

4.2.2 项目创建

1．工作目录、项目名称与顶层实体指定

Quartus Ⅱ项目的创建通过启动界面中 Start Design 部分的 Create a New Project 按钮或主界面菜单 File 的 New Project Wizard 子菜单实现。点击相应按钮或选中相应菜单后，系统软件启动项目创建向导，相应界面如图 4.3 所示。向导辅助用户创建新的设计项目并对

项目进行初步设置，内容主要包括项目命名、文件夹设置、顶层实体命名、指定项目文件与设计库、选定器件系列与器件以及 EDA 工具设定。点击图 4.3 中的按钮 Next，系统进入项目目录、名称与顶层实体设置页，如图 4.4 所示。

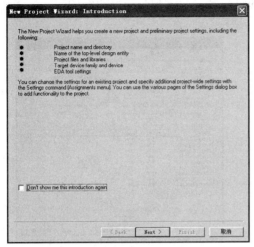
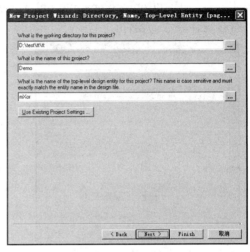

图 4.3　启动 Quartus II 项目创建向导　　　图 4.4　项目目录、名称与顶层实体设置页

在图 4.4 中，自上而下的 3 个编辑框依次用于项目所在文件夹、项目名称以及项目顶层实体名称的指定，其中顶层实体名称对大小写敏感，要求与设计文件中的实体名称一致。本例中，指定项目所在文件夹为 D:\test\tt\tt，项目名称为 Demo，顶层实体名称为 mXor。

进行上述指定时，也可以通过第 1 个编辑框后的按钮"…"选择项目文件夹；项目名称可以通过第 2 个编辑框后的按钮"…"选中硬件描述语言文件指定，此时文件中的实体名称被指定为项目名称；顶层实体可以通过第 3 个编辑框后的按钮"…"选中硬件描述语言文件指定，文件中的实体名称被指定为顶层实体。

2．文件添加与器件指定

完成项目文件夹、项目名称以及顶层实体名称指定后，点击图 4.4 中的按钮 Next，系统转入项目文件添加的环节。图 4.5 所示为文件添加的操作界面，利用图中的编辑框 File name，可以指定要加入项目的文件。文件添加还可以利用 File name 编辑框后的按钮"…"实现，通过按钮"…"选中文件，而后点击按钮 Add 将所选文件加入项目。

利用图 4.5 的按钮 Add All，可以把项目文件夹下的所有文件全部加入项目；选定项目中的已有文件，然后点击按钮 Remove，可以将所选文件从项目中移除；按钮 Up 与 Down 用于调整项目文件在文件列表中的显示位置，分别用来将所选文件的显示位置上移或下移一行；图中的按钮 User Libraries 用于指定有效的设计库。需要说明的是，项目文件可以是预先设计完成的，也可以是创建项目后的新建项目，如果设计文件需要在创建项目后完成，可以不在图 4.5 中界面的添加项目文件。完成项目文件添加后，点击按钮 Next，系统进入器件设置，开始设计器件的初选，图 4.6 所示为器件选择界面。

器件选择界面分器件系列(Device Family)、可选器件条件(Shown in 'Available device'list)、目标器件(Target device)与可选器件列表(Available device)四部分。器件系列部分的下拉列表 Family 用于初选设计器件系列，包括 MAX7000S、MAX3000A、MAX II、

Cyclone IV GX 等器件系列，Device 为器件子系列。

可选器件条件用于进一步筛选器件，主要包括封装形式(Package)、引脚数量(Pin count)与速度等级三个下拉列表以及是否只选高性能器件(Show advanced devices)、是否只选硬拷贝兼容器件(HardCopy compatible only)。可以通过封装、引脚数与速度等级的限定，筛选更符合设计要求的器件。

图 4.5　项目文件的添加操作

图 4.6　项目器件选择

Target device 指定选择器件的方式，方式 1 为 Auto device selected by the fitter，即由软件工具的适配器自动选择器件；方式 2 为 Specific device selected in Available device' list，即从可用器件列表中指定器件。根据上面的器件选择方式，将所有符合上述限定条件的器件采用列表形式列出，内容包括器件名称、核电压、宏单元数量等。

3. EDA 工具设置与项目总结

器件选择完成后，点击图 4.6 所示界面中的按钮 Next，可进行 EDA 工具设置，如图 4.7 所示。完成工具设置，点击图 4.7 所示界面中的 Next 按钮，进行设计总结，典型总结页面如图 4.8 所示。

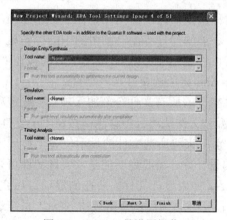

图 4.7　EDA 工具设置操作

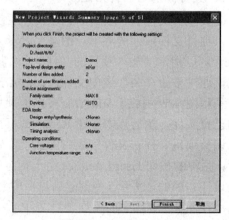

图 4.8　项目设计总结

在图 4.7 中，要求设置的 EDA 工具包括设计综合工具(Design Entry/Synthesis)、仿真工具(Simulation)、时间分析工具(Timing Analysis)。这里采用 Quartus II 的自带工具，不进行相关设置。图 4.8 中的设计总结包括设计项目工作目录、项目名称、顶层实体名称、已加入的设计文件数量、指定器件系列及名称、指定的 EDA 工具、器件工作环境、器件核电压及工作温度等信息。若上述项目准确无误，点击图 4.8 所示界面中的 Finish 按钮，即可完成项目创建。如需修改，点击按钮 Back 返回前一设计阶段，逐级点击 Back 按钮，可以返回至设计起点。

4.2.3　图形及文本编辑

项目创建完成后，即可创建设计文件，开始项目设计。Quartus II 支持图形、文本以及图文结合的编程方法。相对于文本编程，图形编程更清晰直观，易于被设计人员，尤其是具备一定电路设计或电路绘制经验的设计者掌握，文本编程则在复杂控制或复杂过程的逻辑描述方面具有优势。

1. 图形编程

图形编程过程主要包括项目创建、图形文件创建以及图形编辑三个过程。以下以异或门 XOR 的设计为例，介绍 Quartus II 的图形编程方法。

异或门逻辑表达式为：$F = \overline{A}B + A\overline{B}$

电路由两个非门、两个与门与一个或门构成，同时应具备必要的输入端口 A、B 以及输出端口 F。

1) 创建项目

按照 4.2.2 中描述的方法创建项目，项目名称、顶层实体均设置为 Demo。

2) 创建图形文件

选择 Quartus II 菜单 File→New，系统打开图 4.9 所示的文件创建对话框。Quartus II 可创建的文件包括 Quartus II 项目、SOPC 系统、设计文件、存储文件、仿真/调试文件与其他文件等。可创建的设计文件包括 AHDL、原理图、VHDL、EDIF、Verilog HDL 等。

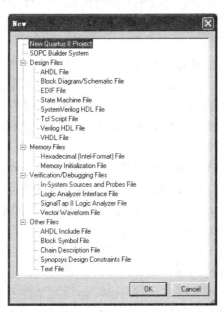

图 4.9　Quartus II 的文件创建对话框

用鼠标选中图 4.9 中的原理图文件选项 Block Diagram/Schematic File，然后点击按钮 OK，系统打开原理图编辑界面，进入图形编辑状态。图 4.10 所示为 Quartus II 的图形编程工具。绘制原理图之前，应先存储文件，选择系统菜单 File→Save As…保存文件，图形设计文件扩展名为 .bdf，此处将文件名设置为 Demo.bdf，完成图形设计文件的创建。

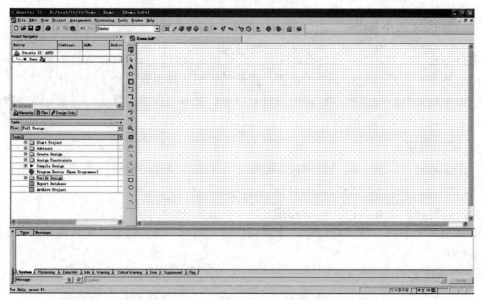

图 4.10　创建的图形文件

3) 图形文件编辑

总体而言，图形设计文件的基本构成包括电气对象与非电气对象两类，电气对象主要包括构成电路系统的元器件以及元器件之间的电气连接线；非电气对象则主要包括图形设计文件中的文字、说明性图形等，主要用于设计阅读者理解设计。相应的，图形设计文件编辑的内容主要包括元器件及其连接线的添加、删除、修改，相关设计的说明性文字、图形以及标注等。

图形文件的相关编辑功能通过在图 4.10 中部垂直排列的图形编辑工具栏实现，主要的编辑功能按钮包括选择按钮、元件添加按钮、缩放按钮、全屏显示按钮、水平镜像、垂直镜像、按角度旋转按钮以及圆弧、圆、矩形、直线绘制按钮等。

(1) 添加元件。鼠标点击图 4.10 中图形编辑工具栏的元件添加按钮 ⎓，系统打开元件添加对话框，如图 4.11 所示。

对话框左上部的下拉列表 Libraries 以树形结构显示 Quratus II 提供的设计库元件与项目所在文件夹中的库文件。Quratus II 提供的元件库包括参数化元件库(megafunctions)、基础元件库(primitives)与其他元件库(others)。其中，基础元件库中又包括缓冲器库(buffer)、逻辑门库(logic)、I/O 端口库(pin)以及存储器库(storage)。

Name 下方的编辑框用于输入欲添加到图形文件的器件名称，用鼠标点击图中各元件库左侧的＋号，可以打开相应的元件库并选择所需要的元器件。器件被选中后，相应的器件名称被自动填入器件名称编辑框中，以简化输入。通过器件名称编辑框右侧的…按钮，可以调入其他文件夹中的元件库或元件。器件名称编辑框下面的复选框 Reapeat-insert mode

为添加方式选项，选中后可以在图形文件中重复添加多个被选中的元器件。

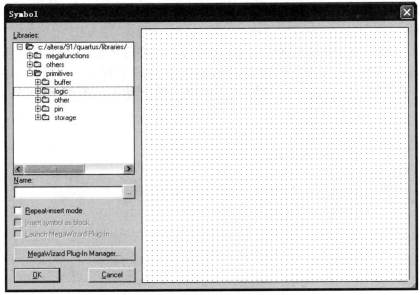

图 4.11　添加元件对话框

对话框右半部分的白色区域为元器件图形符号预览区，用于以图形显示当前选中的元器件。实现本例异或电路所需要的 2 输入与门 and2、2 输入或门 or2、非门 not 所在的库为基础元件库的 logic 子库，端口 A、B、F 所在的库为基础元件库的 pin 子库。

根据上述介绍，异或门图形编程方法的元件添加方法如下：

① 与门添加。点击鼠标左键展开元件库 primitives 的二级子库 logic，选择 2 输入与门元件 and2，如图 4.12 所示。然后点击按钮 OK，在图形输入文件 Demo.bdf 中加入异或电路所需要的两个与门。

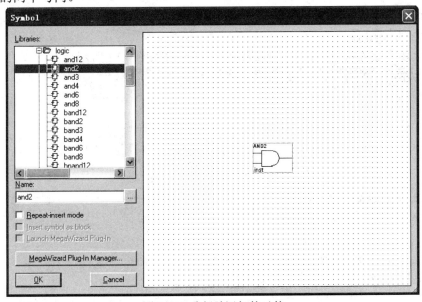

图 4.12　选择欲添加的元件

② 非门添加。所用元件库不变，选择非门 not 元件，在设计中加入异或门所需要的两

个非门。

③ 或门添加。所用元件库不变，选择 2 输入或门 or2 元件，在设计中加入异或门所需要的或电路。

④ 端口添加：点击鼠标左键展开 primitives 元件库的子库 pin，分别选择元件 input、output，在设计中加入输入、输出端口，完成设计文件的元件添加，结果如图 4.13 所示。

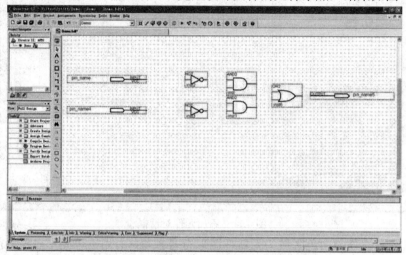

图 4.13　添加元件后的图形设计文件

(2) 添加连接线。点击鼠标左键选择图形编辑工具栏中的单连接线添加工具 Orthogonal Node Tool ⌐，在 Quartus II 绘图区内，光标变换为带单根连线按钮符号的十字光标，在连接起始处按下鼠标左键并保持，移动鼠标至连接线的理想位置放开鼠标，即可实现连接线的添加。重复上述步骤，即可实现电路中所有连接线的添加。

需要特别说明的是，在按下鼠标绘制连接线的过程中，光标经过器件端口的连接点附近时，带连线按钮符号的十字光标会实时出现"口"字形的提示，此时按下鼠标左键，连接线将连至相应端口。

按照上述方法连接电路，完成连线后的异或电路如图 4.14 所示。

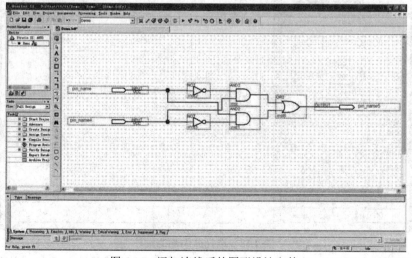

图 4.14　添加连线后的图形设计文件

(3) 属性指定。完成元件及连线添加后，还需对电路元件、连线、端口等的属性进行指定，使之符合设计要求。

① 指定端口属性。用鼠标左键双击欲指定属性的端口，Quartus II 工具弹出端口属性设置对话框，如图 4.15 所示。

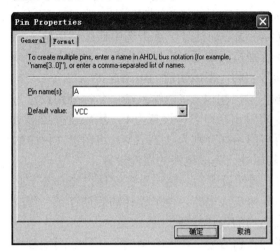
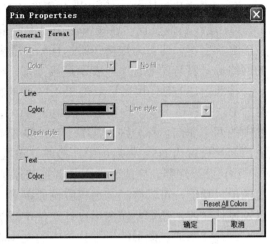

图 4.15　端口属性设置

端口属性设置对话框由通用属性设置标签页(General)与显示格式设置标签页(Format)构成。通用属性设置标签页的编辑框 Pin name 用于设置端口名称，下拉列表 Default value 用于设定端口初始状态，即上电后端口的电平状态，可根据实际需要将其设置为高电平 VCC 或低电平 GND；显示格式设置标签页设定端口图形符号的填充色、是否填充、线条颜色及线型、文本颜色等内容，按钮 Reset All Colors 用于重设所有颜色。

② 元器件属性设置。用鼠标左键双击元器件，设置器件属性，设置对话框如图 4.16 所示。

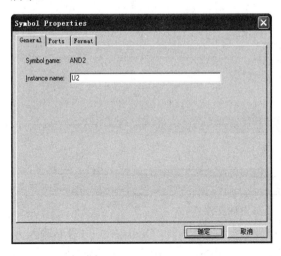
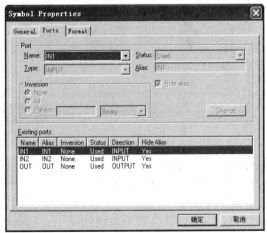

图 4.16　元器件属性设置

除了通用属性标签页与显示格式标签页，元器件属性设置对话框还包括端口设置标签页(Ports)。通用属性标签页的静态文字框元件名称(Symbol name)用于显示器件类型，实例名称(Instance name)编辑框用于设定器件名。

端口标签页中包括端口属性设置(Port)与现有端口列表(Existing Ports)。端口属性设置包括名称、状态、输入输出类型、别名等，为元件库中的原始定义，除了端口名称可以更改，其余不允许更改。

显示格式标签页 Format 与端口属性的 Format 标签页功能与设置基本一致，不再介绍。

③ 连线属性设置。连线属性设置主要指为连线增加标号，点击选中连线然后输入相应的名称字符，即可为连接线添加标号。需要特别指明的是，连接线标号与传统电路设计的网络标号具有同等含义，表示连接关系，标号相同，形成实质的电路连接。

按照上述方法，用鼠标双击图 4.14 中的输入输出端口，将两输入端口名称分别设定为 A 与 B，缺省值不变，均设定为高电平 VCC，将输出端口名称设置为 F；然后设置图形文件中的两个非门名称分别为 U1、U3，设置两与门名称分别为 U2、U4，将图形文件中的或门名称设置为 U5；最后选中连接线并设置其属性，完成电路的属性设置。

(4) 设计注释。完成元件添加、连线添加、属性设置后，图形设计文件已经具备了必要的电气功能，可以得到满足相应设计要求的专用集成电路。便于设计的后期订正、修改以及设计交流，还需要在图形设计文件中添加适当的设计注释。

设计注释通过图形编辑工具栏中的文本添加按钮 **A**、矩形绘制按钮 ▢、圆绘制按钮 ◯、直线绘制按钮 ＼、圆弧绘制按钮 ＼ 实现。电路器件属性修正完毕并添加适当注释后，前文所述图形设计文件如图 4.17 所示。

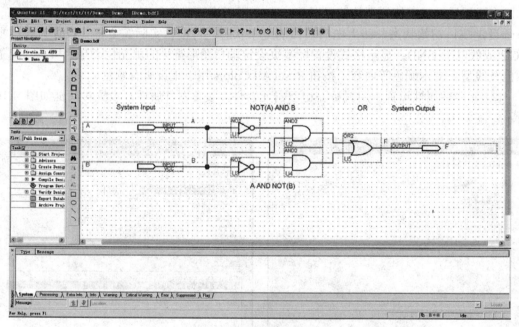

图 4.17　最终的图形设计文件

(5) 图形设计文件中总线的使用。与其他电路设计工具一样，Quartus II 的图形输入方法支持总线。以下以四位数据的按位求异或运算，介绍 Quartus II 中总线的使用。假定电路的 4 位输入 A、B，4 位输出 F，F 与 A、B 满足：$F(i) = \overline{A(i)}B(i) + A(i)\overline{B(i)}$，$i = 0, 1, 2, 3$

① 创建项目与图形设计文件，通过开发工具的图形编辑器为设计项目添加元件及端

口，如图 4.18 所示。

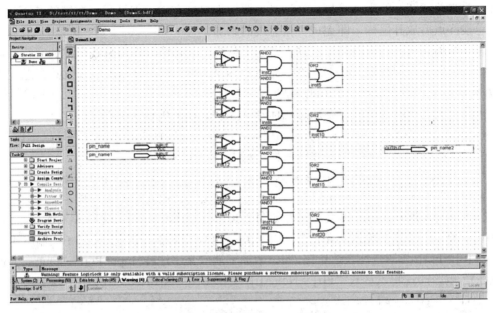

图 4.18　总线的使用——元件添加

② 添加连线并设置连线属性。通过图形编辑器的单根连线按钮为图形文件添加各连接线，并将相关连接线名称设置为 A[0]～A[3]、B[0]～B[3]、F[0]～F[3]，结果如图 4.19 所示。

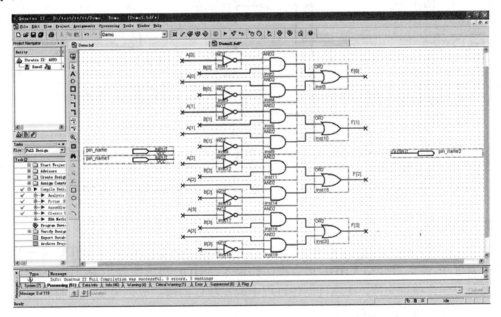

图 4.19　总线的使用——添加连线

③ 设置端口。用鼠标双击端口打开设置对话框或端口名称，将输入端口名称 pin_name、pin_name1 分别设置为 A[3..0]、B[3..0]，即 4 位端口 A、B，序号从 3 到 0；输出端口 pin_name2 设置为 F[3..0]。

④ 添加并命名总线。用鼠标选择图形编辑器的总线添加按钮 Orthogonal Bus Tool ⌐，光标变为带总线图标的十字光标，在适当位置按下鼠标左键，保持鼠标左键的按下状态，拖至总线终点后放开鼠标，即完成一条总线的添加。

总线添加完成之后，用鼠标左键点击选中总线，此时输入作为总线名称的字符，可以为总线添加标号，如数据总线 D[7..0]、地址总线 Add[15..0]，分别表示 8 位数据总线 D，序号从 0 到 7，16 位地址总线 Add，序号从 0 到 15。

按照上述方式绘制总线，添加总线标号 A[3..0]、B[3..0]与 F[3..0]。

⑤ 设置元件属性。用鼠标依次双击电路中的各个元器件，弹出属性对话框，设置各元件的名称，方法如前文所述。元件名称设定为 U1~U20。

⑥ 设计标注。用鼠标选择图形编辑器的文本按钮、矩形、圆弧按钮等添加工具，为图形设计文件添加适当说明性文字与图形符号，以便于其他人员的设计理解。

按照上述步骤完成的图形设计文件如图 4.20 所示。其中，输入端口 A 输入 4 路信号，为 A[0]~A[3]；端口 B 输入 4 路信号，为 B[0]~B[3]；电路总输出为端口 F，输出 4 路信号，为 F[0]~F[3]；为清楚地表达电路，图中增加了端口文字注释"Input Port"、"Output Port"，功能注释-电路的逻辑表达式 "F[i] = Not(A[i]) AND B[i] + A[i]AND Not(B[i])"。

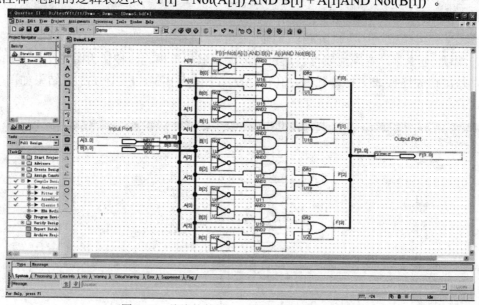

图 4.20　总线的使用——最终的图形设计文件

2. 文本编程

Quartus II 的编译工具支持的文本编程包括 AHDL、Verilog HDL 与 VHDL 等多种硬件描述语言程序，本书只介绍 VHDL 语言程序的输入。VHDL 语言编程步骤与图形编程类似，也需要首先创建项目文件，在项目创建过程中或在项目创建完成之后加入编制好的 VHDL 程序，创建并完成 VHDL 程序。

1) 创建项目

按照 4.2.2 中的项目创建方法创建项目，项目名称及实体名称均为 Demo。创建完成后保存项目。

2) 新建 VHDL 程序

选中菜单 File→New，打开文件创建对话框，选中 VHDL 文件选项 VHDL File，点击按钮 OK，系统打开文本编辑界面，进入文本编辑状态，为新建的项目 Demo 中添加 VHDL 程序。

进入系统集成开发环境的编辑界面后，选择系统菜单 File→Save As… 保存文件，文件扩展名选择 .vhd，文件名仍设定为 Demo。

3) 编辑 VHDL 程序

Quartus II 集成开发环境提供功能强大的硬件描述语言编辑功能，工作界面如图 4.21 所示。在图 4.21 所示的编辑环境中，系统支持常用的文本编辑功能，如撤销(Undo)、查找 (Find)、替换(Replace)、复制(Copy)、粘贴(Paste)等，相关操作指令及用法与 Windows 操作系统完全兼容。

除了上述的基本编辑功能，在确定所使用的硬件描述语言与文件类型后，系统还能够根据相应的语法规则提供一定的在线语法支持功能，如关键字与普通字符等以不同颜色显示、控制语句或嵌套结构的分组显示、程序行的自动缩进等，以减少编程过程中的语法错误，提高编程效率。

图 4.21 所示为上升沿触发的 1 位通用 D 触发器电路的 VHDL 语言程序。设计所选器件系列为 Altrea 的 Max 300A，具体器件由系统根据 VHDL 程序的复杂程度自动选取，触发器通过 IF-ELSIF 结构响应复位信号 R、置位信号 S 与触发脉冲 CK 的上升沿，若 R、S 无效，电路在 CK 的上升沿上把电路输入端 D 的数据送至输出端口 Q。

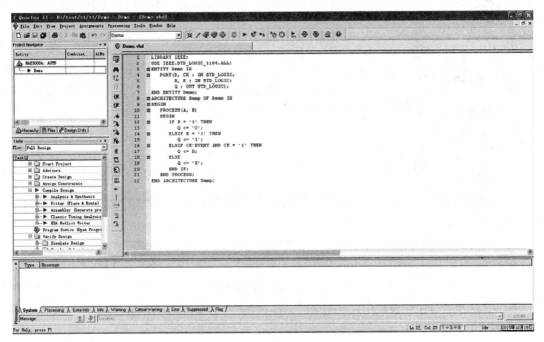

图 4.21　Quartus II 的文本编辑器

打开图中各程序行前的 +、- 号标记可清楚地看到程序结构，便于程序理解。文本编辑完成后，即可进入设计的下一环节，开始编译仿真等操作。

3．Quartus II 的项目文件组织及程序调用方法

Quartus II 支持文本、图形以及图文混合的编程方法，同时，在复杂结构的电路设计中，项目中往往存在多个设计文件及其调用问题。以下仍以 1 位二输入异或门为例，介绍 Quartus II 项目文件的组织结构及其图形设计文件之间、文本设计文件之间以及图形文本混合设计文件之间的调用方法。

仍然假定 1 位二输入异或门的输入端口 A、B，输出端口 F，F 与 A、B 满足：$F = \overline{A}B + A\overline{B}$。

1）图形文件对图形文件的调用

根据上述逻辑表达式，采用图形编程设计元件实现逻辑 $\overline{A}B$ 与 $A\overline{B}$，而后建立整个异或门的图形设计文件，调用所设计的元件实现异或门。

(1) 创建项目。利用 Quartus II 的集成环境创建项目，项目名称及顶层实体名称为 mXor，器件选择 Max 3000A 系列，由系统自动指定具体器件。

(2) 创建图形文件并存储。在项目中，分别新建顶层图形文件 mXor.bdf 与元件图形设计文件 mUnit.bdf 并保存。

(3) 元件设计。打开元件设计文件 mUnit.bdf，利用 Quartus II 图形编辑器的相关按钮工具为设计文件添加非门元件、与门元件、输入输出端口及相关连接线。然后设置元件、端口与连接线的相关属性与名称，添加必要的设计注释，完成元件设计，如图 4.22 所示。

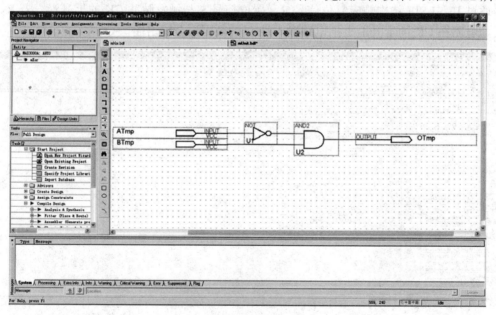

图 4.22　元件的图形设计文件

图 4.22 所示的元件设计中，元件输入端口名称分别设置为 ATmp、BTmp，输出端口名称设置为 OTmp。

(4) 生成可用元件。元件设计完成后，选择菜单 File 下的子菜单 Create/Update→Create Symbol Files for Current File，生成可以被其他设计调用的元件。

(5) 顶层实体电路图形设计。打开图形设计文件 mXor.Bdf，通过元件添加按钮 ⊅，

为异或门总电路添加上述的自定义元件、或门以及必要的输入输出端口。如图 4.23 所示为增加了自定义元件的元件添加对话框。

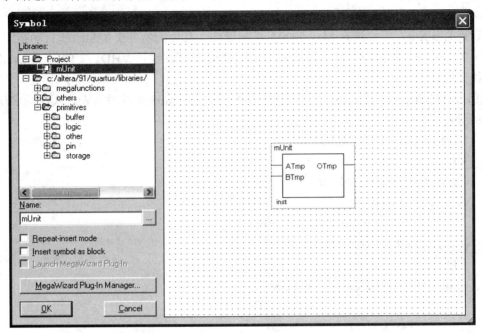

图 4.23　增加了自定义元件的元件添加对话框

图 4.23 中生成的元件存储在自定义库 Project 下，元件名称 mUnit，与元件的实现文件名称一致。最终的 1 位二输入异或门电路图形设计文件如图 4.24 所示。

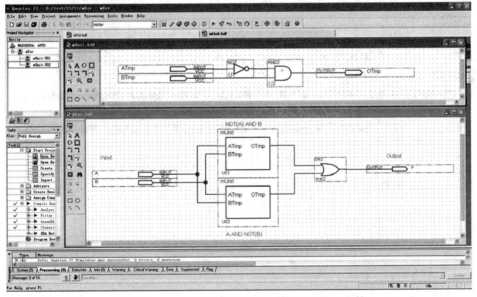

图 4.24　异或门的实现-图形文件中调用图形文件

图 4.24 左上部的实体结构图 Entity 清晰地表述了异或门设计的层次结构，顶层实体 mXor 通过 mUnit 元件 U01 与 U02 实现。图中右上部的图形编辑窗口为元件 mUnit 的图形设计文件 mUnit.bdf，右下部的图形编辑窗口为异或门顶层实体的图形设计文件 mXor.bdf，

图形设计文件 mXor.bdf 调用图形设计文件 mUnit.bdf 生成的元件 mUnit 实现异或门。

2) 图形文件对文本文件的调用

(1) 项目及设计文件的创建。沿用前文方法，创建项目及设计文件。项目与顶层实体名称设置为 mXor，器件选择 Max 3000A 系列器件，具体的器件类型由系统自动指定。调用菜单 File→New 创建顶层设计图形文件 mXor.bdf 与元件设计 VHDL 文件 mUnit.vhd，保存设计文件。

(2) 元件实现。打开 VHDL 文件 mUnit.vhd，根据元件 mUnit 的逻辑表达式，编制 VHDL 程序实现元件 mUnit，程序清单如下：

```
--VHDL Program for Symbol mUnit
LIBRARY IEEE;
USE IEEE.STD_LOGIC_1164.ALL;
ENTITY mUnit IS
    PORT(ATmp, BTmp : IN STD_LOGIC;
           OTmp : OUT STD_LOGIC);
END ENTITY mUnit;
ARCHITECTURE Samp OF mUnit IS
BEGIN
    OTmp <= NOT(ATmp) AND BTmp;
END ARCHITECTURE Samp;
```

元件 VHDL 程序 mUnit.vhd 编辑完成后，仍然调用菜单 Create/Update→Create Symbol Files for Current File，生成图形元件 mUnit，所在库为 Project，调用元件时，对话框与图 4.23 所示对话框相同。

(3) 顶层实体图形编程。顶层实体图形编程文件与上例相同，打开顶层实体设计文件 mXor.bdf，在文件中添加元件 mUnit、或门与输入输出端口，并修改原件属性，添加注释，形成图 4.25 所示的异或门实现电路。

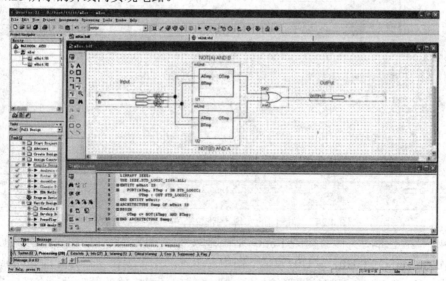

图 4.25   异或门的实现-图形文件中调用 VHDL 文件

图中的图形编辑窗口为顶层实体 mXor 的图形设计文件 mXor.bdf,文本编辑窗口为 mXor.bdf 中 mUnit 元件 U1、U2 的实现程序 mUnit.Vhd。通过 mUnit.Vhd 生成的自定义元件 mUnit,图形文件 mXor.bdf 实现对 VHDL 程序 mUnit.Vhd 的调用。

3) VHDL 程序对图形文件的调用

本例的异或电路顶层实体通过 VHDL 程序实现,逻辑电路 $\overline{A}B$ 与 $A\overline{B}$ 通过图形编程设计元件实现。

(1) 项目文件及设计文件的创建。采用项目创建向导新建项目,项目名称及顶层实体名称均设置为 mXor。而后,在新建项目中新建 VHDL 文件,另存为 mXor.vhd,作为顶层实体文件;新建图形设计文件,另存为 mUnit.bdf,用于实现逻辑表达式 $\overline{A}B$ 与 $A\overline{B}$。

(2) 元件设计。采用图形编辑工具,为元件设计文件 mUnit.bdf 添加非门、与门及输入输出端口,而后添加各元件之间的连接线,实现逻辑表达式 $\overline{A}B$ 与 $A\overline{B}$ 元件,元件输入端口 ATmp、BTmp,输出端口 OTmp。

(3) 顶层实体设计文件。采用 Quartus II 的文本编辑工具,通过 COMPONENT 实现对元件 mUnit 的调用,编辑 VHDL 程序 mXor.vhd,实现异或电路的 VHDL 描述,程序清单如下:

```
--VHDL Program for top-level entity, mXor
LIBRARY IEEE;
USE IEEE.STD_LOGIC_1164.ALL;
ENTITY mXor IS
    PORT(A, B : IN STD_LOGIC;
         F : OUT STD_LOGIC);
END mXor;
ARCHITECTURE Samp OF mXor IS
    SIGNAL tmp : STD_LOGIC_VECTOR(1 DOWNTO 0) := "00";
    COMPONENT mUnit IS
      PORT(ATmp, BTmp : IN STD_LOGIC;
           OTmp : OUT STD_LOGIC);
    END COMPONENT mUnit;
BEGIN
    U0: mUnit PORT MAP(A, B, tmp(0));
    U1: mUnit PORT MAP(B, A, tmp(1));
    F <= tmp(0) OR tmp(1);
END ARCHITECTURE Samp;
```

元件 mUnit 的图形设计文件 mUnit.bdf 与顶层实体 mXor 的描述程序 mXor.Vhd 完成以后,设计项目 mXor 的组织结构以及文件构成如图 4.26 所示。图中的总电路 mXor 包括两个子电路 U0 与 U1,二者均为元件 mUnit。

图中文本编辑窗口为顶层实体 mXor 的 VHDL 程序文件 mXor.vhd,图形编辑窗口为 mXor.vhd 中 mUnit 元件 U1、U2 的图形实现文件 mUnit.bdf。根据顶层实体设计文件

mXor.vhd，异或电路由两个 mUnit 元件 U0、U1 与一个或门构成。在使用图形编程实现的元件时，元件 COMPNENT 定义要求元件名称 mUnit、端口 ATmp、BTmp 与 OTmp 与图形设计文件 mUnit 保持严格一致。

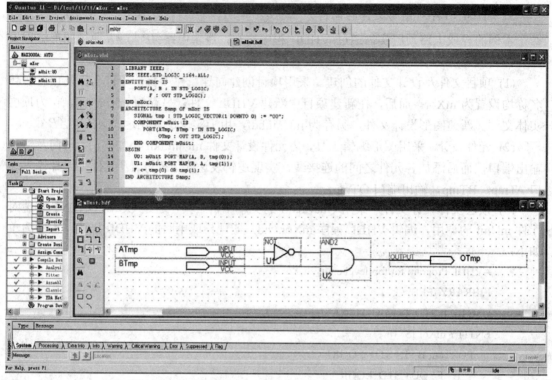

图 4.26   异或门的实现-VHDL 文件中调用图形设计文件

4) VHDL 程序对 VHDL 程序的调用

硬件描述语言出色的电路描述能力使其在专用集成电路设计，尤其是具有一定复杂程度的集成电路，以及复杂电路设计中具有明显优势。现有大多数的专用集成电路，无论是顶层实体还是子电路，也多通过 VHDL 程序来描述，其调用也通过元件 COMPONENT 实现。其实在第三章的内容中，已经使用过 VHDL 程序调用其他 VHDL 程序，接下来对其进行更加系统地介绍，其具体的实现步骤仍然是：电路项目创建→设计文件创建→底层设计文件实现→子电路调用及顶层电路实体设计。

(1) 项目及设计文件创建。项目与 VHDL 设计文件创建同上，项目名称及顶层实体依然命名为 mXor；创建顶层实体设计的 VHDL 程序，命名为 mXor.vhd；创建元件 VHDL 程序，命名为 mUnit.vhd。

(2) 元件电路的 VHDL 程序设计。编制元件电路的 VHDL 程序 mUnit.vhd，这里的顶层实体构成元件实现程序仍沿用前文的 VHDL 描述程序 mUnit.vhd。

(3) 顶层实体电路的 VHDL 程序设计。顶层实体电路的 VHDL 程序沿用上例程序 mXor.vhd，二者的不同之处仅在于：上例中元件 mUnit 通过图形编程实现，本例通过 VHDL 完成，其他完全一致。

程序编制完成后，项目及各设计程序如图 4.27 所示。

图 4.27　异或门的实现- VHDL 文件中调用 VHDL 文件

4.2.4　设计编译

设计输入完成后，EDA 设计过程进入设计编译阶段，Quartus II 工具的设计编译流程如图 4.28 中的设计任务窗口 Task 所示。设计编译(Compile Design)的基本过程依次包括电路综合分析(Analysis & Synthesis)、适配(Fitter)、装配(Assembler)、传统时间分析(Classic Timing Analysis)与 EDA 网表写入。其中，电路适配包含逻辑添加与布线，电路装配过程生成编程文件。

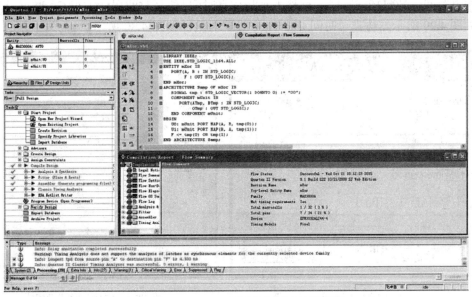

图 4.28　Quartus II 项目的编译及编译结果

选中系统菜单 Processing→Start Compilation，Quartus II 按照编译流程编译项目，依次

完成电路的综合分析、适配、装配、传统时间分析与 EDA 网表写入等操作，编译过程与相关结果如图 4.28 中的 Compilation Report-Flow Summary 窗口所示。

编译报告窗口(Compilation Report)总结编译过程，并给出过程报告。图 4.28 所示为前文设计完成的异或电路项目的编译结果，结果表明项目编译成功，编译时间为 2015 年 10 月 21 日 10:12:23；修订名称为 mXor，顶层实体名称为 mXor；所选 PLD 器件系列为 MAX 3000A，器件共有宏单元 32 个，使用 1 个，占 3%；器件共有端口 34 个，已用端口 7 个，占 21%；所选 PLD 器件名称为 EPM3032ALC44-4。

图中的集成环境底部为项目信息窗口(Message)，显示处理过程状态(Processing)、系统信息(info)、附加信息(Extra Info)、警告信息(Warning)、关键警告信息(Critical Warnning)以及出错信息(Error)等内容。

4.2.5　设计仿真

设计仿真通过对所完成的系统施加不同的输出信号，考察系统输出信号及其时序关系，确定系统能否满足设计要求。设计仿真过程主要包括仿真波形文件建立、添加被考察的输入、输出及中间信号、输入信号设定与电路仿真等步骤。

1. 创建仿真波形文件

选择菜单 File→New，系统弹出新建文件对话框，选中 Vector Waveform File 创建矢量波形文件，而后选择 File→Save，使用系统提供的缺省文件名保存文件。在一般情况下，缺省文件名与顶层实体文件名相同，此处以上例的异或电路 mXor 为例，介绍设计仿真，系统给出的缺省仿真文件名为 mXor.vwf。

2. 设定仿真时间参数

仿真时间参数包括仿真时间栅格大小与仿真时间，仿真时间栅格大小 Grid Size 设置对话框如图 4.29 所示，仿真总时间 End Time 设置对话框如图 4.30 所示。

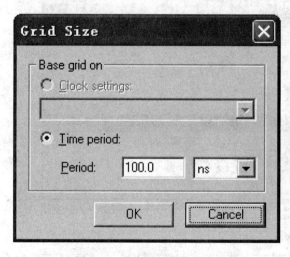
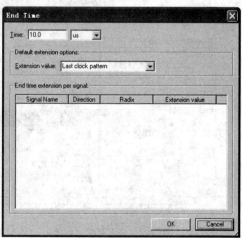

图 4.29　仿真时间栅格大小设置　　　　　　　　图 4.30　仿真总时间设置

打开创建的波形文件，选择 Edit→Grid Size，系统弹出如图 4.29 所示的仿真栅格设置对话框。对话框中，静态文本 Period 之后的编辑框用于设定时间栅格数值，下拉列表用于设定时间栅格单位，一般为 ps、ns、us、ms 与 s。

在图 4.30 所示的仿真总时间设置对话框中，静态文本 Time 之后的编辑框用于设定仿真总时间，下拉列表用于设定时间单位，时间单位设定方法与时间栅格单位相同。

将仿真时间栅格设置为 100 ns，仿真总时间设置为 10 us 并保存仿真文件。

3．添加仿真信号

仿真之前，还需为波形文件添加输入输出端口、中间寄存器等欲考察分析的端口、变量或信号等。打开创建的波形文件，选择功能菜单 Edit→Insert→Insert Node Or Bus，或者在波形编辑器的 Name 栏下的空白处点击鼠标右键，在随后弹出的引导式菜单中选择 Insert→Insert Node Or Bus 菜单项，系统弹出信号添加对话框 Insert Node or Bus，如图 4.31 所示。

信号添加对话框的选项主要包括信号名称(Name)编辑框、输入输出类型(Type)下拉列表、取值类型(Value Type)下拉列表、进制类型(Radix)下拉列表、总线宽度(Bus Width)、起始序号(Start Index)等。在实际应用中，设计中的信号、端口、中间寄存器等数量较多，采用图 4.31 所示的对话框添加信号存在诸多不便，一般通过对话框中的按钮功能 Node Finder…查找并添加需要仿真的信号，对话框如图 4.32 所示。

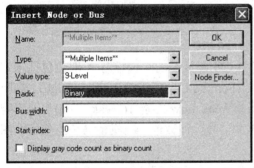

图 4.31　仿真信号添加对话框　　　　　图 4.32　仿真信号的查找与添加

在图 4.32 所示的查找对话框中，通过 Name 列表框可选择需要查找的信号、端口以及变量等的名称，其中 * 为通配符，如查找含"74"字串的信号或端口，可在列表框中写入字符"*74*"；Filter 下拉列表可选择查找信号或端口的类型，包括输入端口 Pin：Input、输出端口 Pin：Output、所有信号 Design Entry[All Name]等。

设置上述选项后，点击按钮 List，下拉列表 Nodes Found 会列出所有符合条件的信号、端口或寄存器等内容。利用鼠标选择信号并点击按钮 ＞ ，需要加入的信号就出现在图 4.32 中右下角的已选信号列表框 Selected Nodes 中；按钮 ＞＞ 用于添加所有找到的信号；按钮 ＜ 用于从已选信号中去掉单个信号；按钮 ＜＜ 用于取消所有已选信号。

利用图 4.32 的查找对话框选中异或电路 mXor 的所有输入输出端口信号 A、B 与 F，然后点击 OK 按钮，系统返回图 4.31 所示的仿真信号添加对话框，再次点击 OK 按钮即可完成仿真信号选择，集成工具 Quartus II 将异或电路 mXor 的所有输入/出端口添加到仿真文件中。

4．波形编辑及仿真信号设置

加入考察信号后，用鼠标右键点击仿真波形编辑器中 Name 栏内的信号名称，在随后弹出的引导式菜单中选择 Value 菜单项，可以为选中的信号赋值。仿真波形编辑及仿真信号设置界面如图 4.33 所示。

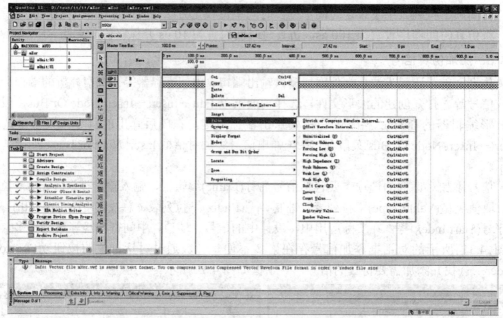

图 4.33　仿真波形编辑与仿真信号设置

在图 4.33 所示的仿真输入设置界面中，STD_LOGIC 类型的端口信号 A 取值包括未定义(Uninitialized)、强未知(Forcing Unknown)、0 值(Forcing Low)、1 值(Forcing High)、高阻(High Impedence)、弱未知(Weak Unknowm)、弱 0(Weak Low)、弱 1(Weak High)与无影响(Don't Care)等 9 种情况，还可以设置为反相、脉冲信号、计数值、随机值与任意值等。图4.34 所示为信号设置为计数值的对话框。

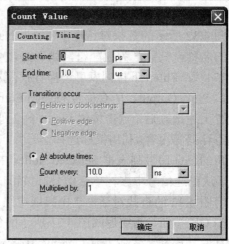

图 4.34　将信号设置为计数值的对话框

图 4.34 中下拉列表 Radix 可选择计数值的进制，可选八进制、二进制、十六进制与有/无符号十进制等；编辑框 Start Value 用于设定计数初值；Start Time、End Time 后分别用于设置起始、终止时间的数值与单位；选项 Count every 后跟计数时长的数值与单位，编

辑框 Multiplied by 用于设定计数增量。图 4.35 所示为将信号设置为脉冲信号的对话框，图 4.36 所示为将信号设置为任意值的对话框。

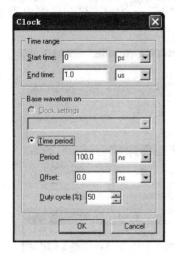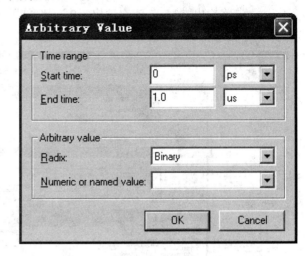

图 4.35　设置信号为脉冲信号　　　　　　　图 4.36　将信号设置为任意值

图 4.35 中的 Period 用于设定时钟周期，Duty cycle 用于设定占空比，Offset 用于设置时钟初始相位。图 4.36 中的 Radix 用于选择信号取值的进制，Numeric or named value 用于设定信号值。

本例设定异或门的输入 A、B 为脉冲信号，周期分别为 100 ns、200 ns，这样在任一 200 ns 时间范围内，B、A 端口可依次取值"00"、"01"、"10"与"11"，覆盖了所有输入情况。上述设置完成后，电路 mXor 的仿真输入波形文件如图 4.37 所示。

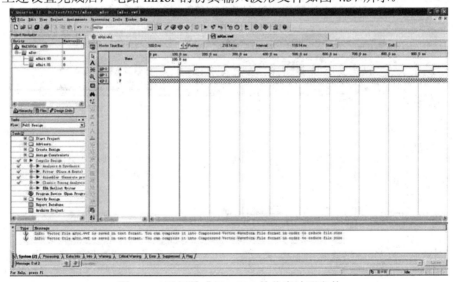

图 4.37　示例异或门 mXor 的仿真波形文件

5．电路仿真

完成仿真设置并保存仿真文件，选择 Processing→Start Simulation 菜单项，进行电路仿真。图 4.38 所示为异或电路的仿真结果。

图中的右侧窗口由上至下分别为顶层实体文件 mXor.vhd、仿真波形文件 mXor.vwf 与仿真结果窗口。当电路输入端口 B、A 取值依次发生"00"→"01"→"10"→"11"的连续变化时，电路输出端口 F 依次输出"0"→"1"→"1"→"0"，符合异或电路的功能要求。

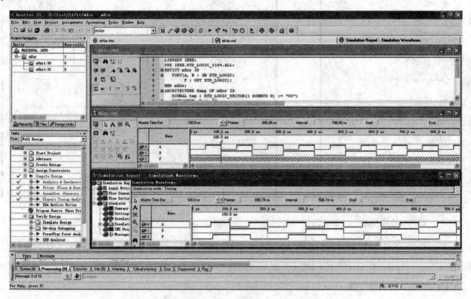

图 4.38　示例异或电路的仿真

将仿真结果波形放大至一定倍数，考察实例异或电路的输入输出端口变化之间的时间关系，得到异或电路 mXor 的信号延迟分析，结果如图 4.39 所示。

图 4.39　示例异或电路的信号延迟分析

图 4.39 所示的异或电路 mXor 信号延迟仿真分析中，在绝对时刻 50 ns 处，异或电路 mXor 的输入端口 B、A 取值由"相同"转化为"相异"，取值由"00"改变为"01"，电路输出端口 F 经 4.5 ns 延迟，输出 A、B 异或运算后的结果"1"；再经过 100 ns，即在绝对时间 150 ns 时刻，端口 B、A 的取值由"相异"转化为"相同"，二者取值由"10"转

化为"11"，输出端 F 仍然延迟 4.5 ns，输出异或结果"0"。由此表明，采用上述方法实现的异或电路，存在 4.5 ns 的输出延迟。

4.2.6　器件及引脚分配

1．器件选择

电路仿真完成后，若设计满足预定功能，同时输入输出时间关系符合时序要求，可进一步为完成的设计指定更为合理的实现器件。选择系统菜单 Asignments→Device...后，集成环境会打开器件选择界面，如图 4.40 所示。

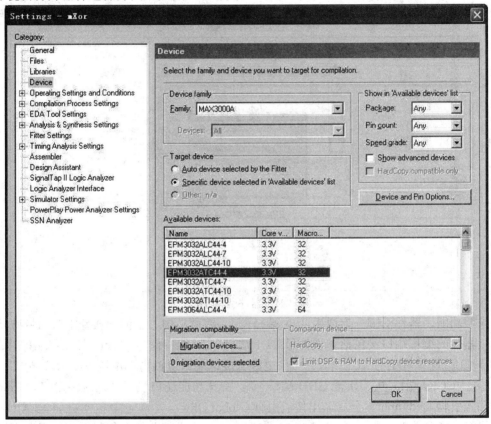

图 4.40　器件选择对话框

图 4.40 所示的器件选择对话框的功能与项目创建中的器件选择界面类似，主要包括指定器件系列(Family)、指定封装(Package)、指定端口数量(Pin count)、指定速度等级(Speed grade)、在可选器件列表中选择器件以及可选器件列表等内容。

该步骤的主要目的在于根据设计仿真及编译结果，为所完成的设计指定最为合理的 PLD 器件，包括相关的器件封装、引脚数量以及速度等级等。既要保证所选器件容量、速度、封装形式与引脚数等满足设计要求、后续的制版、测试与安装维护等要求，又要保证器件性能、容量等资源条件具有一定裕量，以保证系统的升级、扩展优化需求。

根据前文异或电路编译结果中器件的自动指定情况、自动指定器件的宏单元、端口等资源的占用情况、仿真结果波形以及输入输出信号的延迟情况，本例器件选择 44 脚 TQFP

封装的 MAX3000A 系列 CPLD 器件 EPM3032ATC44-4，速度等级为 4，选择该型器件中最高速度级的器件。选好器件后再次编译，编译无误，选择器件生效；否则，重选器件，直至编译成功。

2．引脚分配

专用集成电路设计中，基于后期的系统测试、调试、维护、制版、抗干扰等方面的考虑，除了指定设计的实现器件，通常还需要合理布局信号在器件中的物理位置，即引脚分配。

1）引脚分配界面

设计的引脚分配通过系统菜单 Asignments→Pins…实现，图 4.41 所示为集成环境的器件引脚分配界面。图中显示的图形为所选器件的正面视图，其引脚序号与实际器件一致。

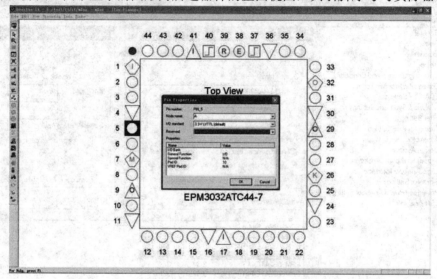

图 4.41　器件引脚分配

按照功能，器件引脚分为通用 I/O 端口 ◯、编程端口、电源、接地端口与特殊功能端口；器件的编程端口又包括编程信号 TDI 端口 ⬠、编程信号 TDO 端口 ◇、编程信号 TMS 端口 Ⓜ 与编程信号 TCK 端口 Ⓚ；电源、接地端口包括内部电压 VCCINT 端口 △、I/O 电压 VCCIO 端口 △、接地 GND 端口 ▽；特殊功能端口包括全局时钟 Global Clock、专用输入引脚 Ded Input、全局输出使能引脚 Global OE。

进行引脚分配时，使用 Global Clock 作为电路各构成部分的工作时钟，使用专用输入 Ded Input 作为各子电路的共有输入，使用 Global OE 实现各构成电路的输出使能，有助于最大限度地减小信号延迟，保证电路的同步性。此外，除非有特殊要求，分配电路引脚时，应尽量使用通用 I/O 端口实现电路的输入输出。

2）引脚指定

用鼠标左键双击图 4.41 中的特定引脚，弹出引脚属性对话框 Pin Properties，在下拉列表 Node Name 中选择欲指定的信号，然后通过下拉列表 IO Standard 指定信号电平类型，包括 2.5 V、3.3 V PCI、3.3 V LVTTL 等类型，最后点击按钮 OK 完成引脚指定。

按照上述方法，将示例异或电路的输入输出信号 A、B、F 分别指定到引脚 5、6 与引脚 28，图 4.42 所示为引脚分配结果。

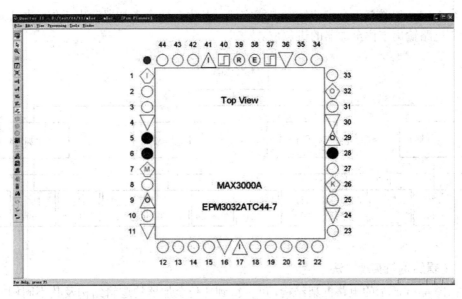

图 4.42　示例异或电路的引脚分配结果

在图 4.42 中，已指定信号的引脚用深红色表示。若欲重新为引脚分配信号，需要在分配好信号的引脚上点击并按住鼠标左键，拖动至器件的其他引脚，即可将相应信号设置到新的引脚位置，实现引脚信号的重新定义。

4.3　基于 Quartus II 的专用集成电路设计

前文详细介绍了电子设计自动化的设计流程以及基于典型 EDA 集成开发工具 Quartus II 的电路设计、仿真、调试、分析方法。本节以四位无符号全加电路为例，详细介绍借助 Quartus II 工具的专用集成电路设计方法与流程。

4.3.1　设计分析

1. 任务解析

本节的设计任务是设计带进位的四位无符号数加法电路，根据 4 位全加电路的基本概念，完成的电路应该满足以下基本要求：

(1) 运算功能。实现带进位的 4 位无符号数的加运算。

(2) 输入端口。复位端口、输入进位位、4 位无符号加数、4 位无符号被加数。

(3) 输出端口。输出进位位、4 位输出结果。

(4) 复位功能。具有复位功能，若复位端 R 有效，4 位的输出结果与输出进位位均清 0。

2. 框架结构

加法器的实现方法与电路结构有多种，为说明自顶向下的电路设计方法，本例通过图 4.43 所示的框架实现设计要求的带进位的 4 位无符号数全加电路。

图中电路的顶层实体为 4 位全加器，由 4 个 1 位全加器子电路构成，而 1 位全加器又通过 2 个 1 位半加器与 1 个进位控制电路实现。其中，两个半加器输出 1 位全加器的和，进位控制电路输出 1 位全加器的进位位。

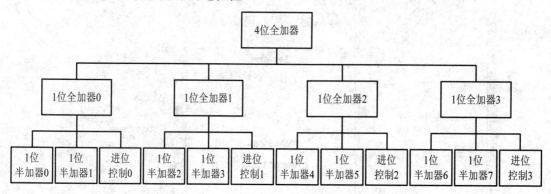

图 4.43　4 位全加器的结构框架

3．逻辑结构与实现方法

根据图 4.43 所示的电路框架结构，可以得到 4 位全加器的逻辑结构及其不同构成单元之间的信号连接关系，如图 4.44 所示。

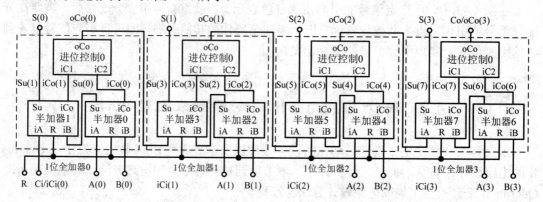

图 4.44　4 位全加器的逻辑结构与连接关系

图中 4 位全加器的输入信号包括 1 位输入进位位 Ci、4 位被加数 A[4]、4 位加数 B[4]，4 位全加器的输出信号包括 4 位输出和 S[4] 与 1 位输出进位位 Co，其中，4 位全加器的输入 Ci 同时用作 1 位全加器 0 的输入进位位 iCi(0)，1 位全加器 3 的输出进位位 oCo(3) 同时作为系统输出进位位 Co 输出。

1 位全加器的两个半加器求取加数、被加数相应位与低位进位位之和，作为结果 S[4] 的相应位输出。同时，进位控制电路接收两个半加器的输出进位位，计算 1 位全加器的输出进位位，并将其作为输入进位位送至高位 1 位全加器。

采用上述结构，依次实现各半加器、进位控制、全加器等子电路，即可实现设计要求的 4 位全加器。

4.3.2　项目创建

根据前文所述的电路构成框架、逻辑结构以及各构成电路之间的输入输出连接关系，合理规划系统，创建电路项目。

1. 创建并设置项目

1) 建立项目

利用项目向导创建项目，命名项目时考虑到所设计电路的功能与要求，将项目名称设置为 fAdd4。

2) 项目设置

根据图 4.44 所示的电路逻辑结构，4 位全加器电路不含复杂运算，逻辑功能相对简单，所需逻辑资源数不多，因此实现器件可初选为 Altera 的 MAX3000A 系列低成本 CPLD 器件，具体器件的选择由集成开发工具根据项目编译情况自动指定。

项目的顶层实体名称设置沿用 fAdd4，最终实现的集成电路名称也为 fAdd4。创建项目时无需添加项目设计文件，建好项目后另行添加。

2. 加入设计文件

考虑到 VHDL 强大的电路描述功能，本例通过 VHDL 程序调用 VHDL 程序的方法实现 4 位全加器。项目创建完成后，新建空白设计文件 hAdd.vhd、fAdd.vhd 与 fAdd4.vhd，分别用来实现 1 位半加器、1 位全加器与 4 位全加器。由于图 4.44 中的进位控制相对简单，其设计在 1 位全加器设计文件 fAdd.vhd 实现，不再单独建立文件。

4.3.3　设计输入

前述电路的设计输入主要包括 1 位半加器设计、1 位全加器设计与 4 位全加器设计。顶层实体为 4 位全加器，中间实体为 1 位全加器，底层实体为 1 位半加器，三者之间存在层层调用的逻辑关系。

1. 1 位半加器设计

1) 真值表

假定 1 位半加器的输入端口为 iA、iB、R，分别送入 1 位加数、被加数与复位信号；输出端口为 Su、iCo，分别输出结果和与结果进位位，则 1 位半加器的真值表如表 4.1 所示。

表 4.1　半加器真值表

输　　入			输　　出	
R	iA	iB	Su	iCo
1	×	×	0	0
0	0	0	0	0
0	0	1	1	0
0	1	0	1	0
0	1	1	0	1

注：表中的符号"×"表示该项取值不影响电路输出。

2) 程序实现

1 位半加器的常用实现方法是根据真值表绘制电路的卡诺图，求取其逻辑表达式。然而，实际应用中的大量电路难以求得其逻辑表达式，基于这种考虑，这里通过并行语句中的条件赋值语句实现上述电路，实现程序如下：

例 4-2-1   元件 1 位半加器的 VHDL 描述：

```
LIBRARY IEEE;
USE IEEE.STD_LOGIC_1164.ALL;
ENTITY hAdd IS
    PORT(iA, iB, R: IN STD_LOGIC;
            Su, iCo    : OUT STD_LOGIC);
END hAdd;
ARCHITECTURE Samp OF hAdd IS
    SIGNAL InpTmp : STD_LOGIC_VECTOR(2 DOWNTO 0) := "000";
BEGIN
    InpTmp <= R & iA & iB;
    Su <= '1' WHEN (InpTmp = "001") OR (InpTmp = "010") ELSE
        '0';
    iCo <= '1' WHEN InpTmp = "011" ELSE
        '0';
END ARCHITECTURE Samp;
```

为便于准确描述电路状态，程序使用标准逻辑量 STD_LOGIC 定义元件输入输出端口。同时，程序中通过复位端口信号 R、加数位 iA 与被加数位 iB 的并置运算形成中间信号——3 位标准逻辑矢量 InpTmp 描述子电路输入，有助于简化程序，增强程序可读性。

3) 元件程序仿真验证

(1) 1 位半加器元件仿真项目指定。仿真元件必须指定元件项目，此处利用总电路项目实现元件仿真，不再新建项目。此时，需要将 1 位半加器设置为顶层实体，才能仿真 1 位半加器元件。顶层实体设置对话框如图 4.45 所示。

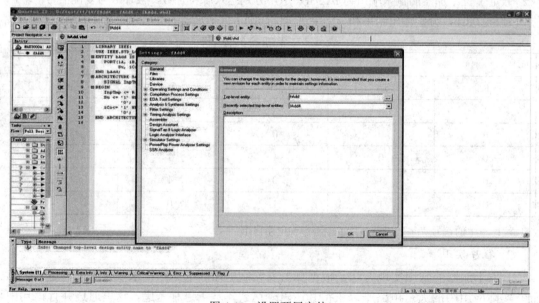

图 4.45   设置顶层实体

执行上述设置时，需首先打开项目，将 1 位半加器描述程序代码输入半加器程序 hAdd.vdh 并存储。然后用鼠标右击图 4.45 中 Project Navigator 窗口中的实体 fAdd4，在随后弹出的引导式菜单中选择项目设置 Settings…，在随后弹出的项目设置对话框中，选择对话框左侧设置分类 Category 树形结构中的通用选项 General，设置项目顶层实体，如图 4.45 所示。

在图 4.45 中 Settings 对话框的 Top-level entity 编辑框中输入 1 位半加器程序中的实体 hAdd，项目顶层实体由 fAdd4 变为 hAdd，接下来就可以对 1 位半加器编译仿真，进行电路分析。

(2) 电路编译与仿真文件编辑。重新设置顶层实体后，选择菜单 Process→Start Compilation 编译项目，修正语法错误。编译无误后，创建仿真波形文件，在波形文件中添加 1 位半加器的端口 R、iA、iB、iCo、Su 并设置仿真参数。

根据真值表，1 位半加器的输入信号 R、iA、iB 共有"000"～"111" 8 种取值状况，设置仿真输入时，一般对端口送入脉冲信号，且不同端口信号之间的周期呈倍数增加，从而保证最大周期信号的周期能够覆盖所有的信号变化事件。同时，由于项目中初选的电路实现器件为 MAX3000 系列 CPLD 器件，其速度相对较快，信号延迟一般在 20 ns 以内。

综合上述状况，本例中将仿真栅格设置为 100 ns，仿真时间采用缺省值 1 μs，端口信号 iA 选择周期 100 ns 的等距脉冲，端口信号 iB 选择周期 200 ns 的等距脉冲，端口信号 R 选择周期 400 ns 的等距脉冲。完成并保存上述设置后，即可对实现的 1 位半加器进行波形仿真，验证设计的正确性，图 4.46 所示为 1 位半加器元件的 VHDL 实现文件与图形仿真分析结果。

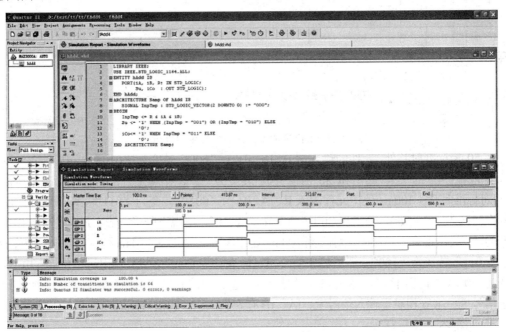

图 4.46　1 位半加器元件的 VHDL 实现及仿真结果

根据图 4.46 中的仿真波形，在时间段 0～200 ns 内，复位信号 R 为低电平，复位信号无效，电路正常工作，执行 1 位半加运算。输入端口 R、iA、iB 在 0～50 ns、50～100 ns、100～

150 ns、150～200 ns 的时间段内分别取值"000"、"010"、"001"、"011"，输出端口 iCo 的对应输出分别为"0"、"0"、"0"、"1"，输出端口 Su 的对应输出分别为"0"、"1"、"1"、"0"；在时间段 200～400 ns 内，复位信号 R 为高电平，复位信号有效，电路复位，输出端口 Su、iCo 被拉低且保持"0"值，直至复位信号 R 撤销。图中的仿真波形与真值表严格对应，符合元件的逻辑功能要求。

图 4.47 所示为半加器元件输入端口 R、iA、iB 与输出端口 iCo、Su 之间的时间延迟分析。在图 4.47 中，自左向右的 6 个时刻标尺分别位于 50 ns 标准时基处、结果和 Su 的上升沿处、150 ns 时刻处、结果进位位 iCo 的上升沿(结果和的下降沿)处、200 ns 时刻处。

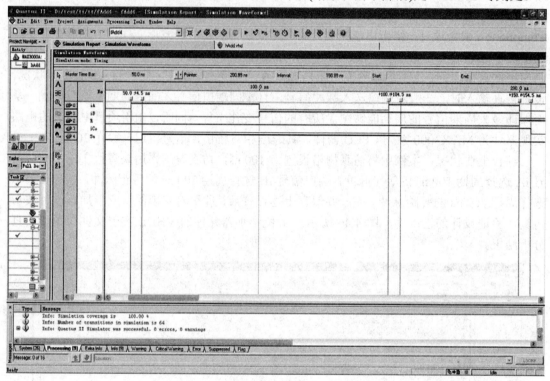

图 4.47　1 位半加器元件的信号延迟分析

在 50 ns 标准时基处，元件的输入端 R、iA、iB 由"000"转变为"010"，滞后约 4.5 ns(相对标准时基＋4.5 ns 处)，输出和 Su 由值'0'转变为'1'，出现上升沿；在绝对时刻 150 ns 处(相对标准时基＋100 ns 处)，元件输入 R、iA、iB 由"001"转变为"011"，滞后约 4.5 ns(相对标准时基 104.5 ns 处)，输出和 Su 由'1'转变为'0'，出现下降沿，输出进位位 iCo 由'0'转变为'1'，出现上升沿；在绝对时刻 200 ns 处(相对标准时基＋150 ns 处)，元件输入 R、iA、iB 由"011"转变为"100"，滞后约 4.5 ns(相对标准时基 154.5 ns 处)，输出进位位 iCo 由'1'转变为'0'，出现下降沿，输出和 Su 保持'0'值，电路复位。上述分析表明，半加器元件输出信号 Su、iCo 相对于输入信号 R、iA、iB 存在约 4.5 ns 的信号延迟。

2．1 位全加器设计

1) 真值表

根据图 4.44 所示的逻辑结构，假定 1 位全加器的输入端口 R、Ci、A、B，分别送入 1

位的输入进位位、加数、被加数；输出端口为 Su、oCo，分别输出电路的输出结果和与结果进位位，表 4.2 为 1 位全加器的真值表。

表 4.2　1 位全加器真值表

输　　入				输　　出	
R	Ci	A	B	Su	oCo
0	0	0	0	0	0
0	0	0	1	1	0
0	0	1	0	1	0
0	0	1	1	0	1
0	1	0	0	1	0
0	1	0	1	0	1
0	1	1	0	0	1
0	1	1	1	1	1
1	×	×	×	0	0

注：表中的符号"×"表示任意值，即该值不影响电路输出结果。

2) 程序实现

全加器的实现方法有多种，利用真值表，通过卡诺图或其他的逻辑表达式化简方法，可以得到 1 位全加器的输出和 Su 与输出进位位 iCo 的逻辑表达式，进而通过 VHDL 描述逻辑表达式即可实现要求的 1 位全加器。除此之外，还可以根据真值表，直接利用行为描述法实现 1 位全加器。本例利用图 4.44 所示的逻辑结构，通过结构化描述结合 PROCESS 实现 1 位全加电路，实现程序如下：

例 4-2-2　元件 1 位全加电路的 VHDL 描述：

```
LIBRARY IEEE;
USE IEEE.STD_LOGIC_1164.ALL;
ENTITY fAdd IS
    PORT(R, Ci, A, B : IN STD_LOGIC;
        Su, oCo : OUT STD_LOGIC);
END fAdd;
ARCHITECTURE Samp OF fAdd IS
    SIGNAL CF : STD_LOGIC_VECTOR(1 DOWNTO 0) := "00";
    SIGNAL Sum: STD_LOGIC := '0';
    COMPONENT hAdd IS
        PORT(iA, iB, R: IN STD_LOGIC;
            Su, iCo   : OUT STD_LOGIC);
    END COMPONENT hAdd;
BEGIN
    U0: hAdd PORT MAP(A, B, R, Sum, CF(0));
```

```
U1: hAdd PORT MAP(Ci, Sum, R, Su, CF(1));
CFP: PROCESS(CF)
BEGIN
    IF CF = "00" THEN oCo <= '0';
    ELSE oCo <= '1';
    END IF;
END PROCESS CFP;
END ARCHITECTURE Samp;
```

在 1 位全加器的实现程序中，定义并调用了前文的 1 位半加器元件 hAdd。1 位半加器元件 U0 计算输入 A、B 之和，将其存入中间信号 Sum，进位位存入中间信号 CF(0)；而后，元件 U1 计算 Sum 与输入进位位 Ci 之和，作为输出信号 Su。

进程 CFP 处理元件 U0 与 U1 的进位位 CF(0)、CF(1)，其中任意位置"1"，全加器进位位 oCo 置"1"；当电路复位端有效，即端口 R 置"1"时，半加器 U0、U1 的输出和与输出进位位均清零，因而进程 CFP 输出的 1 位全加器标志位 oCo 为"0"，从而实现全加器电路清零。

3）1 位全加元件程序的仿真验证

在项目 fAdd4 中，按照上述代码修改 1 位全加器元件的实现文件 fAdd.vhd，指定项目的顶层实体为 1 位全加器 fAdd，图 4.48 为修改实现的 1 位全加器元件仿真验证项目。

图 4.48　1 位全加器元件的验证项目

图中项目名称保持不变，仍为 fAdd4，顶层实体变为 1 位全加器实体 fAdd，构成包括半加器元件 U0 与 U1。验证项目创建完成后，重新编译并修正语法错误。重新编辑原有的仿真输入文件 fAdd4.vwf，对新项目仿真。图 4.49 所示为新建项目的仿真输入与仿真结果。

根据电路端口信号类型、取值以及器件系列，设置仿真栅格为 40 ns、仿真时长为 1 us；便于仿真结果的观察预评估，输入端口信号 Ci、B、A、R 分别设置为占空比 1:1 的方波脉冲，周期呈倍数增加，依次为 40 ns、80 ns、160 ns 与 320 ns，从而保证电路输入端依次获

得由 "0000" ～ "1111" 的连续信号，便于电路的仿真功能评价。

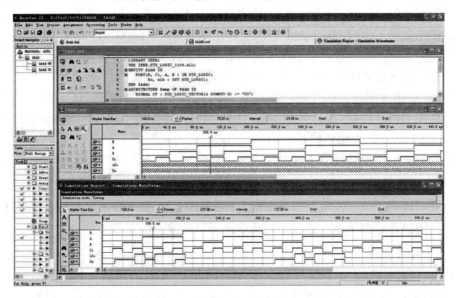

图 4.49　1 位全加器元件的仿真验证

根据图 4.49 中仿真报告窗口显示的波形结果，复位端 R 为 "0"，电路执行 1 位全加操作，输入端口 A、B、Ci 依次取值 "000" ～ "111"，电路的输出结果和 Su 依次输出取值 "0"、"1"、"1"、"0"、"1"、"0"、"0"、"1"，输出结果进位位 oCo 依次输出取值 "0"、"0"、"0"、"1"、"0"、"1"、"1"、"1"；复位端 R 为 "1"，电路输出端口 Su 与 oCo 均清零，与表 4.2 描述中的 1 位全加器电路功能严格一致。1 位全加电路的输入输出信号延迟情况如图 4.50 所示。

图 4.50　1 位全加电路的输出延迟分析

在电路输入端口 R、A、B、Ci 取值的 "0000" → "0001"、"0010" → "0011"、"0011" → "0100" 与 "0111" → "1000" 时刻依次设置了 4 组时刻标尺，从而评价分析电路的输出延迟。在左数第 1 组时刻标尺处，1 位全加元件输入由 "0000" 转换为 "0001"，输出和 Su 由 "0" 转 "1"，出现升沿，相对于输入信号的变化时刻，Su 延迟约 4.5 ns；在第 2 组时刻标尺处，输入由 "0010" 转换为 "0011"，进位位 oCo 由 "0" 转 "1"，出现升沿，延迟约 4.5 ns；在第 3 组时刻标尺处，输入由 "0011" 转换为 "0100"，oCo 由 "1" 转 "0"，延迟约 4.5 ns；在第 4 组时刻标尺处，输入由 "0111" 转换为 "1000"，复位端 R 生效，Su 与 oCo 由 "1" 转 "0"，延迟约 4.5 ns。

上述分析表明，所实现的 1 位全加器电路输出信号存在约 4.5ns 的延迟时间。

3．4 位全加器设计

在前文实现的 1 位全加电路程序基础上，根据图 4.44 描述的 4 位全加器逻辑结构与构成单元之间的输入输出关系，通过结构化描述，可以方便地实现 4 位全加电路。

1) 项目创建

打开已有项目 fAdd4，设置项目顶层实体 fAdd4，保证前文的 1 位全加器电路元件设计文件 fAdd.vhd、1 位半加器电路元件已加入项目。元件文件未加入时，用鼠标点击菜单 Project→ Add/Remove Files in Project...，系统会弹出项目文件操作对话框，如图 4.51 所示。

图 4.51　项目文件操作

在图中的 File Name 编辑框中输入欲添加的文件名，按钮　...　用于在整个计算机中选择要添加的文件，对话框中部的文件列表为项目中的已有文件。选好文件后，点击按钮 Add 即完成文件添加并将已添加文件显示在项目文件列表中。

2) 4 位全加器的程序实现及项目创建

本例的 4 位全加器通过元件 1 位全加器实现，电路描述采用结构化描述方法。4 个 1

位全加电路之间的输入输出关系参见图 4.44，电路描述通过 For-Generate 结构实现。4 位全加器的实现项目如图 4.52 所示。

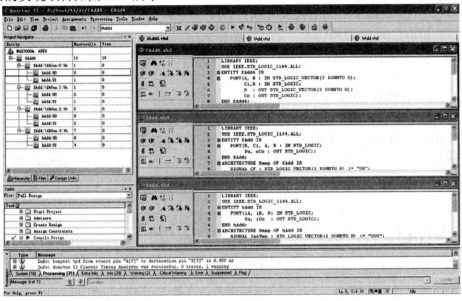

图 4.52　4 位全加器项目及构成

图中左上的项目浏览器窗口 Project Navigator 显示整个电路的逻辑构成，包括 4 个 1 位全加器，标号为 0～4，每个 1 位全加器又包括 2 个构成元件——1 位半加器 Uo 与 U1，与图 4.44 中预设的逻辑结构严格一致。图中右侧的 3 个文本编辑为项目的设计输入文件，由上至下依次为 4 位全加器、1 位全加器与 1 位半加器的 VHDL 描述程序。

假定 4 位全加器输入端口为 A(4)、B(4)、R、Ci，输出端口为 S(4)、Co，电路实现程序如下：

例 4-2-3　4 位全加电路的 VHDL 描述：

```
LIBRARY IEEE;
USE IEEE.STD_LOGIC_1164.ALL;
ENTITY fAdd4 IS
    PORT(A, B : IN STD_LOGIC_VECTOR(3 DOWNTO 0);
         Ci, R : IN STD_LOGIC;
         S     : OUT STD_LOGIC_VECTOR(3 DOWNTO 0);
         Co : OUT STD_LOGIC);
END fAdd4;
ARCHITECTURE Samp OF fAdd4 IS
    SIGNAL iCi : STD_LOGIC_VECTOR(4 DOWNTO 0) := "00000";
    COMPONENT fAdd IS
        PORT(R, Ci, A, B : IN STD_LOGIC;
             Su, oCo : OUT STD_LOGIC);
    END COMPONENT fAdd;
```

```
BEGIN
    fAGen: FOR i IN 0 TO 3 GENERATE
        Ux: fAdd PORT MAP(R, iCi(i), A(i), B(i), S(i), iCi(i+1));
    END GENERATE fAGen;
    Co <= iCi(4);
    iCi(0) <= Ci;
END ARCHITECTURE Samp;
```

程序中定义的 5 位的中间信号 iCi 暂存低位 1 位全加器的结果进位位，该信号同时用作高位 1 位全加器的输入进位位；Component 元件 fAdd 为 1 位全加器，For-Generate 结构 fAGen 调用 4 次 1 位全加器元件 fAdd，实现 4 位全加电路。便于 For-Generate 的使用，程序将电路总输入 Ci 直接送入信号 iCi 的第 0 位 iCi(0)，将得到的 iCi 最高位 iCi(4)送至电路端口 Co 输出。

4.3.4　项目编译与仿真设置

创建项目并完成设计输入之后，选择 Processing 菜单下的项目编译选项，修正语法错误。图 4.53 所示为本例的 4 位全加器项目编译及仿真界面。图中右侧的 Compilation Report 窗口对项目编译过程进行总结，结果显示编译成功，顶层实体名称(生成的集成电路名称)为 fAdd4，所用 PLD 器件系列为 Max3000A，所用的 PLD 器件为 EPM3032ALC44-4；PLD 器件宏单元 macrocell 总数量为 32，实现该项目占用 11 个宏单元，占用率为 11%；PLD 器件 I/O 端口总数为 34，实现该项目占用 19 个端口，占用率为 56%。

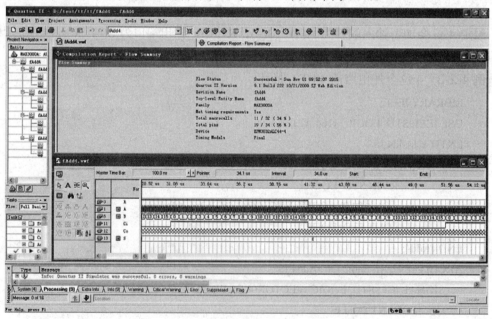

图 4.53　4 位全加器项目编译及仿真输入

编译完成之后，利用菜单 File→New 创建仿真输入文件，对完成的全加电路进行分析评价。图 4.53 右侧的波形编辑窗口 fAdd4.vwf 为器件的仿真输入文件。

图中的仿真栅格选择 40 ns，仿真总时间设置为 1 ms；为便于信号分析，将仿真输入信号 A、B 的取值设置为从"0000"开始且周期变化的计数值；其中 A 的周期设置为 40 ns，B 的周期设置为 A 信号计数周期的 16 倍，即 640 ns，从而保证在 B 从"0000"变化到"1111"的每一个取值周期内，A 的取值依次发生"0000"～"1111"的连续变化。

为便于仿真观察，将四位端口 A、B、S 的属性设置为无符号十进制数。具体设置方法为：在仿真输入文件 fAdd4.vwf 中，用鼠标右键点击相应端口，而后在导出的引导式菜单中选中属性 Properties 子项，系统打开节点属性对话框 Node Properties，在端口的进制选择列表 Radix 中选择无符号十进制数 Usigned Decimal。进行上述设置后，被设定端口的数值按十进制无符号数显示。通过上述方法，便于判断 4 位全加运算结果的正确与否。

4.3.5　仿真分析

1. 电路功能仿真

功能仿真考察设计完成的 4 位全加器的逻辑功能，是否能够实现 4 位加法运算，通过进位位 Ci 为"0"的加法运算、进位位 Ci 为"1"的加法运算、复位功能分别加以验证。

1) 输入无进位的加运算仿真

输入无进位的加运算仿真结果如图 4.54 所示。图中的被加数分别依次取值 3、4、5、6，加数则发生从 0～15 依次变化，4 位全加器的输入进位位 Ci 保持"0"值不变。

在被加数 B 的每一个取值周期内，随加数 A 发生 0～15 的变化，结果和 S 依次加"1"，和值小于 15，输出进位位 Co 保持"0"值；和值大于 15，Co 置"1"，结果 S 溢出，符合无进位的加运算定义。

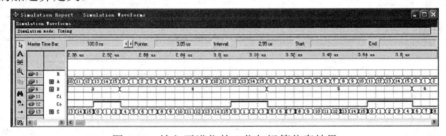

图 4.54　输入无进位的 4 位加运算仿真结果

2) 输入有进位的加运算仿真

输入无进位的加运算仿真结果如图 4.55 所示。图中的被加数、加数取值变化规律同上，4 位全加器的输入进位位 Ci 取"1"并保持不变。

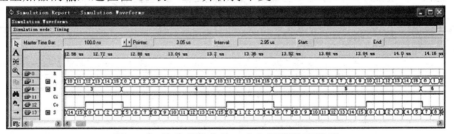

图 4.55　输入有进位的 4 位加运算仿真结果

在被加数 B 每一个取值周期内，随着加数 A 发生 0～15 的变化，结果和 S 依次加"1"，和值小于 15，输出进位位 Co 保持"0"值；大于 15，Co 置"1"，结果 S 溢出，符合有进位加运算定义。

　　3) 电路复位功能仿真

　　全加电路的复位功能仿真结果如图 4.56 与图 4.57 所示。其中，图 4.56 所示为无输入进位，即 Ci 为"0"时的复位状况。若 R 端置"1"，电路输出和 S 输出并保持"0"值，输出进位位 Co 保持低电平，电路复位；R 端清零，电路恢复工作，继续计算 Ci、A、B 之和与输出进位位。

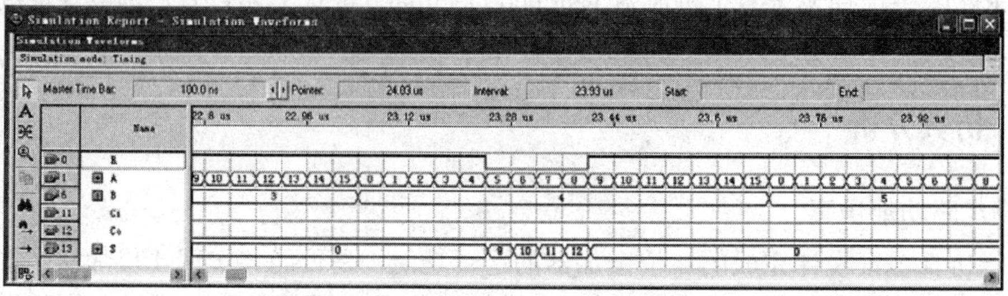

图 4.56　输入进位位 Ci 为"0"的仿真结果

　　图 4.57 所示为电路输出进位位 Ci 置"1"时的电路复位情况。若 R 端置"1"，电路输出和与输出进位位输出并保持"0"值；R 清零，电路恢复功能，重新开始加运算。上述仿真表明，所实现的电路能够完成 4 位全加器的运算及复位功能，逻辑功能满足预定要求。

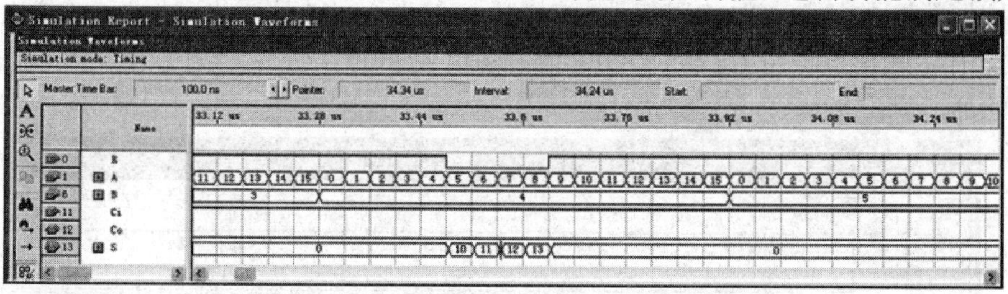

图 4.57　输入进位位 Ci 为"1"的仿真结果

2. 电路的时间仿真

　　电路输入输出时间仿真分析如图 4.58 所示，图中共设置 5 个时刻标尺用来分析输出信号与输出信号之间的时间顺序关系。其中，左起第一个标尺的绝对时刻为 53.8 us，作为基准时刻。

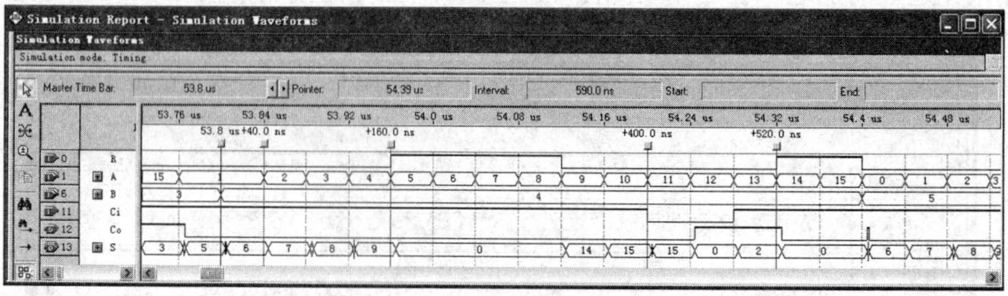

图 4.58　电路输出时间延迟仿真

　　图 4.58 中，在基准时刻 53.8 us，端口 B 的数值由"3"变为"4"，经由较短的时延，

输出和 S 由 "5" 变为 "6"，输出进位位 Co 保持低电平；在基准时刻之后 40 ns 处，端口 A 的值由 "1" 变为 "2"，和 S 经延时由 "5" 变为 "6"，Co 保持低电平不变；在基准时刻之后 160 ns，端口 R 由低电平转高电平，输出 S 与 Co 经延时迅速清零，电路复位；在基准时刻之后 400 ns 处，端口 A 的值由 "10" 变为 "11"，同时输入进位位 Ci 由高电平转为低电平，S 与 Co 保持不变；在基准时刻之后 520 ns 处，端口 R 变为高电平，电路复位，经过较小的延时，输出端口全部清零。放大电路的仿真波形，可以大致估算电路的输入输出延迟时间，得到上述电路的输出信号延迟大约为 5 ns。

此外，Quartus II 提供精确的时间分析工具，其运行界面与信号延迟分析结果如图 4.59 所示。

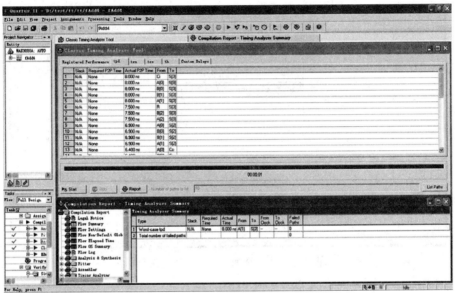

图 4.59　时间分析-端口信号延迟分析

选择菜单 Processing→Classic Timing Analyzer Tool 后，系统会打开图 4.59 中的窗口 Classic Timing Analyzer Tool，选择功能按钮 Start 后，系统列表会给出图中电路各输出端口针对每一个输入信号的信号延迟分析结果。在时间分析完成后，点击按钮 Report，系统会给出分析报告窗 Timing Analyzer Summary，图中分析表明：电路的最大延迟 tpd 发生在输入端口 A(1) 与输出和的 S(3) 位之间，延迟时间为 8.000 ns。

PLD 器件系列、速度等级、设计合理性、编译设置等均会对时间分析产生影响，设计中应根据设计的逻辑复杂程度、时序要求、端口数量等情况合理选择器件。近年来，复杂可编程逻辑器件的规模得到极大提高，许多 CPLD 的逻辑规模已远超早期的某些 FPGA。因而，除非有大量的浮点数运算、复杂通信协议与控制算法等要求，可编程器件应尽量选用 CPLD 器件，以满足多个场合的速度、实时性等要求。

4.3.6　器件与引脚分配

如图 4.60 所示为 4 位全加器电路的器件选择情况。结合编译、仿真结果中的器件资源占用、信号延迟以及后续的制版、焊接等状况，全加器实现器件选择 MAX 3000A 系列的高速器件 EPM3032ATC44-4，速度等级为 4，44 脚 TQFP 的封装体积小、可手工焊接、测试方便。

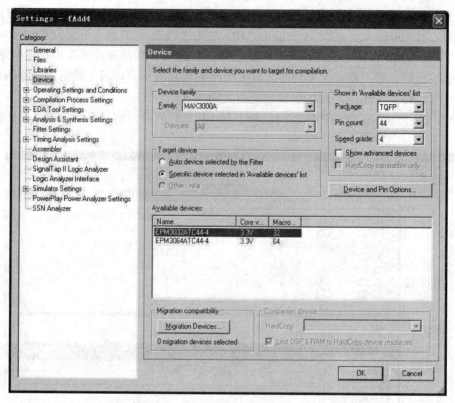

图 4.60　4 位全加器电路的器件选择

4 位全加器的引脚分配状况如图 4.61 所示。

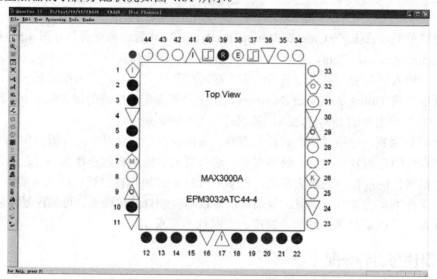

图 4.61　4 位全加器引脚分配

　　电路的复位引脚分配至 PLD 器件专用输入复位引脚 39，输入端口 A 与 B 分配至器件底部引脚 12～22 输入，且按数据位高低自左至右依次排列。输出端口 S 分配至左侧引脚 2～

6，按数据位的高低顺序自下而上排列。电路端口的具体情况如表 4.3 所示。

表 4.3 4 位全加电路的引脚分配

信号名称	分配引脚	I/O 特性	信号名称	分配引脚	IO 特性
A(0)	15	输入	R	39	输入
A(1)	14	输入	Ci	10	输入
A(2)	13	输入	Co	22	输出
A(3)	12	输入	A(0)	2	输出
B(0)	21	输入	A(1)	3	输出
B(1)	20	输入	A(2)	5	输出
B(2)	19	输入	A(3)	6	输出
B(3)	18	输入	—	—	—

器件选择与引脚分配完成后，重新编译项目，若编译无误，即可进行程序下载(或称编程)，将所做的设计装入相应 PLD 器件，完成整个电路的设计过程。

4.3.7 器件编程

完成项目编译后，选择菜单 Tools→Programmer 后，Quartus II 工具会打开器件编程界面，若系统检测到编程电缆，则会通过图 4.62 所示的器件编程界面下载程序。

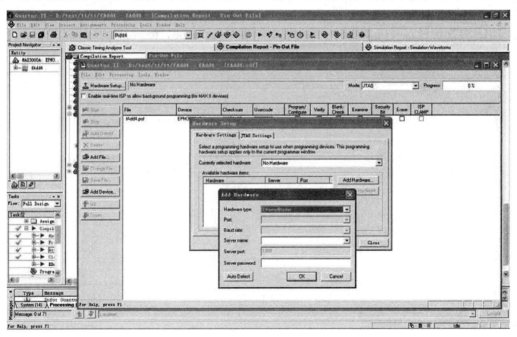

图 4.62 器件编程与编程硬件设置

图中的模式(Mode)用于选择编程模式，通过编程电缆实现程序写入需选择 JTAG 模式。若系统未检测到编程硬件，需点击硬件设置(Hardware Setup)按钮安装编程硬件，系统弹出 Hardware Setup 硬件设置对话框配置编程电缆。选择 Hardware Setup 对话框的按钮 Add

Hardware 后，Quartus II 弹出添加硬件(Add Hardware)对话框，然后设置编程硬件，主要包括硬件类型(Hardware type)下拉列表、编程端口选择列表(Port)、波特率(Baud Rate)设置等，也可以通过按钮 Autedetect 自动检测硬件并进行配置。

完成编程硬件设置后，选择图 4.62 中编程界面左侧的按钮 Start，集成环境将得到的电路文件载入目标器件 EPM3032ATC44-4，完成整个 EDA 过程。此外，通过编程界面左侧的按钮 Add File 可以将其他程序文件载入特定器件，按钮 Auto Detect 可以检测当前连接至编程电缆的 PLD 器件。

习 题 与 思 考

[1]　根据自己的理解，详述 EDA 的设计过程。

[2]　采用图形编程法设计 1 位半加器，然后将其生成为图形元件，建立 1 位全加器的图形文件，实现 1 位全加器。

[3]　采用图形编程法设计 1 位半加器，然后将其作为元件，编写 1 位全加器的 VHDL 程序调用图形元件，实现 1 位全加器。

[4]　采用 VHDL 语言设计 1 位半加器，然后将其生成为图形元件，建立 1 位全加器的图形文件，实现 1 位全加器。

[5]　采用 VHDL 语言设计 1 位半加器，然后将其生成为元件，建立 1 位全加器的 VHDL 程序，实现 1 位全加器。

[6]　分别解释时间仿真分析中的电路时间参数 tpd、tsu、tco 与 th。

第 5 章　典型逻辑电路设计

本章主要介绍常用逻辑电路的实现方法与实现过程。内容主要包括常用组合逻辑电路、时序逻辑电路的基本功能、构成单元、数据处理过程等电路知识基础；在此基础上，介绍典型专用逻辑电路的基本描述方法、实现流程及常用的仿真测试、分析方法；帮助读者进一步熟悉 Quartus II 环境下的组合逻辑电路、时序逻辑电路常用设计分析流程、方法与设计技巧。

5.1　典型组合逻辑电路设计

5.1.1　译码电路

译码电路是数字系统、尤其是计算机系统常用的逻辑电路，是计算机系统中的重要构成单元，也是计算机系统常用的功能扩展器件。常用的译码电路包括 3-8 译码电路、4-16 译码电路等。此处以 4-16 译码电路为例，介绍常用译码电路的功能、设计、描述与分析测试方法。

1. 真值表

假定 4-16 译码电路的输入端口为 A、B、C、D、G1、G2，其中，A、B、C、D 送入 4 位被译码数，G1、G2 送入器件使能信号；器件输出端口为 nY，输出 16 位的译码结果，则 4-16 译码电路真值表如表 5.1 所示。

表 5.1　4-16 译码电路真值表

输　入						输　出															
G1	G2	D	C	B	A	nY															
1	x	x	x	x	x	1	1	1	1	1	1	1	1	1	1	1	1	1	1	1	1
x	1	x	x	x	x	1	1	1	1	1	1	1	1	1	1	1	1	1	1	1	1
0	0	0	0	0	0	1	1	1	1	1	1	1	1	1	1	1	1	1	1	1	0
0	0	0	0	0	1	1	1	1	1	1	1	1	1	1	1	1	1	1	1	0	x
0	0	0	0	1	0	1	1	1	1	1	1	1	1	1	1	1	1	1	0	x	x
0	0	0	0	1	1	1	1	1	1	1	1	1	1	1	1	1	1	0	x	x	x
0	0	0	1	0	0	1	1	1	1	1	1	1	1	1	1	1	0	x	x	x	x
0	0	0	1	0	1	1	1	1	1	1	1	1	1	1	1	0	x	x	x	x	x
0	0	0	1	1	0	1	1	1	1	1	1	1	1	1	0	x	x	x	x	x	x
0	0	0	1	1	1	1	1	1	1	1	1	1	1	0	x	x	x	x	x	x	x
0	0	1	0	0	0	1	1	1	1	1	1	1	0	x	x	x	x	x	x	x	x

续表

输入						输出															
G1	G2	D	C	B	A	nY															
0	0	1	0	0	1	1	1	1	1	1	1	0	x	x	x	x	x	x	x	x	x
0	0	1	0	1	0	1	1	1	1	1	0	x	x	x	x	x	x	x	x	x	x
0	0	1	0	1	1	1	1	1	1	0	x	x	x	x	x	x	x	x	x	x	x
0	0	1	1	0	0	1	1	1	0	x	x	x	x	x	x	x	x	x	x	x	x
0	0	1	1	0	1	1	1	0	x	x	x	x	x	x	x	x	x	x	x	x	x
0	0	1	1	1	0	1	0	x	x	x	x	x	x	x	x	x	x	x	x	x	x
0	0	1	1	1	1	0	x	x	x	x	x	x	x	x	x	x	x	x	x	x	x

注：表中的符号"x"表示该项取值对电路的输出不构成影响。

电路的输入信号 G1、G2 为低电平有效，电路输出也为低电平有效。若器件使能端 G1、G2 任一信号为"1"，器件输出 16 路高电平；若使能端 G1、G2 同时为"0"，电路对输入信号 D、C、B、A 进行译码，D、C、B、A 取值为"0000"～"1111"，输出端口 nY 对应的第 0 位～第 15 位分别为"0"，其他数据位则为高电平"1"。

2. 程序实现

4-16 译码电路的逻辑功能相对简单，通过并行语句中的条件赋值、选择赋值语句与顺序语句中的多项选择控制 IF 语句，都可以实现预定的译码功能，本例利用并行语句中的条件信号赋值语句实现所要求的电路，实现程序如下。

例 5-1-1 4-16 译码电路的 VHDL 描述：

```
LIBRARY IEEE;
USE IEEE.STD_LOGIC_1164.ALL;
ENTITY Decoder IS
    PORT(A, B, C, D : IN STD_LOGIC;
        G1, G2 : IN STD_LOGIC;
        nY : OUT STD_LOGIC_VECTOR(15 DOWNTO 0));
END Decoder;
ARCHITECTURE Samp OF Decoder IS
    SIGNAL G : STD_LOGIC_VECTOR(1 DOWNTO 0) := "11";
    SIGNAL itmp : STD_LOGIC_VECTOR(3 DOWNTO 0) := X"0";
BEGIN
    itmp <= D & C & B & A;
    G<= G2 & G1;
    nY <= X"FFFF" WHEN (G = "10") OR (G = "01") OR (G = "11") ELSE
        X"FFFE" WHEN (G = "00") AND (itmp = X"0") ELSE
        X"FFFD" WHEN (G = "00") AND (itmp = X"1") ELSE
        X"FFFB" WHEN (G = "00") AND (itmp = X"2") ELSE
        X"FFF7" WHEN (G = "00") AND (itmp = X"3") ELSE
```

X"FFEF" WHEN (G = "00") AND (itmp = X"4") ELSE

X"FFDF" WHEN (G = "00") AND (itmp = X"5") ELSE

X"FFBF" WHEN (G = "00") AND (itmp = X"6") ELSE

X"FF7F" WHEN (G = "00") AND (itmp = X"7") ELSE

X"FEFF" WHEN (G = "00") AND (itmp = X"8") ELSE

X"FDFF" WHEN (G = "00") AND (itmp = X"9") ELSE

X"FBFF" WHEN (G = "00") AND (itmp = X"A") ELSE

X"F7FF" WHEN (G = "00") AND (itmp = X"B") ELSE

X"EFFF" WHEN (G = "00") AND (itmp = X"C") ELSE

X"DFFF" WHEN (G = "00") AND (itmp = X"D") ELSE

X"BFFF" WHEN (G = "00") AND (itmp = X"E") ELSE

X"7FFF";

END ARCHITECTURE Samp;

为方便程序描述，程序中定义两位中间信号 G 暂存输入使能 G1、G2，定义 4 位信号 itmp 暂存参与译码的 4 路输入信号。同时，程序利用十六进制数表示 16 位输出端口 nY 的取值与中间信号 itmp 的取值，从而使程序简洁、清晰。

3．项目创建与编译

利用上述 VHDL 程序创建译码电路项目，项目名称、顶层实体名称与 VHDL 程序名称均设置为 Decoder。根据 4-16 译码电路的功能、逻辑复杂程度、端口数量等状况，初选 MAX3000A 系列的 CPLD 器件作为译码器的实现器件，具体器件由开发工具根据编译情况暂时指定。

图 5.1 所示为 4-16 译码电路的实现项目与编译情况。

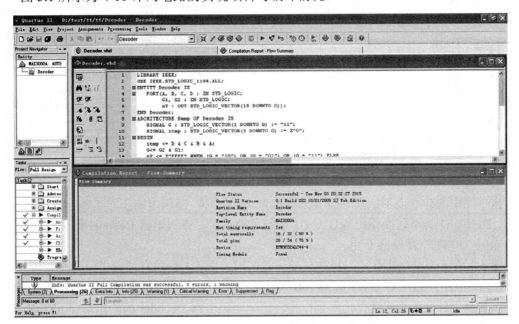

图 5.1　译码电路项目与编译

图中的文本编辑窗口 Decoder.vhd 显示译码电路实现程序，编译报告(Compilation Report)为译码电路项目编译结果。集成工具 Quartus II 初步选择 MAX3000A 系列的 CPLD 器件 EPM3032ALC44-4 作为译码电路的实现器件，最终的实现电路占用了整个器件的 16 个宏单元，逻辑单元占用率达到 50%；生成的译码电路占用 26 个输入输出端口，端口占用率达到 76%。

4．电路仿真分析

利用 Quartus II 创建并编辑仿真输入文件，对完成的电路进行仿真分析。图 5.2 所示为电路的仿真输入文件与仿真结果波形。图中的波形编辑窗 Decoder.vwf 为仿真输入，其仿真栅格设置为 40 ns，仿真时间设置为 2 μs；电路的输入端口信号 A、B、C、D 设置为占空比 1∶1 的方波脉冲，周期呈倍数增加，依次为 40 ns、80 ns、160 ns 与 320 ns；通过上述设置，能够保证在译码电路的输入端口上得到由"0000"周期性连续变化到"1111"的待译码数值。

使能端口 G1、G2 同样设为占空比 1∶1 的方波，周期分别为 640 ns 与 1280 ns。通过上述设定，可以把电路的正常工作时间段和异常处理时间段区分开来，更符合人的思维习惯，也便于观察。

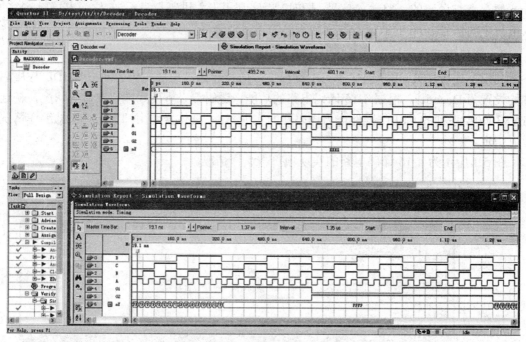

图 5.2　译码电路仿真输入与仿真结果

根据图中的仿真波形，当 G2、G1 取值为"00"时，译码电路正常工作，执行输入信号 A、B、C、D 的译码操作；当 G2、G1 取得其他值时，译码电路 Decoder 停止译码输出，转而输出"FFFF"且保持不变。

图 5.3 所示为电路执行译码操作时的运行情况。图 5.3 的仿真波形中，在时间段 0～320 ns 内，电路使能端 G2、G1 取得"00"值，输入端口 D、C、B、A 的取值构成从"0000"依次增加至"1111"的连续变化序列；相应地，译码电路 Decoder 的输出端口 nY(nY(0)～nY(15))依次送出低电平，即依次有效。

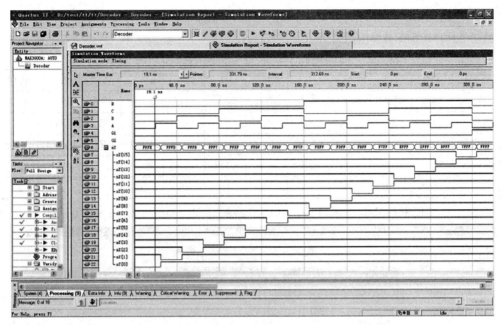

图 5.3　译码电路功能仿真

观察图中译码结果 nY 相对于输入译码值 D、C、B、A 的变化情况，将 nY 滞后于 D、C、B、A 的时间与图中的时间栅格进行对比，估算出滞后时间约为 5 ns 左右。

5. 器件、引脚分配及时间分析

根据上述分析并结合后期的制版情况，为电路选择器件 EPM3032ATC44-4 并指定输入输出端口引脚，重新编译。图 5.4 所示为电路引脚分配情况，输入位于 CPLD 器件上部的 33～44 脚，输出位于器件左侧与底部。

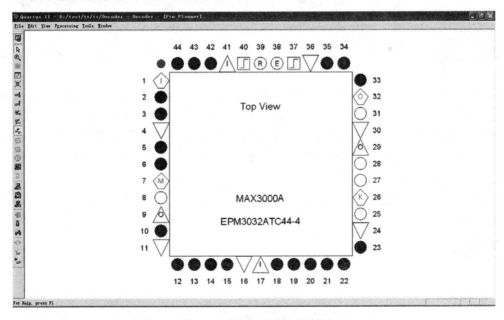

图 5.4　译码电路的引脚分配

　　译码电路的 I/O 信号与引脚的具体对应关系如表 5.2 所示，为便于后期的制版、布线等操作，端口分布按序号依次排布。

表 5.2　译码电路 I/O 信号与引脚的具体对应关系

信号名称	G1	G2	A	B	C	D	nY(0)	nY(1)	nY(2)	nY(3)	nY(4)
I/O 特性	输入	输入	输入	输入	输入	输入	输出	输出	输出	输出	输出
引脚序号	33	34	35	42	43	44	2	3	5	6	8
信号名称	nY(5)	nY(6)	nY(7)	nY(8)	nY(9)	nY(10)	nY(11)	nY(12)	nY(13)	nY(14)	nY(15)
I/O 特性	输出	输出	输出	输出	输出	输出	输出	输出	输出	输出	输出
引脚序号	10	12	13	14	15	18	19	20	21	22	23

　　重新指定实现器件并编译项目后，译码电路的时间分析结果如图 5.5 所示。

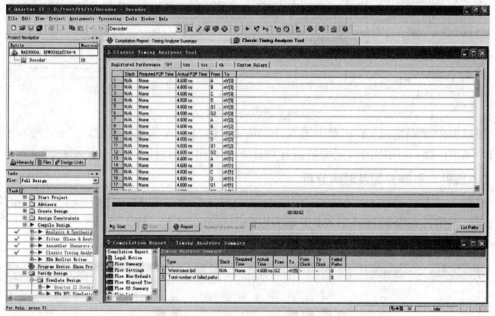

图 5.5　译码电路时间分析

　　根据图 5.5 所示的时间分析总结报告窗(Timing Analyzer Summary)，译码电路 Decoder 的输出端口 nY 对于输入端口 D、C、B、A、G2、G1 的最大时间延迟发生在输出端口信号 nY(5)与使能信号 G2 之间，延迟时间最大值为 4.6 ns；时间分析工具窗(Classic Timing Analyzer Tool)列表同时给出了译码电路 Decoder 所有输入输出信号间的时间延迟，延迟时间稳定在 4.6 ns，较为均衡。

　　以上为 4-16 译码电路的详细设计过程，分析表明电路功能符合真值表，各信号时间关系也满足要求。

5.1.2　编码电路

1. 真值表

　　与译码电路对应，编码电路将数字量输入按照特定方法与规格进行二进制编码，然后送入数字系统。编码电路种类繁多，本例通过常用的 16 线-4 线优先编码电路设计，详细介绍编码电路的描述方法与设计流程，16 线-4 线优先编码电路的真值表如表 5.3 所示。

表 5.3　16 线-4 线优先编码电路真值表

输入																	输出					
nEI	nI																nA				GS	EO
1	x	x	x	x	x	x	x	x	x	x	x	x	x	x	x	x	1	1	1	1	1	1
0	1	1	1	1	1	1	1	1	1	1	1	1	1	1	1	1	1	1	1	1	1	0
0	1	1	1	1	1	1	1	1	1	1	1	1	1	1	1	0	0	0	0	0	0	1
0	1	1	1	1	1	1	1	1	1	1	1	1	1	1	0	x	0	0	0	1	0	1
0	1	1	1	1	1	1	1	1	1	1	1	1	1	0	x	x	0	0	1	0	0	1
0	1	1	1	1	1	1	1	1	1	1	1	1	0	x	x	x	0	0	1	1	0	1
0	1	1	1	1	1	1	1	1	1	1	1	0	x	x	x	x	0	1	0	0	0	1
0	1	1	1	1	1	1	1	1	1	1	0	x	x	x	x	x	0	1	0	1	0	1
0	1	1	1	1	1	1	1	1	1	0	x	x	x	x	x	x	0	1	1	0	0	1
0	1	1	1	1	1	1	1	1	0	x	x	x	x	x	x	x	0	1	1	1	0	1
0	1	1	1	1	1	1	1	0	x	x	x	x	x	x	x	x	1	0	0	0	0	1
0	1	1	1	1	1	1	0	x	x	x	x	x	x	x	x	x	1	0	0	1	0	1
0	1	1	1	1	1	0	x	x	x	x	x	x	x	x	x	x	1	0	1	0	0	1
0	1	1	1	1	0	x	x	x	x	x	x	x	x	x	x	x	1	0	1	1	0	1
0	1	1	1	0	x	x	x	x	x	x	x	x	x	x	x	x	1	1	0	0	0	1
0	1	1	0	x	x	x	x	x	x	x	x	x	x	x	x	x	1	1	0	1	0	1
0	1	0	x	x	x	x	x	x	x	x	x	x	x	x	x	x	1	1	1	0	0	1
0	0	x	x	x	x	x	x	x	x	x	x	x	x	x	x	x	1	1	1	1	0	1

电路的 I/O 端口包括输入使能信号 nEI、编码信号 nI、编码输出信号 nA、输出允许信号 EO 与扩展片优先信号 GS。其中信号 nEI、nI、nA 均为低电平有效，信号 EO、GS 高电平有效。使能信号 nEI 拉高，EO 与 GS 置"1"，允许电路输出且扩展片优先输出；使能信号 nEI 置低且 nI 输入全"1"，GS 置"1"，允许扩展片优先输出。此时，输出信号 EO 清"0"，禁止电路输出，电路输出 nA 的各位数据全部置"1"；nEI 拉低且 nI 各数据位不全为"1"，电路对 nI 正常编码，端口 A 输出编码值。

2．程序实现

编码电路可通过并行语句中的条件赋值、顺序语句中的多项选择控制 IF 语句等语法结构实现，本例仍然利用并行语句中的条件赋值语句描述电路 16 线-4 线优先编码电路的编码逻辑，具体程序如下。

例 5-1-2　16 线-4 线优先编码电路的 VHDL 描述：

```
LIBRARY IEEE;
USE IEEE.STD_LOGIC_1164.ALL;
ENTITY Encoder IS
    PORT(nI   : IN STD_LOGIC_VECTOR(15 DOWNTO 0);
         nEI : IN STD_LOGIC;
         EO, GS: OUT STD_LOGIC;
```

```
                    nA : OUT STD_LOGIC_VECTOR(3 DOWNTO 0));
        END Encoder;
        ARCHITECTURE Samp OF Encoder IS
            SIGNAL Atmp : STD_LOGIC_VECTOR(5 DOWNTO 0) := "000000";
        BEGIN
            Atmp <= "111111" WHEN nEI = '1' ELSE
                    "101111" WHEN nI = X"FFFF" ELSE
                    "011111" WHEN nI(15) = '0' ELSE
                    "011110" WHEN nI(14) = '0' ELSE
                    "011101" WHEN nI(13) = '0' ELSE
                    "011100" WHEN nI(12) = '0' ELSE
                    "011011" WHEN nI(11) = '0' ELSE
                    "011010" WHEN nI(10) = '0' ELSE
                    "011001" WHEN nI(9) = '0' ELSE
                    "011000" WHEN nI(8) = '0' ELSE
                    "010111" WHEN nI(7) = '0' ELSE
                    "010110" WHEN nI(6) = '0' ELSE
                    "010101" WHEN nI(5) = '0' ELSE
                    "010100" WHEN nI(4) = '0' ELSE
                    "010011" WHEN nI(3) = '0' ELSE
                    "010010" WHEN nI(2) = '0' ELSE
                    "010001" WHEN nI(1) = '0' ELSE
                    "010000";
            GS <= Atmp(5);
            EO <= Atmp(4);
            nA <= Atmp(3 DOWNTO 0);
        END ARCHITECTURE Samp;
```

在编码电路 Encoder 的 VHDL 描述程序中，为便于条件赋值语句的使用，专门定义了 6 位的 STD_LOGIC_VECTOR 中间信号 Atmp 存储输出结果，Atmp 的低 4 位暂存最终的编码结果 A，最高位 Atmp(5)暂存扩展片优先信号 GS，次高位 Atmp(4)暂存输出使能状态标志 EO。通过上述方法，程序结构更简洁，也更容易理解。

3. 项目创建与编译

创建项目实现上述的编码电路，项目名称、顶层实体名称设置为 Encoder，顶层实体的 VHDL 实现程序命名为 Encoder.vhd。根据 16 线-4 线优先编码电路的逻辑复杂程度、I/O 端口数量以及要求的运算、处理速度等状况，仍然选择 MAX3000A 系列的 CPLD 器件做为编码电路的实现器件，具体器件由开发工具自动指定。

图 5.6 所示为 16 线-4 线优先编码电路的项目与编译情况。根据编译结果，Quartus II 初步选择 MAX3000A 系列 CPLD 中的 EPM3032ALC44-4 器件实现目标编码电路，器件采

用 44 脚 PLCC 封装，速度等级为 4。编码电路共占用 CPLD 宏单元 10 个，占 EPM3032ALC44-4 宏单元总量的 31%，占用器件的输入输出端口 27 个，占实现器件 I/O 端口总量的 79%。

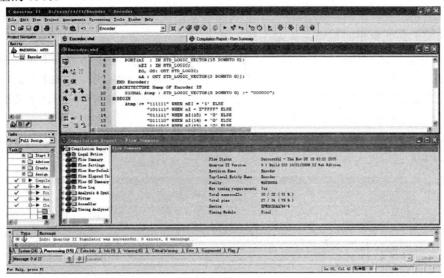

图 5.6　编码电路项目创建与编译

4. 仿真分析

编码电路的仿真输入文件与仿真波形如图 5.7 所示。图中仿真栅格设置为 40 ns，仿真总时间为 10 us。

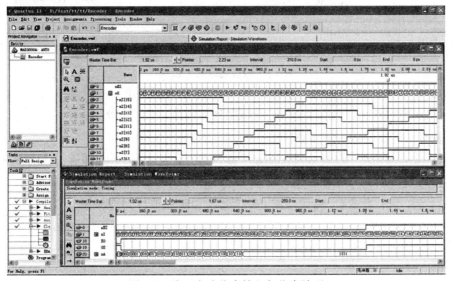

图 5.7　编码电路仿真输入与仿真波形

在图示的仿真输入窗口 Encoder.vwf 中，仿真输入 nI 的各个数据位设定为计数值 Count Value，其中 nI(2)～nI(15) 从"1"开始计数，计数周期随序号依次增加 80 ns，nI(2)～nI(15) 的计数周期依次为 240 ns、320 ns、…，直至 1.28 μs。实质上，nI(2)～nI(15) 为周期依次递增 80 ns 的等距脉冲信号。nI(0) 与 nI(1) 的第 1 周期为不等距方波，脉宽设置分别为 20 ns、

60 ns，脉间设置为 60 ns、100 ns；nI(0)与 nI(1)的其他周期同样为等距方波脉冲，周期分别为 80 ns 与 160 ns。nI(0)与 nI(1)的计数初值为"1"。仿真输入 nEI 为周期 2.56 μs 的等距方波，初始值为"0"。

通过上述设置，使输入 nI 的各位由低到高依次出现低电平，便于仿真验证。根据仿真报告，当 nEI 为低电平时，电路正常工作，若 nI 各位全为"1"，且 EO 置"0"，GS 置"1"时，禁止译码输出，扩展片优先，电路不执行编码；若 nI 不全为高电平，且 EO 置"1"，GS 置"0"时，译码输出使能，禁止扩展片，nA 输出编码。若 nEI 为高电平，且 EO 置"1"，GS 置"1"，此时电路不工作，nA 各位全部置高电平。电路正常编码时，仿真波形如图 5.8 所示。

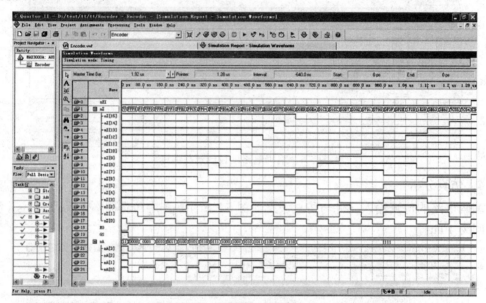

图 5.8　编码电路功能仿真

在图 5.8 中，当 nEI 为低电平且编码信号 nI 由低位到高位依次出现低电平，编码输出端 nA 依次出现"0000"～"1111"的编码序列，与原定的真值表一致。

5. 器件、引脚指定与时间分析

根据上述编译结果，结合后续的制版、测试等环节，本例指定 EPM3032ATC44-4 作为译码电路的实现器件，引脚分配如图 5.9 所示，详细引脚分配情况如表 5.4 所示。

表 5.4　译码电路 I/O 信号与引脚的具体对应关系

信号名称	GS	EO	nA(0)	nA(1)	nA(2)	nA(3)	nEI	nI(0)	nI(1)	nI(2)	nI(3)	nI(4)
I/O 特性	输出	输出	输出	输出	输出	输出	输入	输入	输入	输入	输入	输入
引脚序号	43	44	2	3	5	6	38	12	13	14	15	18
信号名称	nI(5)	nI(6)	nI(7)	nI(8)	nI(9)	nI(10)	nI(11)	nI(12)	nI(13)	nI(14)	nI(15)	—
I/O 特性	输入	输入	输入	输入	输入	输入	输入	输入	输入	输入	输入	—
引脚序号	19	20	21	22	23	25	27	28	31	33	34	—

电路的输入引脚被分配至 CPLD 左上角的 44、43、2、3、5、6 号端口，并按数据位

高低顺序排列；输入端口 nI 被分配至输入端口的对面，即器件右侧与底部端口，以方便后期的制版中器件布局、电路走线。输入使能 nEI 被分配至器件的全局使能端 38 脚，以方便设计布局器 Fitter 布局各构成电路。

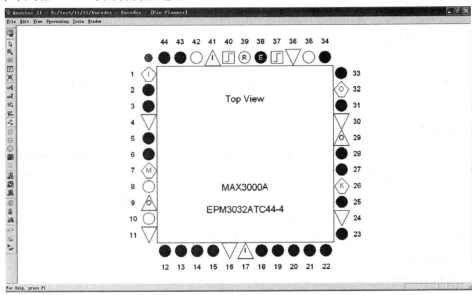

图 5.9　编码电路的器件及引脚指定

　　需要明确的是，在指定器件、引脚分配之后，必须重新编译，才能使器件及引脚指定有效。同时，在重新指定引脚与器件后，项目所用资源数可能发生变化，且编译不一定能通过。

　　项目重新编译后，编码电路的时间分析如图 5.10 所示。

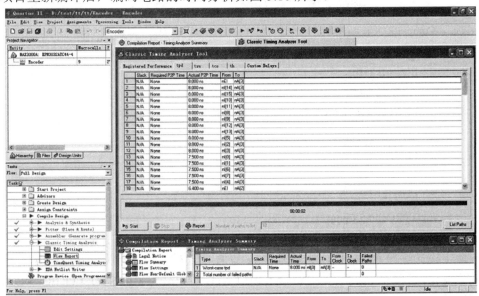

图 5.10　编码电路时间分析

　　图 5.10 中详细给出了各输出端口对于各个输入端口的延迟时间，输入端口 nI(3) 与输出端口 nA(3) 之间的时间延迟最大，为 8 ns，其余各端口的延迟在 4.5～8 ns 之间。

5.1.3 比较电路

1. 功能描述

比较电路也是数字系统中常用的一种逻辑电路，通常用来实现两个数据量之间的相互比较，种类也比较多。

常用的比较电路中，若两输入值相等，电路输出结果为"1"；若不等，电路输出结果为"0"。本例中的比较电路实现两输入值的大小比较，若比较数大于被比较数，电路输出值为1；若二者相等，电路输出值为"0"；若比较数小于被比较数，电路输出值为"-1"。

2. 程序实现

本例实现 8 位无符号数的比较电路，输出 2 位有符号数的补码。假定电路的 8 位输入端口为 A、B，2 位输出端口为 Q，则当 A＞B 时，Q 输出"1"；当 A＝B 时，Q 输出"0"；当 A＜B 时，Q 输出"-1"。程序实现时采用顺序语句中的多项选择控制结构 IF 语句描述电路，8 位无符号数比较电路的 VHDL 描述程序如下。

例 5-1-3 8 位无符号数比较电路的 VHDL 描述：

```
LIBRARY IEEE;
USE IEEE.STD_LOGIC_1164.ALL;
ENTITY Comparator IS
    PORT(A, B : IN STD_LOGIC_VECTOR(7 DOWNTO 0);
        Q : OUT STD_LOGIC_VECTOR(1 DOWNTO 0));
END Comparator;
ARCHITECTURE Samp OF Comparator IS
BEGIN
    Comp: PROCESS(A, B)
    BEGIN
        IF A = B THEN
            Q <= "00";
        ELSIF A > B THEN
            Q <= "01";
        ELSE
            Q <= "11";
        END IF;
    END PROCESS Comp;
END ARCHITECTURE Samp;
```

程序中设计进程 Comp 实现无符号数 A 与 B 的比较，敏感量为 A 与 B，若二者任一取值发生变化，进程 Comp 执行一次。输入端口 A、B 被定义为 8 位 STD_LOGIC_VECTOR，在进行比较时，二者按数据位自高至低进行比较。若 A＞B，Q 端输出 2 位有符号数 1 的补码"01"；若 A＝B，Q 端输出 0 的补码"00"；若 A＜B，Q 端输出 2 位有符号数 –1 的补码"11"。

3．项目创建与编译

利用上述程序创建项目，实现 8 位无符号数的比较电路。项目名称、顶层实体名称设置为 Comparater，顶层实体实现程序即上述程序命名为 Comparater.vhd。由于电路的逻辑功能相对简单，PLD 器件仍然初选 MAX3000A 系列的 CPLD，具体器件由集成工具自动指定。8 位无符号数比较电路的项目创建与编译结果如图 5.11 所示。图 5.12 所示为比较电路的仿真输入文件与仿真结果波形。

图 5.11　比较电路项目创建与编译

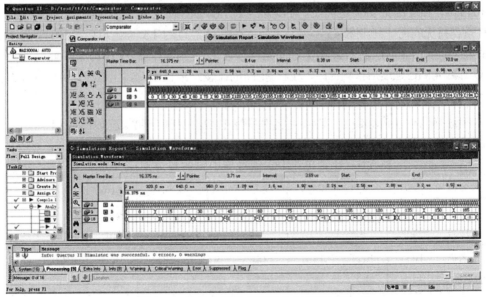

图 5.12　比较电路的仿真输入与仿真结果

在图 5.11 中，开发工具初选 CPLD 器件 EPM3032ALC44-4 实现比较电路，电路占用 PLD 宏单元 4 个，占器件 32 个宏单元数的 13%；使用端口 22 个，占器件 34 个端口数的 65%。

4. 仿真分析

在图 5.12 所示的仿真输入中，仿真栅格设置为 20 ns，仿真总时间为 10 μs。输入信号 A、B 分别定义为从 0 开始的计数值，计数周期分别为 20 ns、320 ns。当每个计数周期来临时，A、B 取值增加 15，以保证在 B 的一个变化周期内，A 由 0 变化到被允许的最大值，便于仿真检验。图 5.13 所示为 B 的一个取值周期内，比较电路的输出变化与信号延迟情况。

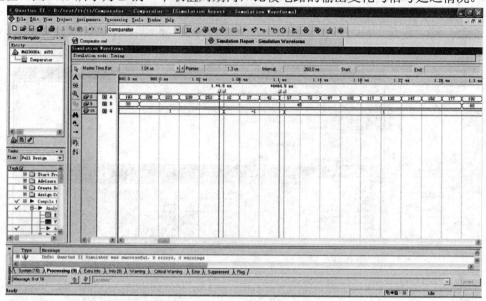

图 5.13　比较电路功能仿真及输入输出延迟分析

图 5.13 中自左至右依次设置 4 个时刻标尺，分别为绝对时间 1.04 μs、1.0445 μs、1.1 μs 与 1.1045 μs，1.04 μs 时刻为主标尺。在绝对时刻 1.04 μs，输入 A 由十进制无符号数 253 变为 12，B 端保持无符号十进制数 45 不变，因而，输出 Q 经过约 4.5 ns 延迟后，由 1 变为 –1；同样，在绝对时刻 1.1 μs，输入 A 由十进制无符号数 42 变为 57，输入 B 仍保持 45 不变，电路输出 Q 经约 4.5 ns 延迟后，由 –1 变为 1；电路的比较结果正确，输出延迟为 4.5 ns 左右。

5. 器件、引脚指定与时间分析

本例选择器件 EPM3032ATC44-4 实现目标电路，引脚分配状况如图 5.14 所示。详细的电路输入输出端口布局如表 5.5 所示。

表 5.5　比较电路 I/O 信号与引脚的具体对应关系

信号名称	A(0)	A(1)	A(2)	A(3)	A(4)	A(5)	A(6)	A(7)	B(0)
I/O 特性	输入	输入	输入	输入	输入	输入	输入	输入	输入
引脚序号	44	2	3	5	6	8	10	12	13
信号名称	B(1)	B(2)	B(3)	B(4)	B(5)	B(6)	B(7)	Q(0)	Q(1)
I/O 特性	输入	输入	输入	输入	输入	输入	输入	输出	输出
引脚序号	14	15	18	19	20	21	22	28	31

图 5.14 中带阴影的引脚为已指定引脚，从 44 脚至 34 脚按逆时针顺序依次为输入信号 A、B 与输出信号 Q，信号内部按序号从小到大依次排列。同时，输入与输出信号分别排

列在器件的左下与右上角，并隔离开来，以便后续的测试布板与走线。

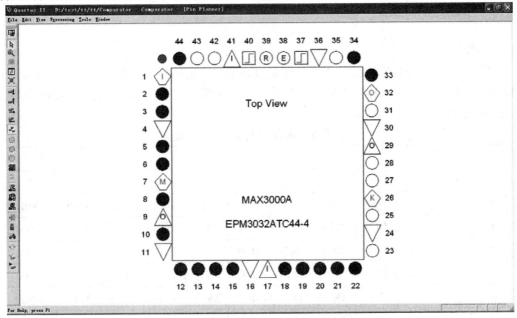

图 5.14 比较电路最终的引脚分配

图 5.15 所示为指定器件与引脚并重新编译后，8 位无符号数比较电路 Comparator 的延迟时间分析。

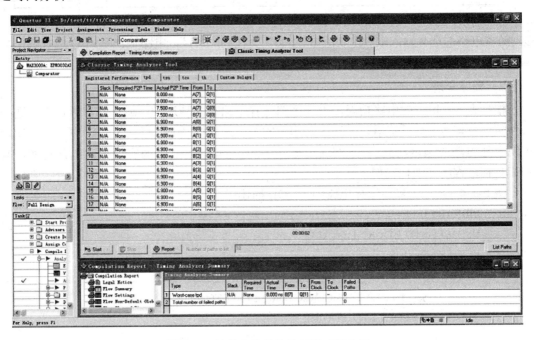

图 5.15 比较电路最终的延迟时间分析

图 5.15 所示的时间参数分析参数表明，最终比较电路 Comparator 的最大信号延迟时间发生在输入端口信号 B(7) 与输出端口信号 Q(1) 之间，为 8 ns，其余延迟时间在 6.4～8 ns 之间，说明重选器件并分配引脚之后，信号延迟增大。

5.1.4 多路选择电路

1. 真值表

多路选择电路是数字系统的重要构成部件，常用于电路的选择输出。本例以 8 选 1 的 8 位多路选择电路为例，详述多路选择电路的设计分析方法与流程。8 选 1 电路的真值表如表 5.6 所示。

表 5.6　多路选择电路真值表

输　　入											输出
Sel			D								Q
0	0	0	D(7)	D(6)	D(5)	D(4)	D(3)	D(2)	D(1)	D(0)	D(0)
0	0	1	D(7)	D(6)	D(5)	D(4)	D(3)	D(2)	D(1)	D(0)	D(1)
0	1	0	D(7)	D(6)	D(5)	D(4)	D(3)	D(2)	D(1)	D(0)	D(2)
0	1	1	D(7)	D(6)	D(5)	D(4)	D(3)	D(2)	D(1)	D(0)	D(3)
1	0	0	D(7)	D(6)	D(5)	D(4)	D(3)	D(2)	D(1)	D(0)	D(4)
1	0	1	D(7)	D(6)	D(5)	D(4)	D(3)	D(2)	D(1)	D(0)	D(5)
1	1	0	D(7)	D(6)	D(5)	D(4)	D(3)	D(2)	D(1)	D(0)	D(6)
1	1	1	D(7)	D(6)	D(5)	D(4)	D(3)	D(2)	D(1)	D(0)	D(7)

上表中的电路输入端口包括 3 位选择端口 Sel、8 位数据端口 D，电路输出为 1 位端口 Q。随着电路的选择输入端 Sel 取值由"000"变化到"111"，电路输出端口 Q 选择输出数据位 D(0)～D(7)。

2. 程序实现

根据表 5.6 所示的电路功能，设计多路选择电路有多种途径。通过并行语句中的选择条件赋值语句、条件赋值语句、顺序语句中的多项选择控制 IF 语句、CASE 语句等，均能实现上述电路的预定功能。本例通过顺序语句中的 CASE 结构实现上述电路功能，其 VHDL 描述程序详细代码如下。

例 5-1-4　8 选 1 多路选择电路的 VHDL 描述：

```
LIBRARY IEEE;
USE IEEE.STD_LOGIC_1164.ALL;
ENTITY Mux81 IS
    PORT(D   : IN STD_LOGIC_VECTOR(7 DOWNTO 0);
         Sel : IN STD_LOGIC_VECTOR(2 DOWNTO 0);
         Q   : OUT STD_LOGIC);
END Mux81;
ARCHITECTURE Samp OF Mux81 IS
BEGIN
    MuxP: PROCESS(Sel, D)
```

```
        BEGIN
            CASE Sel IS
                WHEN "000" => Q <= D(0);
                WHEN "001" => Q <= D(1);
                WHEN "010" => Q <= D(2);
                WHEN "011" => Q <= D(3);
                WHEN "100" => Q <= D(4);
                WHEN "101" => Q <= D(5);
                WHEN "110" => Q <= D(6);
                WHEN "111" => Q <= D(7);
                WHEN OTHERS => Q <= 'Z';
            END CASE;
        END PROCESS MuxP;
    END ARCHITECTURE Samp;
```

为使用 CASE 结构，程序中定义进程 MuxP，选择电路输入 Sel、D 作为进程 MuxP 的敏感信号。若电路输入 Sel、D 任一信号发生变化，进程启动一次，重新计算电路输出 Q，从而保证输入输出的一致性。

3．项目创建与编译

利用上述的 VHDL 程序创建项目，实现 8 选 1 多路选择电路，将项目名称、顶层实体名称均设置为 Mux81，顶层实体的 VHDL 描述程序命名为 Mux81.vhd。电路逻辑功能相对而言较为简单，因此项目的实现器件仍然初选 MAX3000A 系列的 CPLD，项目具体的实现器件由集成工具根据编译情况自动指定。

图 5.16 所示为实现预定多路选择电路创建的项目及其编译结果。

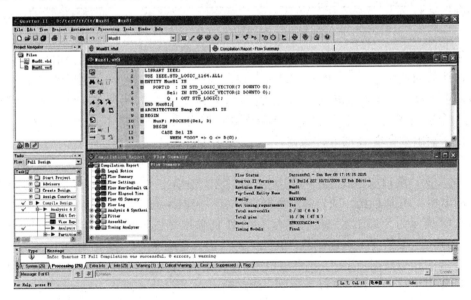

图 5.16   多路选择电路的项目创建与编译

　　集成开发工具为项目指定的 PLD 器件为 44 脚 PLCC 封装器件 EMP3032ALC44-4 型 CPLD，器件速度等级为 4 级。项目的逻辑功能相对简单，仅使用 CPLD 器件中的 2 个宏单元，使用量为总宏单元的 6%；实现的电路占用 PLD 引脚 16 个，占所选 PLD 器件总引脚(不计电源及接地引脚)的 47%。

4．仿真分析

　　8 选 1 多路选择电路的仿真输入文件与仿真结果波形如图 5.17 所示。考虑到电路输入、输出信号的取值状况以及器件选择情况，仿真过程中设置仿真栅格为 20 ns，仿真总时间设置为 50 μs。

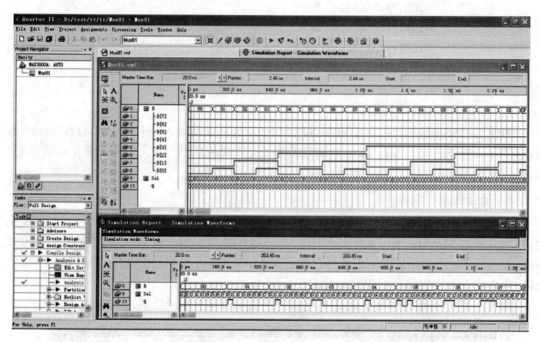

图 5.17　多路选择电路的仿真输入与仿真结果波形

　　为便于仿真验证，在仿真输入文件 Mux81.vwf 中设置电路的输入选择信号 Sel 为 3 位计数值，计数周期为 20 ns，即每过 20 ns，输入选择信号 Sel 加 1，当增至最大值"111"后清零，重新计数。输入数据端 D 设置为 8 位计数值，计数周期为 320 ns。因此，在数据端 D 的一个取值周期内，电路输入选择信号发生"000"～"111"的变化，电路在 Q 端由低到高依次输出数据端 D 的 8 位数据，易于判断电路功能。

　　根据图 5.17 所示的仿真波形，在数据端 D 的任一取值周期内，输入选择端 Sel 取值每20 ns 变化一次，端口取值发生"000"～"111"(图中以十六进制数 0～7 表示)的变化，Q端依次输出相应端口 D(0)～D(7)各位数据，符合原定的 8 选 1 多路选择电路功能。

　　图 5.18 所示为 8 选 1 多路选择器件 Mux81 的输出延迟时间分析。当电路的 8 位输入数据端口 D 依次取值为十六进制数"38"、"39"时，电路根据选择端 Sel 的取值状况，选择输出 D 端的相应数据位。图中仿真窗口中，在绝对时刻 9.1 μs、9.1045 μs、9.2 μs 与 9.2045 μs 分别设置四个时刻标尺，可以观察到，电路输出 Q 的变化相对于电路输入端口 Sel 的取值变化，滞后约 4.5 ns 左右。

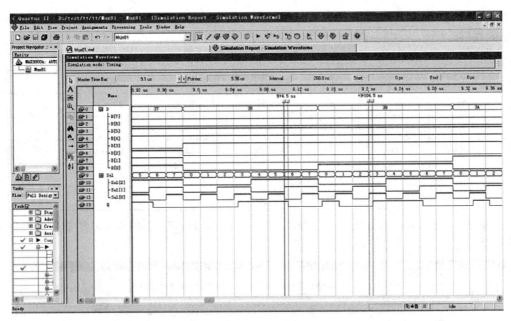

图 5.18　多路选择电路的输出分析

5. 器件、引脚指定与时间分析

根据编译结果，本例指定 EPM3032ATC44-4 作为电路的实现器件，电路各输入输出信号的引脚分配如图 5.19 所示。在该器件中，指定引脚为电路输入端口 D 与选择信号端口 Sel，指定引脚 33 为电路输出端口 Q。

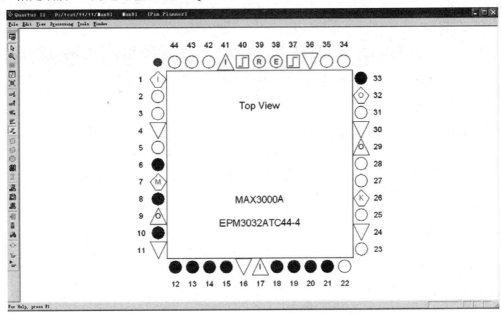

图 5.19　多路选择电路的引脚分配

8 选 1 电路详细的输入输出端口与实现器件引脚分配情况如表 5.7 所示。电路端口按照选择信号 Sel、数据端 D、输出端口 Q 的顺序，由高位到低位沿逆时针顺序排列，依次被指定为图中阴影管脚。器件的上述分配布局，符合输入、输出端口分开，按组、按顺序排布的规则，便于后续制版、布线及电路测试。

表 5.7　多路选择电路 I/O 信号与引脚的具体对应关系

信号名称	SEL(0)	SEL(1)	SEL(2)	D(7)	D(6)	D(5)
I/O 特性	输入	输入	输入	输入	输入	输入
引脚序号	6	8	10	12	13	14
信号名称	D(4)	D(3)	D(2)	D(1)	D(0)	Q
I/O 特性	输入	输入	输入	输入	输入	输出
引脚序号	15	18	19	20	21	22

引脚指定完成后，重新编译项目并运行时间分析工具，得到如图 5.20 所示的最终电路时间分析结果。

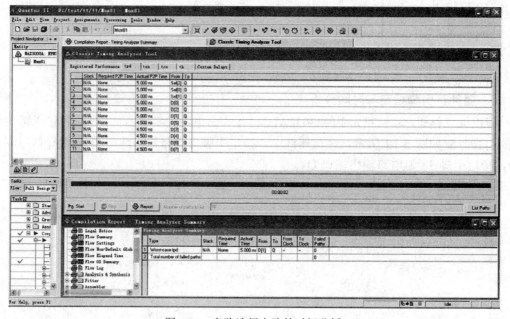

图 5.20　多路选择电路的时间分析

结果表明，电路中最大的输出延迟时间发生在输出信号 Q 与输入信号 D(1) 之间，延迟量为 5.0 ns。其他延迟时间为 4.5～5.0 ns。

5.1.5　加法电路

1．设计分析

加法电路是数字系统，尤其是计算机系统应用最为广泛的一种运算电路。按功能、字长等分类方法，加法被分为有带进位加法、不带进位加法、8 位加法、16 位加法、32 位加法等多种类型。本例通过带进位的 8 位无符号加法电路设计，详细介绍常用加法电路的实现方法、描述方法以及实现过程。

假定 8 位加法器的输入端口分别为加数 A 与被加数 B，输入进位位为 Ci，输出 8 位结果和为 Sum，输出进位位为 Co，则输出和 Sum 满足下式(5-1)：

$$Sum = A + B + Ci \tag{5-1}$$

输出进位位 Co 为

$$Co = \begin{cases} 1, & A + B + Ci > 255 \\ 0, & A + B + Ci \leqslant 255 \end{cases} \tag{5-2}$$

结合前述章节的 4 位全加器设计，本例仍采用结构化描述实现带进位的 8 位无符号数加法电路，电路结构如图 5.21 所示。

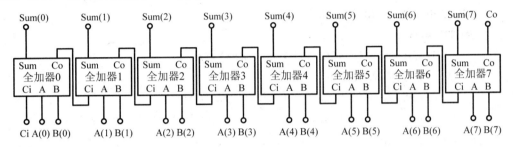

图 5.21 带进位的 8 位无符号数加法电路结构

首先设计 1 位全加器电路元件，然后调用 1 位全加器元件实现 8 位带进位加法电路。

2．程序实现

1）元件设计

不同于前述章节，本例的 1 位全加器直接通过逻辑表达式实现，其实现程序如下。

例 5-1-5 1 位全加器元件的 VHDL 描述：

```
LIBRARY IEEE;
USE IEEE.STD_LOGIC_1164.ALL;
ENTITY AddC1 IS
    PORT(A, B: IN STD_LOGIC;
         Ci  : IN STD_LOGIC;
         Sum : OUT STD_LOGIC;
         Co  : OUT STD_LOGIC);
END AddC1;
ARCHITECTURE Samp OF AddC1 IS
    SIGNAL cf : STD_LOGIC_VECTOR(1 DOWNTO 0);
    SIGNAL s : STD_LOGIC;
BEGIN
    s <= A XOR B;
    Sum <= s XOR Ci;
    cf(0) <= A AND B;
    cf(1) <= s AND Ci;
    Co <= cf(0) OR cf(1);
```

```
        END ARCHITECTURE Samp;
```

上述程序通过两个异或运算电路计算 1 位全加器的输出和，通过两个与电路和一个或电路求取全加器的进位位，实现方法的实质与前述方法相同，区别在于未设计半加器元件。

2) 8 位带进位加法电路设计

根据图 5.21 中的电路结构，完成 1 位全加器元件后，调用所涉及元件可以构成 8 位带进位加电路，具体实现程序如下。

例 5-1-6　8 位带进位加法电路的 VHDL 描述：

```
    LIBRARY IEEE;
    USE IEEE.STD_LOGIC_1164.ALL;
    ENTITY AddC IS
        PORT(A, B: IN STD_LOGIC_VECTOR(7 DOWNTO 0);
             Ci   : IN STD_LOGIC;
             Sum : OUT STD_LOGIC_VECTOR(7 DOWNTO 0);
             Co   : OUT STD_LOGIC);
    END AddC;
    ARCHITECTURE Samp OF AddC IS
        SIGNAL CF : STD_LOGIC_VECTOR(8 DOWNTO 0) := "000000000";
        COMPONENT AddC1 IS
            PORT(A, B, Ci: IN STD_LOGIC;
                 Sum, Co : OUT STD_LOGIC);
        END COMPONENT AddC1;
    BEGIN
        CF(0) <= Ci;
        fAddC: FOR i IN 0 TO 7 GENERATE
            Un: AddC1 PORT MAP(A(i), B(i), CF(i), Sum(i), CF(i+1));
        END GENERATE fAddC;
        Co <= CF(8);
    END ARCHITECTURE Samp;
```

与前述的 4 位全加电路一样，本例使用了 FOR-GENERATE 结构实现 8 位加法，生成 8 个 1 位全加器实例。第 1 个全加器的输入进位位为 8 位加法电路的输入进位位 Ci，第 8 个 1 位全加器的输出进位位作为 8 位加法电路的输出进位位输出 Co。同时，8 个 1 位全加器的输出和构成加法电路的 8 位输出和 Sum 的 8 个数据位。

3．项目创建与编译

利用上述 VHDL 程序创建项目，实现 8 位加法电路。项目名称、顶层实体设置为 AddC。一位全加器元件实现程序取名为 AddC1.vhd，8 位带进位加法电路的 VHDL 程序取名为 AddC.vhd，如图 5.22 所示。

图中的 8 位加法电路 AddC 由 8 个一位全加器元件 AddC1 构成，实现器件选择 Max3000A 系列 CPLD，由系统根据编译情况自动指定。

项目编译结果见图 5.22 中的编译报告，结合器件的逻辑复杂程度，Quartus II 为电路指定 44 脚 PLCC 封装的 MAX3000A 器件 EPM3032ALC44-4，速度等级为 4。电路功能逻辑使用宏单元 Macrocell 23 个，占器件宏单元总量的 72%；使用引脚 30 个，占器件引脚总量的 88%，资源占用率相对较高，不利于后期的电路升级与更新。

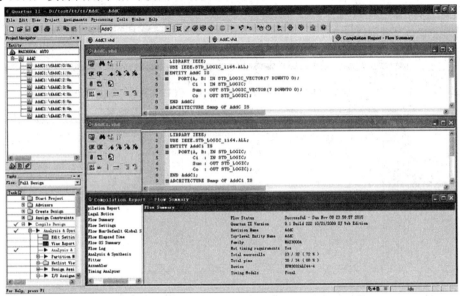

图 5.22　8 位无符号数加法电路的项目创建与编译

4．仿真分析

带进位的 8 位无符号数加法电路的仿真输入与仿真结果波形如图 5.23 所示。图中仿真栅格设置为 1 μs，仿真总时间为 20 μs。

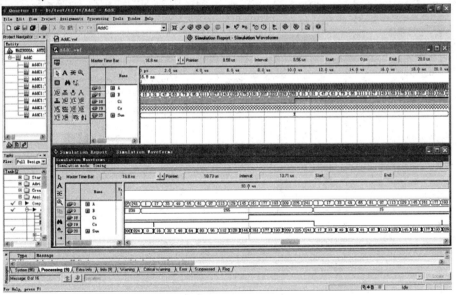

图 5.23　8 位无符号数加法电路的仿真输入与仿真结果

为便于观测，在图 5.23 的仿真输入文件中，端口 A、B 设置为无符号十进制计数值，每周期增加值均为 16。输入 A 的计数周期为 40 ns，初始值取 1；信号 B 的计数周期为 640 ns，初始值取 15；输入 Ci 设置为等距脉冲信号，周期为 20 μs。根据图中 Simulation Report 窗口中的结果，设计完成的加法电路能够正确可靠地完成带进位、无进位 8 位无符号数的和运算。同时，在端口输出进位位 Co 上，有毛刺信号存在，图 5.24 所示为端口 Co 上的信号毛刺。

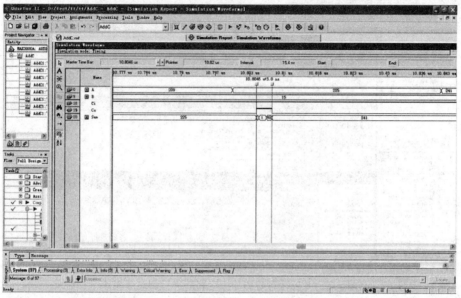

图 5.24　输出进位位 Co 上的信号毛刺

图中输出信号 Co 端的毛刺信号宽度在 3 ns 以内，毛刺处的结果和 Sum 也不稳定，持续时间与毛刺信号宽度一致，约为 3 ns。电路的信号延迟情况如图 5.25 所示。

图 5.25　8 位加法电路信号延迟

为标定信号延迟，图中设置 4 个时刻标尺，分别为 10 μs、10.0065 μs、10.160 μs 与 10.1665 μs。观察图中波形可知，加法电路的输入输出信号延迟为 6.5 ns。

5．器件、引脚指定与时间分析

根据项目编译结果，本例指定器件 EPM3032ATC44-4 实现带进位的 8 位无符号加法电路，信号的引脚分配如图 5.26 所示。

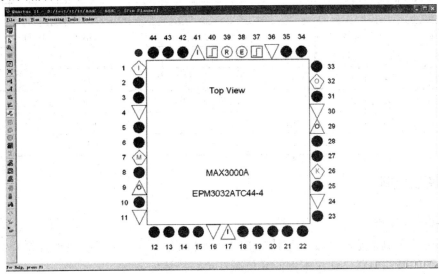

图 5.26　8 位加法电路的器件指定与引脚分配

图中实心引脚为本例的已指定引脚，从引脚 42 至引脚 35，按逆时针方向，信号依次为输出进位位 Co、输出和 Sum、输入端口 B、输入进位位 Ci、输入端口 A。信号内部数据位由高到低，依次按逆时针顺序排列。重新编译后运行时间分析工具，考察电路的信号延迟情况，结果如图 5.2 所示。

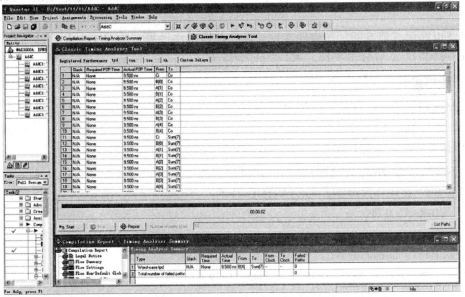

图 5.27　8 位加法电路的延迟时间分析

图中的信号时间分析表明，加法电路的最大时间延迟发生在端口 B(4) 与 Sum(7) 之间，延迟时间为 9.5 ns。其他信号的延迟时间在 4.6～9.5 ns。电路的详细引脚分配情况如表 5.8 所示。

表 5.8   加法电路 I/O 信号与引脚的具体对应关系

信号名称	A(1)	Ci	A(0)	A(2)	A(3)	A(4)	A(5)	A(6)	A(7)
I/O 特性	输入	输入	输入	输入	输入	输入	输入	输入	输入
引脚序号	25	22	23	27	28	31	33	34	35
信号名称	B(2)	B(0)	B(1)	B(3)	B(4)	B(5)	B(6)	B(7)	Co
I/O 特性	输入	输入	输入	输入	输入	输入	输入	输入	输出
引脚序号	19	21	20	18	15	14	13	12	42
信号名称	SUM(2)	SUM(0)	SUM(1)	SUM(3)	SUM(4)	SUM(5)	SUM(6)	SUM(7)	—
I/O 特性	输出	输出	输出	输出	输出	输出	输出	输出	—
引脚序号	6	10	8	5	3	2	44	43	—

5.1.6 减法电路

1．功能及分析

减法是数字电路尤其是微处理器电路的一种重要算术运算功能，本例详细介绍实现 8 位无符号数的减法电路设计，本例的 8 位减法电路描述如下。

假定加法电路的被减数、减数分别为 8 位无符号数 A、B，输出借位位为 Co、差为 Sum，则 A、B、CF 与 Sum 满足：

若 A≥B，电路输出借位位 Co 置 "0"，且差 Sum 的结果如公式(5-3)所示：

$$Sum = A - B \tag{5-3}$$

反之，若 A<B，电路输出端口 F 置 "1"，且差 Sum 的结果如公式(5-4)所示：

$$Sum = 256 + A - B \tag{5-4}$$

减法电路通过前文的加法电路实现，设计补码电路计算减数 B 的补码，然后通过加法电路计算被减数 A 与 B 的补码之和，即可完成上述 8 位无符号数的减法运算。

2．程序实现

根据上述思路，分别设计补码计算电路与 8 位无符号加法电路作为总电路设计元件，之后编制顶层减法电路的 VHDL 程序，调用加法电路元件与补码电路元件，实现减法器。

1) 补码电路元件设计

根据补码的基本概念，减数 B 的 8 位补码计算电路可以通过以下 VHDL 程序描述。

例 5-1-7   8 位补码电路元件的 VHDL 描述：

```
LIBRARY IEEE;
USE IEEE.STD_LOGIC_1164.ALL;
ENTITY mCmpl IS
    PORT(A : IN STD_LOGIC_VECTOR(7 DOWNTO 0);
        Cmp: OUT STD_LOGIC_VECTOR(7 DOWNTO 0));
END mCmpl;
ARCHITECTURE Samp OF mCmpl IS
BEGIN
```

```
    CmplP: PROCESS(A)
        VARIABLE CF, Ci: STD_LOGIC;
        VARIABLE iCmp: STD_LOGIC_VECTOR(7 DOWNTO 0);
    BEGIN
        Ci := '1';
        iCmp := NOT(A);
        N1: FOR i IN 0 TO 7 LOOP
            CF := iCmp(i)AND Ci;
            iCmp(i) := iCmp(i) XOR Ci;
            Ci := CF;
        END LOOP N1;
        Cmp <= iCmp;
    END PROCESS CmplP;
END ARCHITECTURE Samp;
```

电路通过进程 PROCESS 实现减数 B 的补码运算，若输入 8 位无符号数作为敏感量，若输入发生变化，进程 CmplP 启动。根据补码定义，电路首先对输入的 8 位无符号数按位取反，获得输入值的反码；然后，电路通过循环 N1 对反码值加 1，得到补码。在 N1 循环体内，电路由低到高，依次求取各补码位内部值 iCmp(i) 与进位位 Ci。

2) 8 位加电路元件设计

不同于前文的结构化描述，本例的 8 位无符号数加运算也采用 FOR 循环实现，在循环体内依次计算各数据位的结果和与进位位，具体的 VHDL 描述程序如下。

例 5-1-8　FOR-LOOP 实现的 8 位加电路元件：

```
LIBRARY IEEE;
USE IEEE.STD_LOGIC_1164.ALL;
ENTITY mAdd IS
    PORT(A, B: IN STD_LOGIC_VECTOR(7 DOWNTO 0);
        Sum : OUT STD_LOGIC_VECTOR(7 DOWNTO 0));
END mAdd;
ARCHITECTURE Samp OF mAdd IS
BEGIN
    AddP: PROCESS(A, B)
        VARIABLE CF : STD_LOGIC;
        VARIABLE iSum: STD_LOGIC_VECTOR(7 DOWNTO 0);
    BEGIN
        CF := '0';
        iSum := X"00";
        N1: FOR i IN 0 TO 7 LOOP
            iSum(i) := (A(i) XOR B(i))XOR CF;
            CF := (A(i) AND B(i)) OR ((A(i) XOR B(i))AND CF);
```

```
                END LOOP N1;
                Sum <= iSum;
            END PROCESS AddP;
        END ARCHITECTURE Samp;
```

程序设计进程 AddP 计算 8 位和结果，循环 N1 依次计算各位结果和与进位位。与前文电路不同的是，本例中的 1 位结果和与进位位直接通过布尔代数式实现。

3）顶层实体减法电路设计

减法电路的顶层实体电路设计仍然采用结构化描述方法，分别调用设计完成的补码电路元件与加法电路元件，具体实现程序如下。

例 5-1-9 顶层实体 8 位无符号减法电路的 VHDL 描述：

```
        LIBRARY IEEE;
        USE IEEE.STD_LOGIC_1164.ALL;
        ENTITY mSub IS
            PORT(A, B: IN STD_LOGIC_VECTOR(7 DOWNTO 0);
                Sum : OUT STD_LOGIC_VECTOR(7 DOWNTO 0);
                Co  : OUT STD_LOGIC);
        END mSub;
        ARCHITECTURE Samp OF mSub IS
            COMPONENT mAdd IS
            PORT(A, B: IN STD_LOGIC_VECTOR(7 DOWNTO 0);
                Sum : OUT STD_LOGIC_VECTOR(7 DOWNTO 0));
            END COMPONENT mAdd;
            COMPONENT mCmpl IS
                PORT(A : IN STD_LOGIC_VECTOR(7 DOWNTO 0);
                Cmp: OUT STD_LOGIC_VECTOR(7 DOWNTO 0));
            END COMPONENT mCmpl;
            SIGNAL tmp: STD_LOGIC_VECTOR(7 DOWNTO 0);
        BEGIN
            U0: mCmpl PORT MAP(B, tmp);
            U1: mAdd PORT MAP(A, tmp, Sum);
            Co <= '1' WHEN A < B ELSE
                '0';
        END ARCHITECTURE Samp;
```

实现 8 位无符号数减法运算时，电路首先比较 8 位无符号数 A、B 的大小，若被减数小于减数，需向高位借位，Co 置"1"；反之，Co 清零。被减数 A 与减数 B 的差值 Sum 通过补码元件 U0 与加电路元件 U1 计算获得。

3. 项目创建与编译

利用上述思路与 VHDL 程序，创建项目。项目名称、顶层实体名称均设置为 mSub，顶层实体、补码元件、加电路元件程序分别命名为 mSub.vhd、mCompl.vhd 和 mAdd.vhd，实现器件选择 MAX3000A 系列，具体器件由开发工具自动指定。如图 5.28 所示为该电路项目的创建，图 5.29 所示为项目编译结果与仿真输入文件。

图 5.28　8 位减法电路项目创建

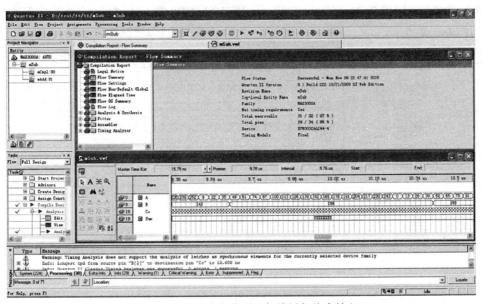

图 5.29　8 位减法电路项目与编译与仿真输入

　　根据电路的复杂程度与逻辑规模，Quartus II 为减法电路选择 MAX300A 器件 EPM3032ALC44-4，封装形式为 PLCC，引脚总数为 44 个，速度等级为 4；电路使用器件的宏单元为 31 个，占宏单元总数的 97%；使用端口 29 个，占端口总数的 85%。

4．仿真分析

　　在图 5.29 所示的仿真输入 mSub.vwf 中，仿真栅格为 40 ns，仿真总时间为 20 μs。被减数 A 与减数 B 分别设置为周期 40 ns、800 ns 的计数值，计数值按周期依次增加 13。仿真结果如图 5.30 所示，延迟情况如图 5.31 所示。

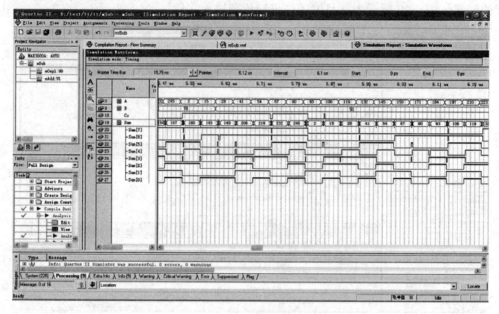

图 5.30　减法电路仿真分析

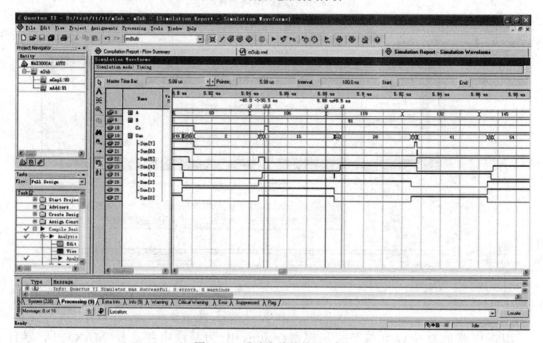

图 5.31　减法电路的信号延迟

图 5.30 所示的仿真波形表明当被减数 A 小于减数 B 时，需借位，输出借位位 Co 置"1"，Sum 端输出相减的结果；当被减数 A 大于或等于减数 B 时，借位位 Co 清零，Sum 端直接输出相减结果。图 5.31 中设置 5 个时刻标尺，分别为 5.84 μs、5.8475 μs、5.8595 μs、5.88 μs 与 5.8885 μs，从图中可看出输出 Sum 延迟约为 7.5 ns，稳定时间约为 2 ns。

5. 器件、引脚指定与时间分析

结合编译结果及资源占用情况，本例为项目指定器件 EPM3064ATC44-4，引脚分配如图 5.32 所示。图 5.33 所示为重新编译后，电路输出的时间分析结果。

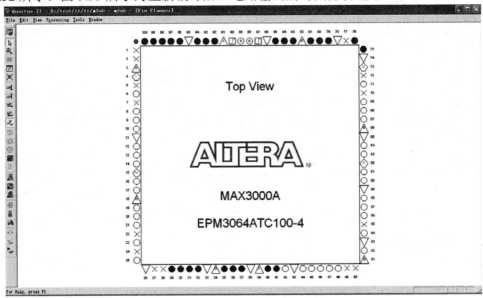

图 5.32　8 位减法电路的器件指定与引脚分配

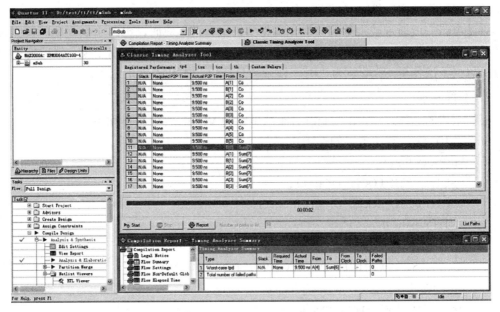

图 5.33　8 位减法电路的时间分析

考虑到电路后续的升级、扩展需要，本例指定含有 64 个宏单元的 CPLD 器件 EPM3064ATC44-4 实现预定的减法电路。图 5.32 中，电路输入信号被减数 B 与减数 A 被分配至器件顶部引脚，自右至左，各数据位由高至低顺序排列；电路输出信号 Sum、Co 被分配至器件底部引脚，自左至右，各数据位由高至低顺序排列。器件引脚的详细分配情况如表 5.9 所示。

表 5.9　减法电路 I/O 信号与引脚的具体对应关系

信号名称	A(0)	A(1)	A(2)	A(3)	A(4)	A(5)	A(6)	A(7)	—
I/O 特性	输入	输入	输入	输入	输入	输入	输入	输入	—
引脚序号	100	99	98	97	96	94	93	92	—
信号名称	B(0)	B(1)	B(2)	B(3)	B(4)	B(5)	B(6)	B(7)	—
I/O 特性	输入	输入	输入	输入	输入	输入	输入	输入	—
引脚序号	85	84	83	81	80	79	76	75	—
信号名称	SUM(0)	SUM(1)	SUM(2)	SUM(3)	SUM(4)	SUM(5)	SUM(6)	SUM(7)	Co
I/O 特性	输出	输出	输出	输出	输出	输出	输出	输出	输出
引脚序号	40	37	36	35	32	31	30	29	41

根据图 5.33 中的延迟时间分析结果，电路的最大输出延迟发生在输出信号 Sum(6) 与输入信号 A(4) 之间，延迟时间为 9.5 ns，其余延迟分布在时间范围 4.5～9.5 ns。

5.1.7　乘法电路

1．功能分析

乘法电路是高性能处理器的重要构成部件，相较于软件乘法器，其速度更高，可以辅助系统实现更好的实时性。

乘法电路一般通过被乘数的移位相加得到，执行乘运算时，电路由低到高，按位依次判断乘数各个数据位的取值情况，若取值为"1"，将被乘数加入输出结果，然后将被乘数移位，以供下次使用；若取值为"0"，被乘数只移位，不加入输出结果。

2．程序实现

根据上述的运算过程，8 位无符号乘法电路的 VHDL 程序描述如下。

例 5-1-10　8 位乘法电路的 VHDL 描述：

```
LIBRARY IEEE;
USE IEEE.STD_LOGIC_1164.ALL;
USE IEEE.STD_LOGIC_UNSIGNED.ALL;
ENTITY mMul IS
    PORT(A, B: IN STD_LOGIC_VECTOR(7 DOWNTO 0);
        S : OUT STD_LOGIC_VECTOR(15 DOWNTO 0));
END mMul;
ARCHITECTURE Samp OF mMul IS
BEGIN
    MulP: PROCESS(A, B)
        VARIABLE tmp, dtmp: STD_LOGIC_VECTOR(15 DOWNTO 0);
    BEGIN
        dtmp := X"00"&A;
```

```
        tmp := X"0000";
    FOR i IN 0 TO 7 LOOP
        IF B(i) = '1' THEN
            tmp := tmp+dtmp;
        END IF;
        dtmp := dtmp(14 DOWNTO 0)& '0';
    END LOOP;
    S <= tmp;
END PROCESS MulP;

END ARCHITECTURE Samp;
```

为便于乘法的过程描述，上例中设计进程 MulP 实现乘运算，敏感量为被乘数 A 与乘数 B，若 A 和 B 任一数值发生变化，MulP 启动执行一次。进程中定义 16 位变量 dtmp 暂存被乘数的移位结果，定义 16 位变量 tmp 暂存移位相加后的结果，最终的乘积存储在 tmp 中。

计算乘积时，电路首先执行初始化，清零乘积 tmp，并将被乘数 A 送入移位变量 dtmp 的低 8 位。然后，通过 FOR-LOOP 依次取得并判断乘数 B 的各数据位，若值为"1"，则执行程序行"tmp := tmp+dtmp；"实现加运算，然后执行程序行"dtmp := dtmp(14 DOWNTO 0)& '0'；"实现被乘数的左移位。如此循环，直至乘数的所有数据位处理完毕。

3. 项目创建与编译

利用上述程序创建项目，项目名称、顶层实体名称设置为 mMul，顶层实体的 VHDL 实现程序命名为 mMul.vhd。考虑到电路的逻辑复杂程度，实现器件选择 MAX II 系列 CPLD，具体器件由系统指定。图 5.34 所示为创建的乘法电路项目及编译结果。

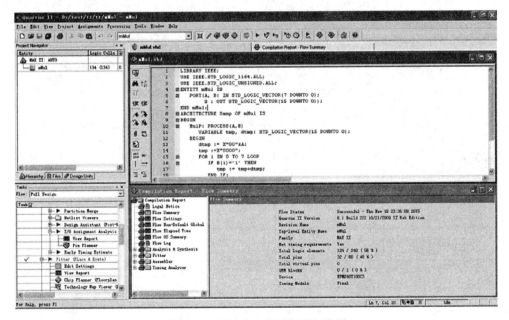

图 5.34　乘法电路项目创建与编译

相对而言，MAX II 器件逻辑规模较大，适于速度、逻辑资源要求较高的场合。乘法电路的编译结果见图中的编译报告窗，系统为电路选择器件 EPM240T100C3，宏单元共 240 个，采用 100 脚 TQFP 封装，速度等级为 C3。电路占用宏单元 134 个，占用率为 58%；占用引脚 32 个，占用率为 40%；未使用用户 FLASH 存储块 UFM。

4．仿真分析

乘法电路的仿真输入文件与仿真波形如图 5.35 所示。图 5.36 所示为电路的输出信号延迟情况。

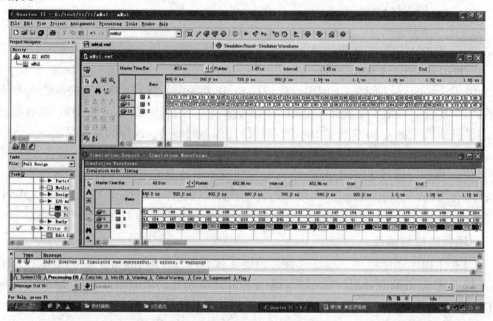

图 5.35　乘电路项目创建与编译

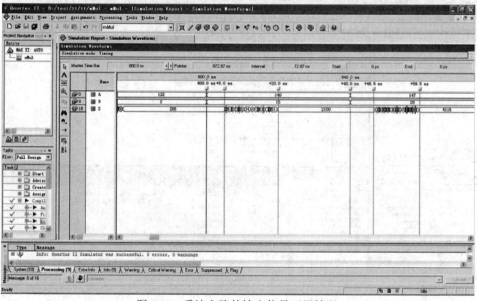

图 5.36　乘法电路的输出信号延迟情况

在图 5.34 中，仿真栅格设置为 100 ns，仿真总时间为 10 us。被乘数 A、乘数 B 设定为计数值，计数周期为 40 ns，其初始值分别为 0、11，每周期数值增量分别为 7、13。图 5.36 中设置 7 个时刻标尺，分别为 800 ns、805 ns、820 ns、840 ns、840 ns、846.5 ns、859.5 ns，输出数据建立时间约为 15 ns，输出延迟约为 7 ns。

5．器件、引脚指定与时间分析

本例的器件与引脚分配如图 5.37 所示。图 5.38 所示为电路最终的输出信号延迟情况。

图 5.37　乘法电路的器件与引脚分配

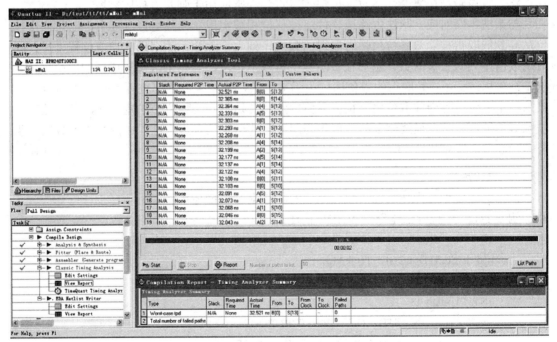

图 5.38　乘法电路的时间分析

在图 5.37 中，根据项目编译情况，系统为乘法电路指定器件 EPM240T100C3，器件的顶部被指定引脚分配给输入信号 A 与 B，底部被指定引脚分配给输出信号 S。为方便使用与测试，信号序号统一按自右至左、由低到高的顺序排列，具体对应情况如表 5.10 所示。

表 5.10　8 位乘法电路 I/O 信号与引脚的具体对应关系

信号名称	A(0)	A(1)	A(2)	A(3)	A(4)	A(5)	A(6)	A(7)	B(0)	B(1)	B(2)
I/O 特性	输入	输入	输入	输入	输入	输入	输入	输入	输入	输入	输入
引脚序号	81	82	83	84	85	86	87	88	89	90	91
信号名称	B(3)	B(4)	B(5)	B(6)	B(7)	S(0)	S(1)	S(2)	S(3)	S(4)	S(5)
I/O 特性	输入	输入	输入	输入	输入	输出	输出	输出	输出	输出	输出
引脚序号	92	95	96	97	98	47	42	41	40	39	38
信号名称	S(6)	S(7)	S(8)	S(9)	S(10)	S(11)	S(12)	S(13)	S(14)	S(15)	—
I/O 特性	输出	输出	输出	输出	输出	输出	输出	输出	输出	输出	—
引脚序号	37	36	35	34	33	30	29	28	27	26	—

根据图 5.38 所示的电路时间分析，器件的最大输入输出延迟时间发生在端口 B(0) 与 S(13) 之间，最大延迟为 32.521 ns，其余延迟时间范围为 4.971 ns～32.521 ns。

5.1.8　除法电路

1．真值表

除法也是数字系统，尤其是计算机系统的重要功能部件。相对于软件除法器，硬件除法电路具有逻辑结构复杂、运算速度快等特点，经常应用于强实时控制领域。

与乘法电路对应，除法电路或软件通过移位相减实现。在除运算过程中，电路依次按位从高到低取得被除数各位值，若取得的数值序列大于除数，除结果的当前位置"1"，同时用取值序列减去被除数，然后在被除数中再取下一位，与剩余数值构成新的取值序列，供下次使用；反之，若取得的数值序列小于被除数，除结果的当前位置"0"，电路直接取被除数下一位，与当前取值序列构成新值，然后开始下一个移位、相减循环，直到处理完被除数的最后一位。最终剩下的取值序列即为除法运算的余数，过程中得到的各数据位组合在一起构成除结果。

2．程序实现

根据上述原理与操作过程，设计 8 位的除法电路，描述程序如下。

例 5-1-11　8 位除法电路的 VHDL 描述：

```
LIBRARY IEEE;
USE IEEE.STD_LOGIC_1164.ALL;
USE IEEE.STD_LOGIC_UNSIGNED.ALL;
ENTITY mDiv IS
    PORT( A : IN   STD_LOGIC_VECTOR( 7 DOWNTO 0);
          B : IN   STD_LOGIC_VECTOR( 7 DOWNTO 0);
```

```
                    S, Rm: OUT STD_LOGIC_VECTOR( 7 DOWNTO 0));
        END mDiv;
        ARCHITECTURE arch OF mDiv IS
        BEGIN
            DivP: PROCESS(A, B)
                VARIABLE stmp:STD_LOGIC_VECTOR( 7 DOWNTO 0) := X"00";
                VARIABLE tmp :STD_LOGIC_VECTOR( 8 DOWNTO 0) := "000000000";
            BEGIN
                tmp := "00000000"&A(7);
                stmp := X"00";
                FOR i IN 7 DOWNTO 0 LOOP
                    IF tmp >= B THEN
                        stmp(i) := '1';
                        tmp := tmp - B;
                    ELSE
                        stmp(i) := '0';
                    END IF;
                    IF i > 0 THEN
                        tmp := tmp(7 DOWNTO 0)&A(i-1);
                    END IF;
                END LOOP;
                S <= stmp;
                Rm <= tmp(7 DOWNTO 0);
            END PROCESS DivP;
        END arch;
```

程序中设计进程 DivP 实现除的操作过程，敏感变量为被除数 A 与除数 B。若 A、B 任一值发生变化，则 DivP 启动。电路每次从 A 中获取一位并入 tmp，构成取值序列。每次取位并入变量 tmp 后，电路按位比较序列 tmp 与除数 B，若 tmp 大于或等于 B，当前结果位 stmp(i) 置 "1"，否则清零，然后执行程序行 "tmp := tmp(6 DOWNTO 0)&A(i-1);" 从 A 中再取 1 位，开始新一轮循环。

3．项目创建与编译

利用上述 VHDL 描述程序创建项目，项目名称、顶层实体名称设置为 mDiv，电路顶层实体的 VHDL 实现程序命名为 mDiv.vhd。电路实现器件初选 MAX II 系列 CPLD，具体型号由系统根据编译情况自动指定。

图 5.39 所示为实现电路创建的项目及项目编译结果。开发系统为电路指定的器件为 EPM240T100C3，器件采用 100 脚 TQFP 封装，速度等级为 C3。乘法电路共使用器件宏单元 187 个，宏单元占用率为 78%；占用信号引脚 32 个，占用率为 40%；电路未使用用户 FLASH 存储块。

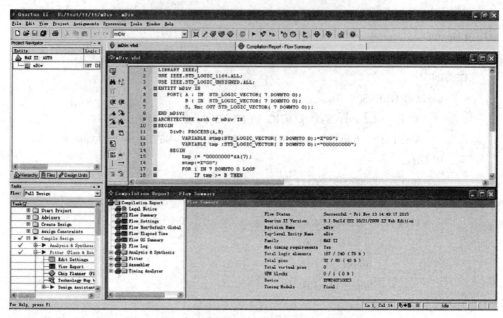

图 5.39　8 位除法电路的项目创建与编译

4. 仿真分析

8 位除法电路的仿真输入文件与仿真结果波形如图 5.40 所示。在图中的仿真输入窗口 mDiv.vwf 中，仿真栅格设置为 100 ns，仿真总时间为 100 μs。

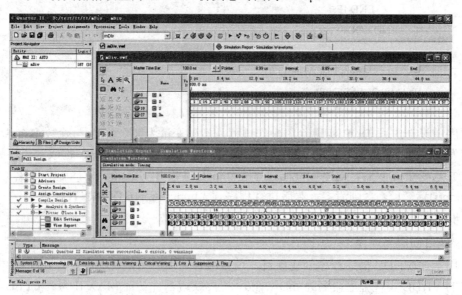

图 5.40　8 位除法电路的仿真输入与仿真结果

为便于操作，同时考虑到仿真测试的全面性，仿真输入将电路输入端口被除数 A 与除数 B 均设置为计数值，计数周期分别为 100 ns 与 2 μs，从而保证在除数的每一个计数周期内能够观察到被除数与输出结果的变化对应情况。输入端口信号 A、B 的每周期计数增加量均设置为 13，计数初始值分别设定为 78 与 1。根据图中的电路仿真结果(Simulation Report)

可以发现，由于除电路具有一定的逻辑复杂性，当电路输入发生变化时，需要经历一定的
稳定时间，电路才能达到稳定输出。

图 5.41 所示为除法电路输出延迟情况分析，为较为精确地考察电路输出延迟时间及输
出稳定时间，图中按照时间顺序，自左至右设置了 9.3 μs、9.31 μs、9.319 μs、9.4 μs、9.4045 μs、
9.4135 μs 等 6 个时刻标尺。基准时刻设置为 9.3 μs 处，此时电路输入信号——被除数 A 由
8 位无符号数 250 变为 7，经过约 10 ns 延迟后，输出 S 开始变化，约 9 ns 后输出 S 稳定；
在绝对时刻 9.4 μs 处，被除数 A 产生计数操作，由 7 增加至 20，经约 4.5 ns 延迟后，输
出结果——余数 Rm 发生变换，约 9 ns 后，Rm 输出稳定数据。波形表明信号延迟在 10 ns
左右，数据稳定时间约 9 ns。

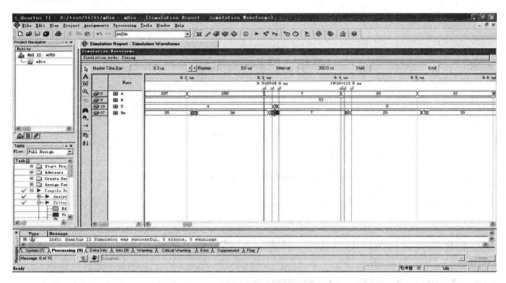

图 5.41　除法电路的输出延迟分析

5．器件、引脚指定与时间分析

根据项目编译结果，考虑到后续制版及电路调测试的方便性，重新为除电路 mDiv 选
择器件并为各个端口信号分配引脚。本例为电路指定器件 EPM240T100C3，器件及引脚的
信号分配情况如图 5.42 所示。电路信号与引脚的详细对应情况如表 5.11 所示。

表 5.11　8 位除法电路 I/O 信号与引脚的具体对应关系

信号名称	A(0)	A(1)	A(2)	A(3)	A(4)	A(5)	A(6)	A(7)	B(0)	B(1)	B(2)
I/O 特性	输入	输入	输入	输入	输入	输入	输入	输入	输入	输入	输入
引脚序号	81	82	83	84	85	86	87	88	89	90	91
信号名称	B(3)	B(4)	B(5)	B(6)	B(7)	S(0)	S(1)	S(2)	S(3)	S(4)	S(5)
I/O 特性	输入	输入	输入	输入	输入	输出	输出	输出	输出	输出	输出
引脚序号	92	95	96	97	98	47	42	41	40	39	38
信号名称	S(6)	S(7)	Rm(0)	Rm(1)	Rm(2)	Rm(3)	Rm(4)	Rm(5)	Rm(6)	Rm(7)	-
I/O 特性	输出	输出	输出	输出	输出	输出	输出	输出	输出	输出	-
引脚序号	37	36	35	34	33	30	29	28	27	26	-

在图 5.42 所示的信号引脚分配中，器件顶部的已分配引脚自左至右依次为输入被除数端口 A 与除数端口 B，右起依次为 A 的低位信号、A 的高位信号、B 的低位信号与 B 的高位信号，共 16 位。器件底部的被分配引脚自左至右依次为求得的余数 Rm 与除结果 S，数据位从右起由高到低。

图 5.42　8 位除电路的信号引脚分配

指定器件并对各信号分配引脚后，需对项目重新进行编译，才能使指定的器件与引脚生效。图 5.43 所示为重新编译后，8 位除法 mDiv 电路最终的输入输出时间分析结果。

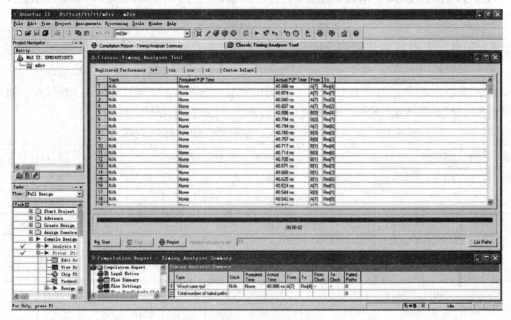

图 5.43　电路的输入输出时间分析

根据上述时间分析，8 位除电路 mDiv 的输出延迟时间 tpd 最大值发生在输入端口信号

A(7)与输出端口信号 Rm(4)之间，最大延迟时间为 40.886 ns，其余的输入输出信号延迟时间维持在 10.872～40.886 ns。

5.2　典型时序逻辑电路设计

时序逻辑电路是数字系统，尤其是计算机系统的重要构成部分，它能够保证系统按时间严格执行规定的动作序列。时序逻辑电路被广泛地应用于航空、航天、制造乃至消费品的各个领域。典型的时序逻辑电路包括定时/计数器、脉冲发生器、触发器等，本节以常用的加减计数、串并转换等电路介绍时序逻辑电路的设计描述方法。

5.2.1　二进制计数电路

1．功能及分析

定时/计数电路是数字系统、尤其是计算机系统的主要构成电路。计数器工作时，电路对输入脉冲信号进行加或减计数，当计数脉冲的上升沿或下降沿到来时，计数值加"1"或减"1"。当计数值增加到最大值时，计数器清零，重新计数；当减计数减小到"0"时，计数器恢复最大计数值，重新进行减计数。

除了正常的计数功能之外，计数器一般还应具备置数功能，即操作者可以人为设定计数初值。当计数脉冲来临时，计数器从计数初值开始执行加"1"运算。

2．程序实现

本例介绍 8 位二进制计数器的设计与电路描述方法，假定电路的 8 位二进制数据输入端为 A、置数端为 LD、脉冲输入端为 CP、加减计数选择端为 DR，输出状态标志为 BSY、8 位计数输出数据端为 D，则 8 位二进制计数电路的 VHDL 描述程序如下。

例 5-1-12　8 位二进制计数电路的 VHDL 描述：

```
LIBRARY IEEE;
USE IEEE.STD_LOGIC_1164.ALL;
USE IEEE.STD_LOGIC_UNSIGNED.ALL;
ENTITY mCntB IS
    PORT( A : IN   STD_LOGIC_VECTOR( 7 DOWNTO 0);
          LD, CP, DR : IN   STD_LOGIC;
          D: OUT STD_LOGIC_VECTOR( 7 DOWNTO 0);
          BSY: OUT STD_LOGIC);
END mCntB;
ARCHITECTURE arch OF mCntB IS
BEGIN
    mCntIP: PROCESS(A, CP, LD)
        VARIABLE tmp:STD_LOGIC_VECTOR( 7 DOWNTO 0) := X"00";
    BEGIN
```

```
        IF LD = '1' THEN
            tmp := A;
            BSY <= '0';
        ELSIF CP'EVENT AND CP = '0' THEN
            IF DR = '1' THEN
                tmp := tmp + '1';
            ELSE
                tmp := tmp –'1';
            END IF;
            BSY <= '1';
        END IF;
        D <= tmp;
    END PROCESS mCntIP;
END arch;
```

程序通过进程 mCntIP 实现计数功能，敏感量为计数设置数据端 A、计数脉冲 CP 与置数端 LD，若任一端口发生变化，进程启动并执行 1 次。

当 LD 有效时，电路将置数端数据 A 送至内部寄存器 tmp；当计数脉冲下降沿来临时，寄存器 tmp 做加/减"1"运算，当 tmp 加到"FF"时再次遇到下降沿脉冲，电路产生溢出，tmp 恢复至"00"，计数重新开始；当 tmp 减到"00"时再次遇到下降沿脉冲，电路产生溢出，tmp 恢复至"FF"，计数重新开始。

3. 项目创建与编译

利用计数电路的上述 VHDL 描述程序，创建项目，项目名称、顶层实体名称设置为 mCntB，顶层实体的 VHDL 实现程序命名为 mCntB.vhd，初选器件系列 MAX3000A，具体器件由系统指定。8 位二进制计数电路的项目及编译结果如图 5.44 所示。

图 5.44　8 位二进制计数电路项目及编译

系统指定 MAX 3000A 系列的 CPLD 器件 EPM3032ALC44-4 实现预定的 8 位二进制计数电路，共占用宏单元 9 个、引脚 24 个，宏单元使用率为 28%，引脚使用率为 71%。

4．仿真分析

计数电路的仿真输入文件与波形如图 5.45 所示，图 5.46 所示为电路的加计数仿真。

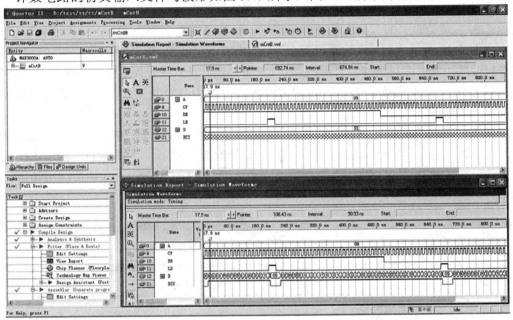

图 5.45　8 位二进制计数电路的仿真输入与仿真结果

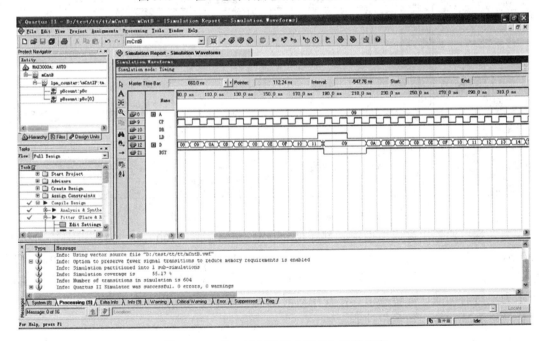

图 5.46　8 位二进制计数电路的加计数仿真

在图 5.45 所示的仿真输入窗 mCntB.vwf 中，仿真栅格设置为 10 ns，仿真总时间 1 μs。

置数数据端 A 设定为 16 进制数 "09"，计数脉冲 CP 周期为 10 ns，加/减计数选择 DR 设置为起始值为 "1"、周期 1 μs 的脉冲信号，输出端口计数值 D 设定为十六进制数。

根据图 5.45 中的仿真报告，一般情况下，置数端 LD 保持低电平，电路正常计数。无论电路工作于加计数还是减计数状态，若 LD 为高电平，电路则不再响应计数脉冲 CP，立即终止计数，将置数数据端 A 的数据 "09" 送入计数电路，计数器的计数值输出端 D 迅速更正为 A 端数据 "09"。LD 恢复为低电平，计数器恢复工作。

在图 5.46 所示的加计数仿真过程中，DR 为高电平，当 CP 下降沿来临时，计数值 D 加 "1"，当计数值达到 "0F" 时再次遇到 CP 下降沿脉冲，D 变为 "10"；LD 变为高电平，计数值 D 更新为 A 端数值 "09"，此时 CP 下降沿失效；LD 恢复 "0" 值，计数器从数值 "09" 开始，继续进行加计数。

图 5.47 所示为计数电路减计数的工作状态仿真，图中 DR 为 "0"，电路执行减计数。置数端 LD 变为高电平时，电路立即停止计数，计数值 D 更新为 A 端数据 "09"。LD 恢复零值，计数重新从 "09" 开始，CP 端每来一个脉冲，D 端数值减 1。上述情况与预定计数功能一致。

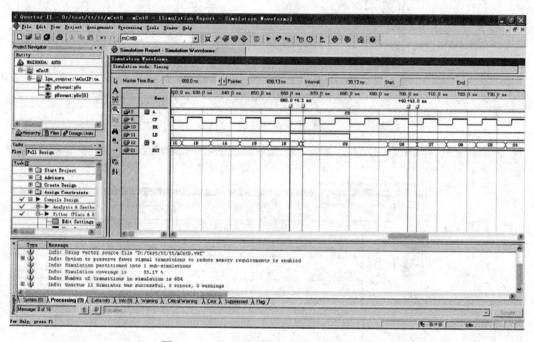

图 5.47　8 位二进制计数电路减计数仿真

为考察电路输出延迟，设置时刻标尺 660 ns、664.2 ns、700 ns、703 ns，基准时刻为 660 ns。在绝对时间 660 ns 处，LD 变为高电平，CP 出现下降沿，约 3 ns 后，CP 下降沿生效，输出 D 减 1；在绝对时刻 664.2 ns 处，LD 生效，A 端数值 "09" 送入 D 端。图 5.48 所示为电路的加减计数转换仿真，在绝对时刻 500 ns 处，DR 由高电平变低电平，电路由加计数转为减计数，与预定功能一致。

5. 器件、引脚指定与时间分析

本例为计数电路指定器件 EPM3032ATC44-4，详细信号与引脚分配情况如表 5.12 所示。

表 5.12　8 位二进制计数电路 I/O 信号与引脚的对应关系

信号名称	CP	A(7)	A(6)	A(5)	A(4)	A(3)	A(2)	A(1)	A(0)	DR
I/O 特性	输入	输入	输入	输入	输入	输入	输入	输入	输入	输入
引脚序号	37	42	43	44	2	3	5	6	8	10
信号名称	LD	D(7)	D(6)	D(5)	D(4)	D(3)	D(2)	D(1)	D(0)	BSY
I/O 特性	输入	输出	输出	输出	输出	输出	输出	输出	输出	输出
引脚序号	12	18	19	20	21	22	23	25	27	28

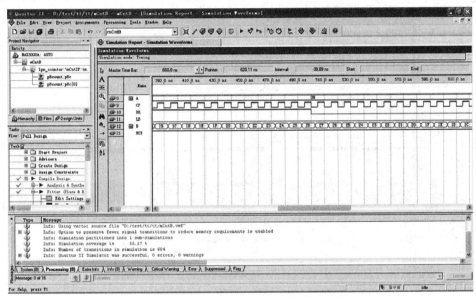

图 5.48　8 位二进制计数电路执行加减计数转换的仿真

图 5.49 所示为 8 位二进制计数电路各个引脚信号在指定器件上的布局图。

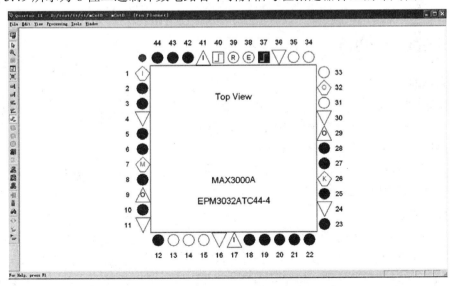

图 5.49　8 位二进制计数电路的引脚分配及布局

在图 5.49 所示的端口信号布局中，从被指定器件 EPM3032ATC44-4 的 37 脚到 28 脚，8 位二进制计数电路信号端口按照逆时针方向顺序排列，各端口信号依次为：输入计数脉冲端 CP、计数值设定端 A、加/减计数选择端 DR、置数端 LD、输出计数值 D 端与电路忙标志端 BSY，端口内部各数据位的排布也按照由高到低的次序，逆时针排列。

如图 5.50 所示为重新指定器件并分配各个端口信号后，经过二次编译得到的 8 位二进制计数电路的输出延迟时间分析。

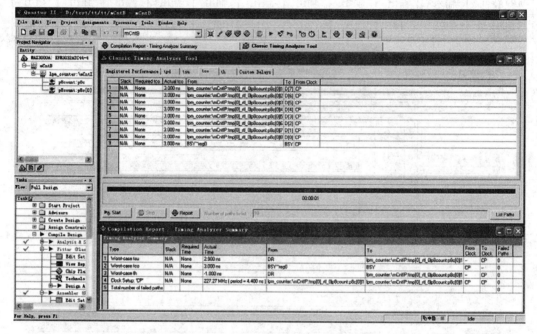

图 5.50　8 位二进制计数电路的时间分析

图中的时间分析依次给出的计数电路的最大时钟建立时间 tsu 为 2.9 ns、最大时钟-输出延时 tCO 为 3.0 ns。

5.2.2　十进制计数电路

1. 真值表

计算机或其他数字系统中，除了二进制计数的需求，还经常会有十进制的计数要求。十进制计数电路与二进制计数电路类似，不同之处在于，十进制计数电路计数值逢十进一。

在电路执行计数操作时，计数脉冲每来一次，计数值加 1。计数值个位加至 9 后，当脉冲再次来临，计数值个位清零，十位加 1。本例以 2 位十进制计数器的设计为例，介绍十进制计数器的设计与电路描述。

2. 程序实现

假定十进制电路的 8 位数据输入端口为 A，其高 4 位输入计数初值十位上的数值，低 4 位输入计数初值个位上的数值。十进制电路的其他设置与二进制计数电路一致，置数端、脉冲输入端、加减计数选择端、输出状态标志、8 位计数输出数据端分别设置为 LD、CP、DR、BSY 和 D，则 2 位十进制计数电路的 VHDL 描述程序如下。

例 5-1-13 2 位十进制计数电路的 VHDL 描述：

```
LIBRARY IEEE;
USE IEEE.STD_LOGIC_1164.ALL;
USE IEEE.STD_LOGIC_UNSIGNED.ALL;
ENTITY mCntD IS
    PORT( A : IN    STD_LOGIC_VECTOR( 7 DOWNTO 0);
          LD, CP, DR : IN    STD_LOGIC;
          D: OUT STD_LOGIC_VECTOR( 7 DOWNTO 0);
          BSY: OUT STD_LOGIC);
END mCntD;
ARCHITECTURE arch OF mCntD IS
BEGIN
    mCntIP: PROCESS(A, CP, LD)
        VARIABLE Htmp, Ltmp: STD_LOGIC_VECTOR( 3 DOWNTO 0) := X"0";
    BEGIN
        IF LD = '1' THEN
            Htmp := A(7 DOWNTO 4);
            Ltmp := A(3 DOWNTO 0);
            BSY <= '0';
        ELSIF CP'EVENT AND CP = '0' THEN
            IF DR = '1' THEN
                IF Ltmp < X "9" THEN
                  Ltmp := Ltmp + '1';
                ELSE
                    Ltmp := X"0";
                    IF Htmp < X"9" THEN Htmp := Htmp+'1';
                    ELSE Htmp := X"0";
                    END IF;
                END IF;
            ELSE
                IF Ltmp > X"0" THEN
                    Ltmp := Ltmp -'1';
                ELSE
                    Ltmp := X"9";
                    IF Htmp > X"0" THEN Htmp := Htmp-'1';
                    ELSE Htmp := X"9";
                    END IF;
                END IF;
            END IF;
```

```
        BSY <= '1';
    END IF;
    D(7 DOWNTO 4) <= Htmp;
    D(3 DOWNTO 0) <= Ltmp;
  END PROCESS mCntIP;
END arch;
```

程序通过进程 mCntIP 实现计数控制，进程敏感量为 8 位数据端 A、计数脉冲 CP 与置数端 LD，若三者中任一信号发生变化，则进程执行一次。进程中定义 4 位变量 Htmp、Ltmp，分别暂存计数值的个位、十位的十进制数据。

在电路工作过程中，当 LD 端变为高电平时，进程 mCntIP 获取 8 位输入端数据 A，将其高、低 4 位分别作为计数初值的十位与个位数据，送入 Htmp、Ltmp；当 CP 脉冲的下降沿来临时，电路判别加减计数选择端 DR，若 DR 为"1"，计数值个位数据 Ltmp 加 1，此时，若 Ltmp 大于"9"，则将 Ltmp 清零，10 位数据 Htmp 加 1；反之，若 DR 为"0"，计数值个位数据 Ltmp 减 1，此时，若 Ltmp 大于"0"，则将 Ltmp 置为"9"，十位数据 Htmp 减 1。

3. 项目创建与编译

利用上述 VHDL 程序创建项目，项目名称、顶层实体名称设置为 mCntD，顶层实体的 VHDL 实现程序命名为 mCntD.vhd。电路的实现器件初选 Max3000A 系列 CPLD，由开发系统根据项目编译情况自行指定。

如图 5.51 所示为采用上述设置创建的 2 位十进制计数电路的实现项目及其编译结果。

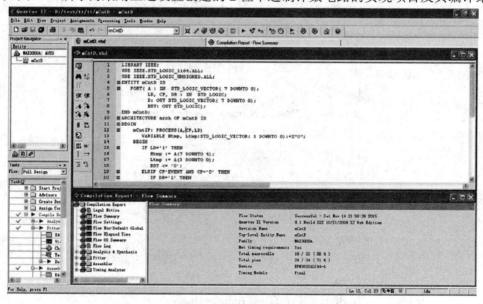

图 5.51　2 位十进制计数电路的项目创建与编译

根据电路逻辑复杂程度、端口数量等限定条件，Quartus II 开发系统为 2 位十进制计数电路初选的实现器件为 EPM3032ALC44-4，PLCC 封装。电路使用宏单元 18 个，占所选器件宏单元总数的 56%；实际使用引脚 24 个，占器件总端口的 71%。

4．仿真分析

如图 5.52 所示为 2 位十进制计数电路的仿真输入波形文件与仿真结果总波形。图中的仿真栅格大小设置为 10 ns，仿真总时间设置为 10 μs。

在图 5.52 中的仿真输入窗口 mCntD.vwf 中，输入计数脉冲 CP 设置为周期 10 ns 的等距方波信号，输入数据端 A 设置为 2 位 BCD 数"37"，即个位数为"7"，十位数为"3"。在仿真结果窗口中，LD 端置"1"，电路输出状态标志 BSY 端迅速清零；LD 清零，输出标志端 BSY 置"1"。上述结果符合预定功能。

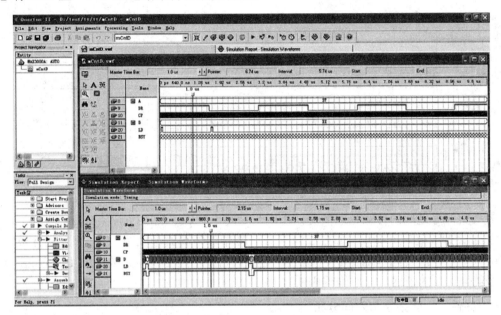

图 5.52　2 位十进制计数电路的仿真输入与仿真总结果

如图 5.53 所示为十进制计数电路的加计数及置数功能仿真。

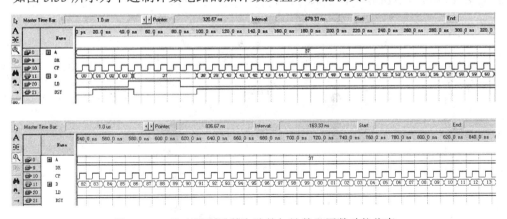

图 5.53　2 位十进制计数电路的加计数及置数功能仿真

在图 5.53 的加计数仿真中，加减计数选择端 DR 置"1"，电路响应计数脉冲 CP，执行加计数。此时，若置数端 LD 变为高电平，电路暂停计数，转为置数功能，A 端的 2 位十进制 BCD 计数初值"37"送入计数数据输出端 D；LD 清零，电路开始计数功能，输出端 D 从计数值"37"开始，响应 CP 端的计数脉冲下降沿，启动加计数；当计数值加至"99"

后，CP 脉冲的下降沿再次来临时 D 端置为 "00"；然后，CP 端下降沿脉冲再次来临时，电路继续加计数。

如图 5.54 所示为 2 位十进制计数电路的减计数及置数功能仿真。此时，计数选择端 DR 清零，若电路置数端 LD 为 "0"，电路执行十进制的减计数。当 LD 端设置为 "1" 时，计数电路将从 A 端获取的 2 位 BCD 码数据 "37" 送入 D 端；LD 再次清零，电路继续减计数。电路的计数值 D 减至 "00" 后，若再次遇到 CP 端计数脉冲的下降沿，D 端置为 2 位十进制计数最大值 "99"，然后继续减计数。

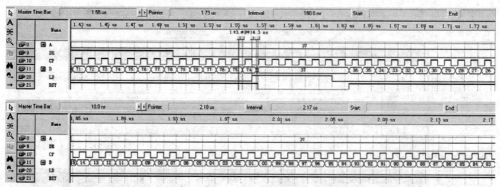

图 5.54　2 位十进制计数电路的减计数及置数功能仿真

为考察信号之间的传输延迟情况，在绝对时间 1.55 μs、1.553 μs、1.56 μs、1.563 μs 与 1.5643 μs 设置 5 处时刻标尺，如图 5.54 所示。图中的仿真波形表明，当 CP 端的计数脉冲下降沿来临后，经过约 3 ns 的时间延迟，电路输出产生变化；当置数端口 LD 置为 "1" 后，经约 4.3 ns 的延迟，计数值被刷新。

5．器件、引脚指定与时间分析

根据前文的项目编译状况及图形仿真结果，本例为 2 位十进制计数电路项目指定 CPLD 器件 EPM3032ALC44-4，引脚分配情况如图 5.55 所示。

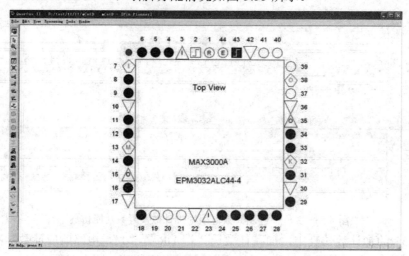

图 5.55　2 位十进制计数电路的引脚分配

在图 5.55 所示的 2 位十进制引脚信号排布中，沿逆时针方向，从 43 脚至 34 脚的信号依次分配为计数脉冲 CP、计数初值输入数据端 A、加减计数选择端 DR、输入置数端 LD、2 位 10 进制 BCD 码计数值数据输出端 D 与电路工作状态标志 BSY。在同一数据内部，各数据位按照由高到低的顺序以逆时针顺序排布。

2 位十进制计数电路最终的信号-引脚详细对应关系如表 5.13 所示。

表 5.13　2 位十进制计数电路 I/O 信号与引脚的对应关系

信号名称	CP	A(7)	A(6)	A(5)	A(4)	A(3)	A(2)	A(1)	A(0)	DR
I/O 特性	输入	输入	输入	输入	输入	输入	输入	输入	输入	输入
引脚序号	43	4	5	6	8	9	11	12	14	16
信号名称	LD	D(7)	D(6)	D(5)	D(4)	D(3)	D(2)	D(1)	D(0)	BSY
I/O 特性	输入	输出	输出	输出	输出	输出	输出	输出	输出	输出
引脚序号	18	24	25	26	27	28	29	31	33	34

重新指定器件及信号引脚，并对项目重新编译后，运行系统的时间分析工具，对完成的 2 位十进制计数电路进行时序分析，得到图 5.56 所示的计数电路的各时间参数。

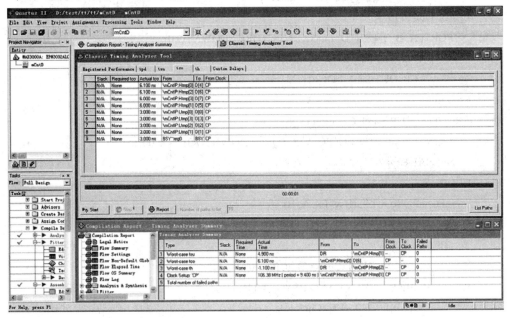

图 5.56　2 位十进制计数电路的时序分析

计数脉冲 CP 的最大时钟建立时间 tsu 发生于 CP 信号与对于加减计数选择端 DR 之间，为 4.9 ns；计数脉冲 CP 与输出的最大延迟 tco 发生在 CP 信号与输出端口 D(6)之间，为 6.1 ns；计数脉冲 CP 与其他信号之间的输出延迟为 3～6.1 ns。

5.2.3　脉冲发生电路

1. 电路功能及分析

脉冲电路是通信、工业自动化等领域计算机系统的核心逻辑控制部件。脉冲电路是数字系统，可以根据需求产生脉宽、脉间以及周期各不相同的信号波形，本例以脉宽、脉间以及周期可变的脉冲电路为例介绍脉冲电路的设计方法与过程。

假定电路的脉冲宽度设置 8 位输入数据端 A、脉间设置 8 位输入数据端 B、基准脉冲输入端为 Clk、脉冲输出使能端为 En、脉冲输出端为 CP，电路通过对基准时钟 Clk 计数实现脉冲电路的脉宽与脉间的定时控制，通过在输出端口 CP 上周而复始地定时地输出高低电平信号，从而实现预定的脉冲波形。

2. 程序实现

根据上述原理，电路根据端口 A、B 设定脉宽与脉间计数值，当基准时钟 Clk 来临时，电路根据当前时间是处在脉宽控制周期还是脉间控制周期做减计数，当计数值减至 0，控制周期进行脉间/脉宽转换，同时改变电路输出，从而实现输出的高低电平转换，实现需要的脉宽与脉间。电路的 VHDL 描述程序如下。

例 5-2-1　脉冲发生电路的 VHDL 描述：

```
LIBRARY IEEE;
USE IEEE.STD_LOGIC_1164.ALL;
USE IEEE.STD_LOGIC_UNSIGNED.ALL;
ENTITY mPul IS
    PORT( A, B : IN   STD_LOGIC_VECTOR( 7 DOWNTO 0);
            Clk, En : IN   STD_LOGIC;
            CP: OUT STD_LOGIC);
END mPul;
ARCHITECTURE arch OF mPul IS
    SIGNAL tCnt :STD_LOGIC_VECTOR( 7 DOWNTO 0) := X"00";
    SIGNAL Bsy:STD_LOGIC := '0';
BEGIN
    mConP: PROCESS(Bsy, En, A, B)
        VARIABLE PH, iCP:STD_LOGIC := '0';
    BEGIN
        IF En = '0' THEN tCnt <= B; iCP := '0';
        ELSIF Bsy'EVENT AND BSY = '0' THEN
            IF PH = '0' THEN tCnt <= A;
            ELSE tCnt <= B;
            END IF;
            PH := NOT (PH);
            iCP := NOT (iCP);
        END IF;
        CP <= iCP;
    END PROCESS mConP;
    mPGen: PROCESS(Clk, En)
        VARIABLE tmp:STD_LOGIC_VECTOR( 7 DOWNTO 0) := X"00";
    BEGIN
```

```
        IF En = '0' THEN
            tmp := X"00";
            Bsy <= '0';
        ELSIF CLK'EVENT AND CLK = '0' THEN
            IF tmp < tCnt-1 THEN
                tmp : = tmp + '1';
                Bsy <= '1';
            ELSE
                Bsy <= '0';
                tmp := X "00";
            END IF;
        END IF;
    END PROCESS mPGen;
END arch;
```

在上述电路描述中，程序通过进程 mConP 与 mPGen 分别实现脉间/脉宽控制转换与脉冲定时。进程 mConP 监测定时进程 mPGen 的状态信号 Bsy、输入使能端 En 以及脉宽与脉间计数值 A、B。若 En 为"0"，进程 mConP 清零并保持脉冲输出 CP，将脉间计数值 B 送入进程 mPGen 的计数值 tCnt，做好脉间计数准备；当 En 为"1"时，电路被激活，定时进程 mPGen 响应基准时钟 Clk，开始进行加计数，状态信号 Bsy 置"1"。当计数值 tmp 计至 tCnt − 1 时，脉间或脉宽定时结束，状态信号 Bsy 清零。

当进程 mConP 检测到 Bsy 信号的降沿时，判断电路状态 PH，若 PH 为零，表明脉间定时结束，mConP 将脉宽计数值 A 送入进程 mPGen 的计数值 tCnt；反之，mConP 将脉间计数值 B 送入进程 mPGen 的计数值 tCnt；然后，定时进程 mPGen 响应 Clk，开始脉宽或脉间定时。如此循环形成预定脉冲信号。

3．项目创建与编译

利用上述 VHDL 程序可创建项目，实现项目所要求的脉冲电路。图 5.57 所示为预定脉冲电路的项目创建情况与项目编译结果。

图 5.57　脉冲电路的项目创建与编译

　　项目名称、顶层实体名称设置为 mPul，电路的 VHDL 实现程序命名为 mPul.vhd，电路的实现器件初选 MAX3000A 系列 CPLD 器件，具体器件型号由开发工具根据编译后电路所占的逻辑资源自动选择。开发系统为电路初选器件 EPM3064ALC44-4，电路逻辑占用器件宏单元 36 个，占所选器件宏单元总数的 56%；电路占用端口 23 个，占所选器件全部端口的 68%。

4. 仿真分析

　　图 5.58 所示为脉冲电路的仿真输入文件与仿真结果波形，图 5.59 所示为脉冲电路的延迟时间分析。

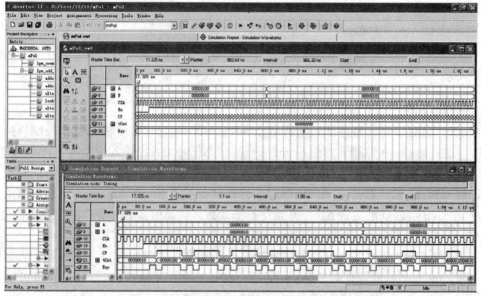

图 5.58　脉冲电路的仿真输入与仿真结果

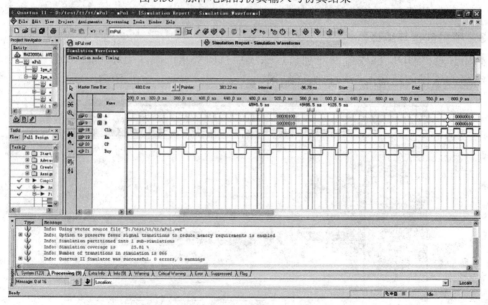

图 5.59　脉冲电路的输入输出延迟分析

在图 5.58 的仿真输入中，仿真栅格大小设置为 10 ns，仿真总时间设置为 2 μs。基准脉冲 Clk 周期为 20 ns。在绝对时间段 0～780 ns 内，脉宽、脉间计数值分别设置为 4、2；在绝对时间段 780 ns～2 μs 内，脉宽、脉间计数值分别设置为 2、5。tCnt 与 Bsy 为中间信号，分别为定时进程 mGen 的计数终值与忙标志。

在图 5.59 所示的仿真结果中，在时间段 0～780 ns 内，输出 CP 的脉宽与脉间分别为 4 倍、2 倍 Clk 周期；在时间段 780 ns～2 μs 内，CP 的脉宽与脉间分别为 2 倍和 5 倍 Clk 周期，符合仿真输入的预定设置。

在图 5.59 所示的绝对时间 480 ns、486.5 ns、560 ns、566.5 ns、606.5 ns 处，依次设置时间标尺，得到输出脉冲 CP 相对基准时钟 Clk 的延迟在 6.5 ns 左右。

5．器件、引脚指定与时间分析

根据上述编译结果，本例指定器件 EPM3064ATC44-4 作为脉冲电路的实现器件，同时为各输入输出信号指定器件引脚，具体情况如图 5.60 所示。

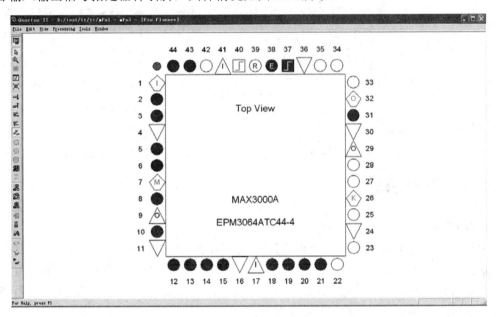

图 5.60　脉冲电路的器件指定与引脚分配

按逆时针顺序，引脚 37 至 31 依次对应基准时钟信号 Clk、使能端 En、输入端口 A、输入 B、输出脉冲端口 CP，在同一信号内，数据位由高到低逆时针分布，信号引脚的详细对应关系如表 5.14 所示。

表 5.14　脉冲电路 I/O 信号与引脚的对应关系

信号名称	Clk	En	A(7)	A(6)	A(5)	A(4)	A(3)	A(2)	A(1)	A(0)
I/O 特性	输入	输入	输入	输入	输入	输入	输入	输入	输入	输入
引脚序号	37	38	43	44	2	3	5	6	8	10
信号名称	B(7)	B(6)	B(5)	B(4)	B(3)	B(2)	B(1)	B(0)	CP	—
I/O 特性	输入	输入	输入	输入	输入	输入	输入	输入	输出	—
引脚序号	12	13	14	15	18	19	20	21	31	—

为电路指定器件并分配引脚后重新编译项目，得到如图 5.61 所示的脉冲电路时间分析结果。

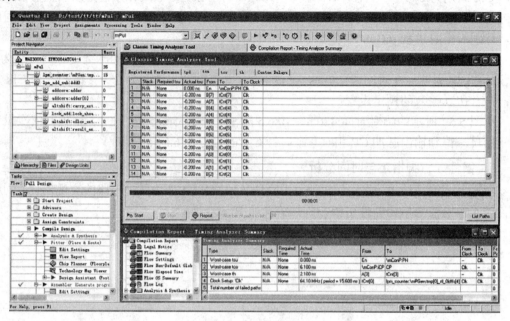

图 5.61　脉冲电路的时间分析

时钟输出最大延迟时间 tco 为 6.1 ns，信号最大保持时间 th 为 2.1 ns，各信号的其他时间分析结果如建立时间 tsu、信号保持时间 th 等参数详见图中的分析工具窗。

5.2.4　串并转换电路

1．功能与分析

串行通信的大量应用及技术进步是计算机、通信等领域的重点发展方向，从传统的 RS232 到 CAN 总线、485、以太网以及 1394、USB 等，计算机系统内及计算机系统间的串行通信得到越来越多的重视。线路简单、传输距离长以及双绞线传输等优势使串行通信在数字系统，尤其是网络化数字系统中得到广泛应用。

数据的串并转换是串行通信应用的重要电路部件，它将按位传送串行数据转换为并行数据，在数字系统中进行各种运算操作。在正常工作的时候，串并转换电路响应数据传送时钟的上升沿或下降沿，根据时钟依次取得所需数据的各个数据位，然后通过适当的电路将各数据位连接在一起，形成需要的数据。

2．程序实现

假定串并转换电路的 1 位输入数据端口为 D、数据传送时钟端口为 Sck、8 位输出并行数据端口为 DP、电路输入复位端口为 nR，且复位信号 nR 低电平有效。电路在传送时钟 Sck 的下降沿上按由高位到低位的顺序接收数据。若 nR 有效，电路复位，并行数据输出端各位置 0，即 "00000000"。根据上述描述，电路的 VHDL 描述程序如下。

例 5-2-2　8 位串并转换电路的 VHDL 描述：

```
LIBRARY IEEE;
```

```
USE IEEE.STD_LOGIC_1164.ALL;
USE IEEE.STD_LOGIC_UNSIGNED.ALL;
ENTITY mStoP IS
    PORT( D, nR: IN    STD_LOGIC;
          Sck : IN    STD_LOGIC;
          DP   : OUT STD_LOGIC_VECTOR( 7 DOWNTO 0));
END mStoP;
ARCHITECTURE arch OF mStoP   IS
BEGIN
    mToP: PROCESS(Sck, D, nR)
        VARIABLE n : INTEGER RANGE 0 TO 7 := 0;
    BEGIN
        IF nR = '0' THEN
            DP <= X"00";
            n := 0;
        ELSIF Sck'EVENT AND Sck ='0' THEN
            DP(7-n) <= D;
            IF n < 7 THEN
                n := n+1;
            ELSE
                n := 0;
            END IF;
        END IF;
    END PROCESS mToP;
END arch;
```

程序设计进程 mToP 实现串行数据到并行数据的转换。进程选择串行时钟 Sck、1 位数据输入 D 与复位信号 nR 作为敏感变量，若任一信号发生变化，进程启动并执行一次。

进程启动，电路首先监测 nR 信号，若 nR 变为低电平，电路将 8 位输出数据端清零，电路执行复位操作；否则，若数据时钟的下降沿来临，进程获取 1 位数据输入端 D，按照由高到低的位序，依次将其送入并行数据相应端口。在进行上述工作的同时，进程 mToP 对数据时钟计数，判断数据位序，电路接收到 8 位数据或电路复位，计数值 n 回复到 0。

3. 项目创建与编译

利用上述的描述程序，创建项目实现串并转换电路。项目名称、顶层实体名称均设置为 mStoP，实体电路的 VHDL 描述程序命名为 mStoP.vhd，创建的串并转换电路实现项目及编译结果如图 5.62 所示。

根据目标电路的逻辑复杂程度、输入输出端口数量以及运算速度等实际需求，本例选择 Max3000A 系列 CPLD 作为预定电路的实现器件，具体器件由开发系统根据最终的资源占用情况自行指定。

图 5.62　串并转换电路项目与编译

编译结果表明，开发系统为项目指定实现器件 EPM3032ALC44-4。电路实际消耗器件 11 个逻辑宏单元，占器件宏单元总量的 34%；实际使用 15 个端口，占器件端口总量的 44%。

4. 仿真分析

串并转换电路的仿真输入与仿真结果如图 5.63 所示。图中的仿真栅格为 10 ns，仿真总时间为 1 μs。

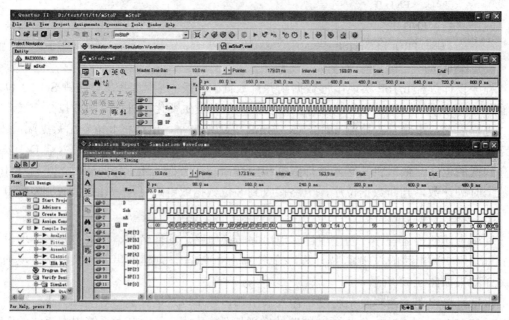

图 5.63　串并转换电路的仿真输入与仿真结果

根据图中的仿真结果，若复位端口 nR 为"1"，电路响应数据传送脉冲 Sck 降沿，由高到低，依次取得并行数据 DP 的各数据位；若 nR 清零，DP 端迅速恢复"00"值，该功能满足串并转换要求。

如图 5.64 所示为串并转换电路的输入输出信号延迟情况分析。

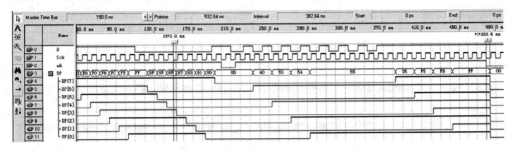

图 5.64　串并转换电路的输入输出延迟分析

在图 5.64 中的绝对时间 150 ns、153 ns、480 ns、483.6 ns 处分别设定时刻标尺。图中的输出结果波形表明，在数据时钟 Sck 的下降沿来临之后经 3 ns，输出端 DP 获得位数据；同时，电路复位端 nR 变为低电平，经过 3.6 ns 的时间延迟，电路输出端 DP 输出 8 位全"0"值，电路可靠复位。

5. 器件、引脚指定与时间分析

根据前文的编译结果，本例为项目指定器件 EPM3032ATC44-4，各个引脚的分配情况如图 5.65 所示。

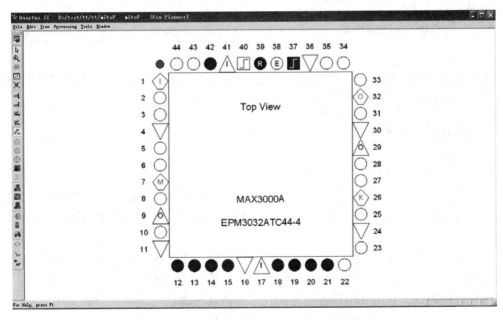

图 5.65　串并转换电路的器件指定与引脚分配

电路的数据传送时钟 Sck 使用器件的全局时钟端 37 脚，复位端同样使用器件的全局复位端 39 脚，从而保证时钟端、复位端到各子电路延迟时间的均衡性。图中，器件的其他带阴影管脚，从 42 脚到 21 脚，按逆时针顺序排列，依次为串并转换电路的 1 位数据输入端 D 以及 8 位输出数据端口 DP，信号-器件引脚的详细对应关系如表 5.15 所示。

表 5.15　串并转换电路 I/O 信号与引脚的对应关系

信号名称	Sck	nR	D	DP(7)	DP(6)	DP(5)	DP(4)	DP(3)	DP(2)	DP(1)	DP(0)
I/O 特性	输入	输入	输入	输入	输入	输入	输入	输入	输入	输入	输入
引脚序号	37	39	42	12	13	14	15	18	19	20	21

器件及引脚分配完成后，重新编译项目，并通过时间分析工具对电路进行分析，结果如图 5.66 所示。

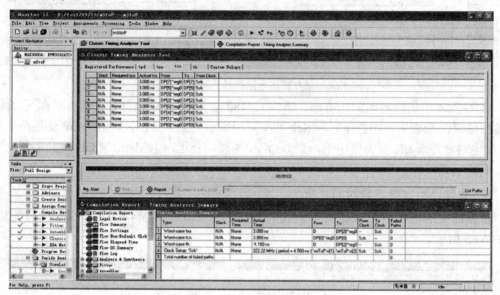

图 5.66　串并转换电路的时序分析

根据图中分析，数据时钟与输出端口 DP 时间延迟 tco 为 3 ns，最大数据建立时间 tsu 发生在输入数据端 D 与数据传送时钟 Sck 之间，为 3 ns。

5.2.5　并串转换电路

1．电路功能与分析

与串并转换相对应，并串转换电路将计算机或数字系统内部的并行数据转换为串行数据序列，通过特定串行总线送至其他计算机或数字系统，实现不同数字系统或计算机之间的数据交换。

在正常工作时，并串转换电路响应数据传送时钟，在时钟的上升沿或下降沿上，按照由高至低，或者由低至高的顺序，逐位将多位并行数据送出电路的输出端口。本例以 8 位并串转换电路为例，介绍并串转换电路的设计方法及过程。

2．程序实现

假定电路的 8 位并行数据输入端口为 D、数据传送时钟为 Sck、移位置数端为 SL、脉冲禁止端口为 InCk，且 SL 为低电平时，电路进行置数；当 SL 为高电平时，电路执行串并转换；若 InCk 为高电平，则禁止传送脉冲；若 InCk 为低电平，则允许传送脉冲。电路的 VHDL 描述如下。

例 5-2-3　8 位并串转换电路的 VHDL 描述：

```
LIBRARY IEEE;
USE IEEE.STD_LOGIC_1164.ALL;
USE IEEE.STD_LOGIC_UNSIGNED.ALL;
ENTITY mPtoS IS
    PORT(D : IN    STD_LOGIC_VECTOR( 7 DOWNTO 0);
         Sck : IN    STD_LOGIC;
         SL, InCk: IN    STD_LOGIC;
         DP    : OUT STD_LOGIC);
END mPtoS;
ARCHITECTURE arch OF mPtoS IS
    SIGNAL reg : STD_LOGIC_VECTOR( 7 DOWNTO 0);
BEGIN
    mToS: PROCESS(Sck, D, SL, InCk)
        VARIABLE n : INTEGER RANGE 0 TO 7 := 0;
        BEGIN
            IF SL = '0' THEN
                DP <= D(7);
                reg <= D;
                n := 0;
            ELSIF Sck'EVENT AND Sck = '1' THEN
                IF InCk = '0' AND n <= 7 THEN
                    IF n < 7 THEN
                        DP <= reg(7-n);
                        n := n+1;
                    ELSE
                        DP <= reg(7-n);
                    END IF;
                END IF;
            END IF;
        END PROCESS mToS;
    END arch;
```

　　在上述程序描述中，设计进程 mToS 来实现电路，mToS 响应敏感变量 Sck、D、SL 与 InCk，当其中任一信号变化，mToS 启动并执行一次。

　　当移位置数端 SL 为"0"时，电路将 8 位并行数据 D 送入中间寄存器 reg，实现电路的置数功能，同时初始化传送计数值 n，将并行数据高位 D(7)送至输出数据端口 DP 输出。当传送时钟 Sck 上升沿来临时，若传送时钟禁止信号 InCk 为"0"且数据传送位数未到 8 位，电路将并行数据 D 的右数第 n 位数据送至输出端 DP 输出。然后，重算传送计数值 n，准备下一数据位的传输；反之，当 InCk 为"1"或已传送位数达到 8 位时，电路不再响应数据传送时钟 Sck，等待新的并行传送数据。

3. 项目创建与编译

利用上述电路描述程序，创建项目，实现 8 位并串转换电路。项目、实体名称设置为 mPtoS，实体的 VHDL 实现程序命名为 mPtoS.vhd。初选 MAX3000A 系列 CPLD 作为项目实现器件，具体器件由开发系统根据编译结果自行指定。本例创建的项目及编译结果如图 5.67 所示，开发系统为电路选择 MAX3000A 系列 CPLD 器件 EPM3032ALC44-4，宏单元总数为 44 个，封装形式为 44 脚 PLCC，速度等级为 4。电路占用 PLD 宏单元 14 个，占器件宏单元总数的 44%；占用端口 16 个，占器件端口总数的 47%。

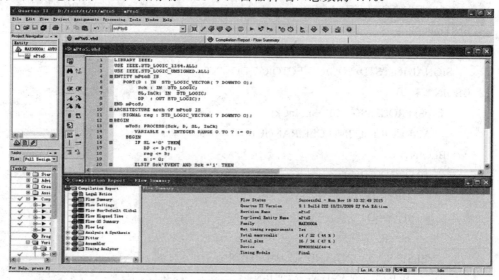

图 5.67　并串转换电路项目创建与编译

4. 仿真分析

如图 5.68 所示为并串转换电路的仿真输入与仿真结果波形。图中的仿真栅格设置为 40 ns，仿真总时间设置为 2 μs。

在图 5.68 的仿真中，20 ns 时刻，并串转换电路的移位置数端 SL 变为低电平，电路输入数据端 D 的 8 位并行数据进入并串转换电路，完成置数功能；当 SL 变为高电平且传送时钟禁止端 InCk 变为低电平，电路响应数据传输时钟 Sck，串行数据输出端 DP 由高到低，依次输出数据序列“10101010”，与端口 D 输入的 8 位数据严格一致。

在 500 ns 时刻，SL 变为低电平，电路再次进行置数；在 560 ns 时刻，SL 变为高电平，DP 响应 Sck，由高至低输出 D 的各数据位，在 SL 变为高电平后的两个 Sck 下降沿上，可以观察到 DP 送出端口 D 数据的高两位“10”；然后，InCk 变为高电平，并禁止传送时钟，DP 保持低电平，并串转换中止；随后，InCk 再次变为低电平，并串转换继续，在随后的 Sck 下降沿上，DP 依次输出 D 数据的低 6 位“110101”。

在图 5.68 中的绝对时刻 1.14 μs 处，SL 再次变为低电平，电路进行置数，在绝对时刻 1.2 μs 之后的 3 个 Sck 下降沿处，电路 DP 端由高到低逐位送出 D 端数据“10110101”的高 3 位“101”；在绝对时刻 1.32 μs 处，SL 变低，数据“01010101”进入电路，在绝对时刻 1.36 μs 之后，SL 变为高电平，电路开始新一轮的并串转换，在随后的 Sck 的下降沿上，

DP 端依次出现数据序列"01010101"，与电路送入的并行数据一致。

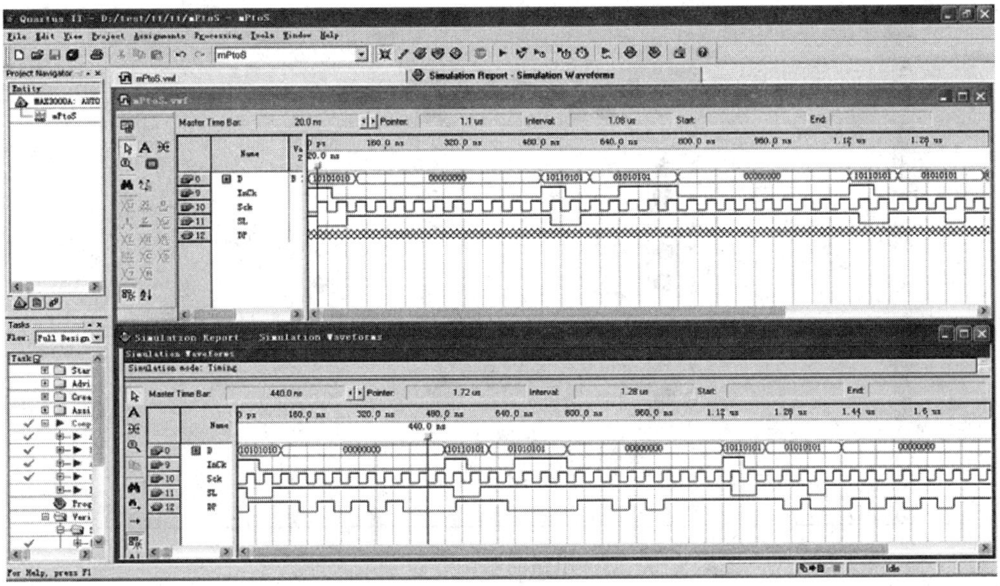

图 5.68　并串转换电路的仿真输入与仿真结果

如图 5.69 所示为并串转换电路的延迟时间分析情况。图中在绝对时刻 380 ns、383 ns、500 ns、504.5 ns 处分别设置时刻标尺，图示表明输出 DP 滞后于 Sck 时钟 3 ns，滞后于 SL 移位置数端 4.5 ns。

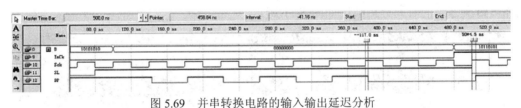

图 5.69　并串转换电路的输入输出延迟分析

5. 器件、引脚指定与时间分析

根据前文的项目编译、仿真结果，结合后续的制版、测试等环节，本例为并串转换电路指定实现器件 EPM3032ATC44-4，器件采用 44 脚 TQFP 封装，速度等级仍然为该系列的最高速度等级 4。相对于系统自行指定的器件 EPM3032ALC44-4，EPM3032ATC44-4 采用贴片封装，无需插座，体积更小。

并串转换电路信号与器件引脚的具体对应关系如表 5.16 所示。

表 5.16　并串转换电路 I/O 信号与引脚的具体对应关系

信号名称	SCK	InCk	SL	D(7)	D(6)	D(5)
I/O 特性	输入	输入	输入	输入	输入	输入
引脚序号	37	42	43	2	3	5
信号名称	D(4)	D(3)	D(2)	D(1)	D(0)	DP
I/O 特性	输入	输入	输入	输入	输入	输出
引脚序号	6	8	10	12	13	28

如图 5.70 所示为并串转换电路各输入/输出器件信号在实现器件上的引脚分布情况。

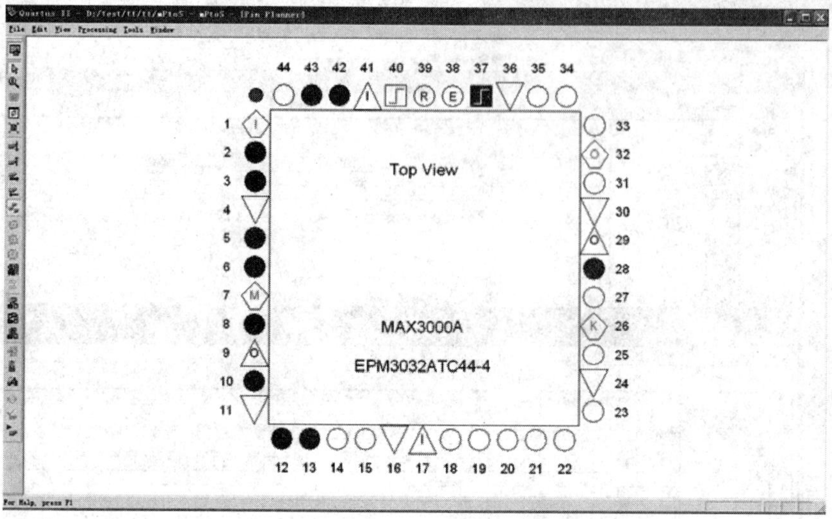

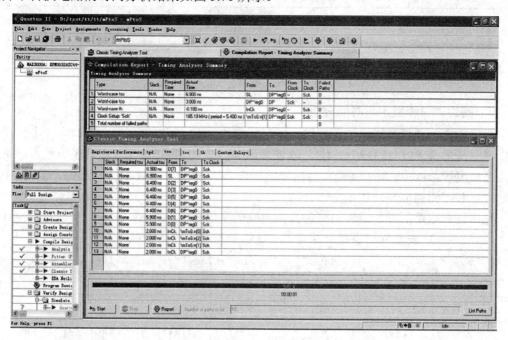

图 5.70　脉冲电路的器件指定与引脚分配

在图 5.70 所示的引脚布局中，带阴影引脚为已分配的信号引脚。按照逆时针顺序，从器件的 37 脚至 28 脚，本例依次将其指定为电路的数据传送时钟端 SCK、传送时钟禁止端 InCk、移位/置数端 SL、8 位数据输入端 D、串行数据输出端 DP。

完成电路的实现器件指定并分配引脚信号后，重新编译项目并运行时间分析工具，得到并串转换电路的时间分析结果如图 5.71 所示。

图 5.71　并串转换电路的时序分析

并串电路各输入端口相对于时钟信号 Sck 的数据建立时间 tsu 为 2.0～6.9 ns，时钟输出延迟时间 tco 的最大值发生在输出数据端 DP 与串行时钟 Sck 之间，约为 3.0 ns。

5.2.6　JK 触发器电路

1. 电路功能与分析

JK 触发器是一种重要的时序逻辑电路，也是数字系统、计算机系统的重要基础构成电路之一。假定 JK 触发器的输入端口为 J、K，脉冲输入端为 CLK，输出端为 Q，则 JK 触发器电路应满足表 5.17 的要求。

表 5.17　JK 触发器功能表

输　　入				输　　出	
CP	J	K	Q^n	Q^{n+1}	功能说明
X	0	0	x	$Q^{n+1} = Q^n$	保持
↓或↑	0	1	x	$Q^{n+1} = 0$	置 "0"
↓或↑	1	0	x	$Q^{n+1} = 1$	置 "1"
↓或↑	1	1	x	$Q^{n+1} = NOT(Q^n)$	计数

2. 程序实现

根据上述表述，假定电路为上升沿触发，JK 触发器的 VHDL 描述程序如下。

例 5-2-4　JK 触发器电路的 VHDL 描述：

```
LIBRARY IEEE;
USE IEEE.STD_LOGIC_1164.ALL;
ENTITY mJKR IS
    PORT(J, K : IN   STD_LOGIC;
          Clk : IN   STD_LOGIC;
          Q   : OUT STD_LOGIC);
END mJKR;
ARCHITECTURE arch OF mJKR IS
    SIGNAL tmp : STD_LOGIC_VECTOR( 1 DOWNTO 0);
BEGIN
    tmp <= K & J;
    mJKP: PROCESS(Clk, tmp)
        Variable iQ: STD_LOGIC := '0';
        BEGIN
        IF Clk'EVENT AND Clk = '1' THEN
            IF tmp = "01" OR tmp = "10" THEN
                iQ := tmp(0);
            ELSIF tmp = "11" THEN
                iQ := NOT(iQ);
            END IF;
        END IF;
```

```
            Q <= iQ;
        END PROCESS mJKP;
    END arch;
```

为描述方便，程序中定义中间信号 tmp 暂存电路输入 J 端与 K 端的取值状况。程序设计进程 mJKP 描述电路，选择触发脉冲 Clk、tmp 作为敏感变量。若 Clk 或 tmp 发生变化，进程 mJKP 启动并执行一次。

当 J、K 端取值不同时，即 tmp 取值为 "01" 或 "10"，输出寄存器 iQ 送入 J 端值；当两者取值相同且取值为 "11" 时，iQ 取非，实现翻转；当 J、K 取值为 "00"，电路不执行任何操作，输出不变。

3. 项目创建与编译

采用上述 VHDL 程序描述电路，创建项目实现 JK 触发器。项目名称、实体名称均设置为 mJKR，JK 触发器的 VHDL 实现程序命名为 mJKR.vhd。初选 MAX300A 系列 CPLD 作为电路的实现器件，具体器件由开发工具根据编译结果为项目自行指定。如图 5.72 所示为电路设计项目与编译结果，根据电路逻辑程度、端口数量等情况，开发系统为电路选定器件 EPM3032ALC44-4。电路占用器件的逻辑宏单元数量为 1 个，占器件宏单元总量的 3%；占用端口数量为 8 个，占器件总端口数的 24%。

图 5.72　JK 触发器电路的项目创建与编译

4. 仿真分析

JK 触发器电路的仿真输入与仿真结果波形如图 5.73 所示。图中仿真栅格设置为 40 ns，仿真总时间设置为 2 μs。为便于分析观察，图中的电路输入时钟 Clk、输入端口 J、输入端口 K 分别设置为周期 40 ns、500 ns、2 μs 的方波脉冲。

图中波形表明，当输入时钟 Clk 来临时，若 J、K 端口取值为 "00"，电路输出保持不变；若 J、K 端口取值为 "10"，电路输出值 "1"；若 J、K 端口取值为 "01"，电路输出值 "0"；J、K 端口取值为 "11"，电路随着 Clk 持续翻转。

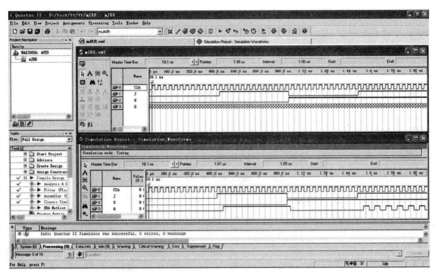

图 5.73　JK 触发器电路的仿真输入与仿真结果

如图 5.74 所示为 JK 触发器电路的输入/输出延迟分析。在绝对时间 1.02 μs 处，Clk 出现上升沿，J、K 取值 "01"，经过 3 ns 的延迟，Q 翻转为 J 端取值 "0"；在绝对时间 1.54 μs 处，Clk 出现上升沿，J、K 取值 "11"，经过 3 ns 的延迟，Q 由 "0" 翻转为 "1"。

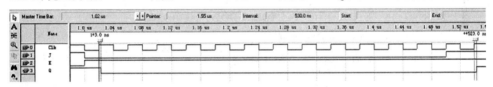

图 5.74　JK 触发器电路的输入输出延迟分析

5. 器件、引脚指定与时间分析

根据编译及仿真结果为电路指定器件并进行时间分析，本例完成的 JK 触发器电路时间分析如图 5.75 所示。

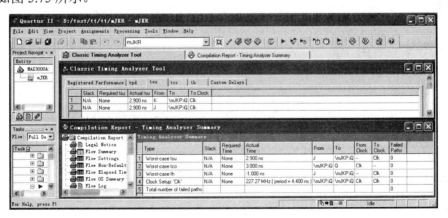

图 5.75　JK 触发器电路的时序分析

本例指定器件 EPM3032ATC44-4 来实现预定触发器，电路 Clk 端选择器件的全局时钟端 37 脚，J、K 与 Q 端分别选择器件的通用 I/O 端口 42 脚、43 脚与 33 脚。

图 5.75 所示的时间分析结果表明：本例的 JK 触发器各输入端口的数据建立时间 tsu 最大为 2.9 ns，时钟输出延迟 tco 最大为 3 ns。其他时间参数如图 5.75 中的时间分析窗 Classic Timing Analyzer Tool。

5.2.7　D 触发器电路

1．电路功能与分析

D 触发器也是数字系统，尤其是计算机系统的常用构成电路。在正常工作时，D 触发器响应电路的触发脉冲，在触发脉冲上升沿或下降沿上，将输入端数据锁入输出数据端。本例以下降沿触发的 8 位 D 触发器为例，介绍 D 触发器的电路描述与实现方法。

2．程序实现

假定 D 触发器的 8 位数据输入端为 D、触发脉冲输入端为 Clk、输出使能端为 nOE，触发器的 8 位数据输出端为 Q。nOE 在低电平时有效，当 nOE 无效时，Q 端输出高阻态。

例 5-2-5　8 位 D 触发器电路的 VHDL 描述：

```
LIBRARY IEEE;
USE IEEE.STD_LOGIC_1164.ALL;
ENTITY mDff IS
    PORT(D : IN    STD_LOGIC_VECTOR( 7 DOWNTO 0);
         Clk, nOE : IN    STD_LOGIC;
         Q   : OUT STD_LOGIC_VECTOR( 7 DOWNTO 0));
END mDff;
ARCHITECTURE arch OF mDff IS
BEGIN
    mDffP: PROCESS(Clk, D, nOE)
    BEGIN
        IF nOE = '1' THEN Q <= "ZZZZZZZZ";
        ELSIF Clk'EVENT AND Clk = '1' THEN    Q <= D;
        END IF;
    END PROCESS mDffP;
END arch;
```

程序通过进程 mDffP 实现 D 触发器，敏感变量为触发脉冲 Clk、8 位数据输入端 D 与输出使能 nOE。当其中任一信号发生改变，进程便启动并执行一次。

当输出使能 nOE 为高电平时，触发器输出 8 位高阻态；当 nOE 为低电平时，电路响应触发脉冲的上升沿，将 8 位输入数据锁入 8 位输出端口 Q。

3．项目创建与编译

利用上述电路描述程序创建项目并实现 8 位触发器电路。项目名称、顶层实体名称均设置为 mDff，实体的 VHDL 实现程序命名为 mDff.vhd，初选 MAX3000A 系列 CPLD 作为电路的实现器件，具体器件由开发系统根据编译情况自行选择。

图 5.76　D 触发器电路项目创建与编译

图 5.76 所示为采用上述方法创建的 8 位 D 触发器电路及其编译结果。开发系统选择 MAX3000A 系列器件 EPM3032ALC44-4 实现电路，器件共有逻辑宏单元 32 个，I/O 端口 34 个。电路占用宏单元 9 个，占器件宏单元数的 28%；占用 I/O 端口 22 个，占器件端口总量的 65%。

4．仿真分析

编码电路的仿真输入文件与仿真结果波形如图 5.77 所示。

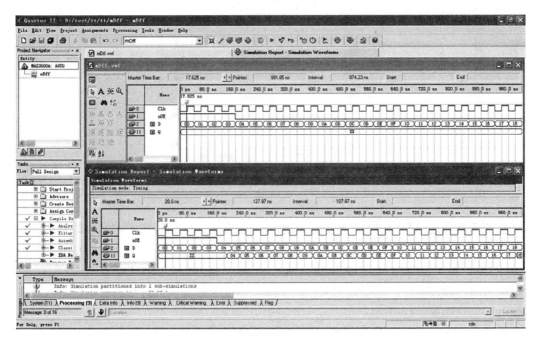

图 5.77　D 触发器电路的仿真输入与仿真结果

图 5.77 中的仿真栅格设置为 20 ns，仿真总时间为 1 μs。触发脉冲 Clk 设置周期为 40 ns 的等距方波，输入数据端 D 设置周期为 40 ns 的计数值。图示仿真结果表明，电路输出使能端 nOE 为高电平，禁止触发器输出，电路输出端 Q 送出 8 位高阻态；当 nOE 清零时，触发器响应触发脉冲 Clk 上升沿，将电路输入端 D 的 8 位数据锁入电路输出端 Q。电路的输入输出对应关系与原定功能一致。

图 5.78 所示为 D 触发器的输入输出延迟时间分析，分别在时刻 540 ns、543 ns、540 ns 处设置时刻标尺，在触发脉冲 Clk 上升沿来临后经 3 ns，即 543 ns 处，触发器输出端口 Q 输出 D 端数据 0D，输出延迟时间为 3 ns。

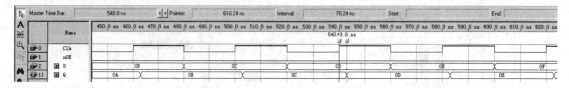

图 5.78　D 触发器电路的输入输出延迟分析

5. 器件、引脚指定与时间分析

根据前文的项目编译结果与仿真波形，结合后续的制版、测试等环节，本例指定 CPLD 器件 EPM3032ATC44-4 作为 D 触发器电路的实现器件，电路各个引脚信号的分配情况如图 5.79 所示。

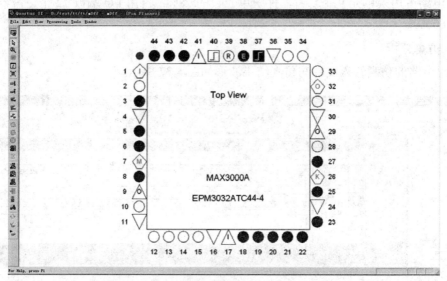

图 5.79　8 位 D 触发器电路的器件指定与引脚分配

在图示器件选择与引脚指定中，阴影部分引脚为已分配信号引脚。按逆时针顺序，在引脚 37 至引脚 27 中已分配信号的引脚上，被分配的端口信号依次为 D 触发器电路的触发时钟端 Clk、输出使能端 nOE、8 位数据输入端 D、8 位数据输出端 Q。在信号内部，各数据位按由高到低的顺序，逆时针分布。8 位触发器电路各端口信号与实现器件引脚之间的详细对应关系如表 5.18 所示。

为 D 触发器指定实现器件并分配引脚后，重新编译项目，然后利用时间分析工具，得到图 5.80 所示的 8 位 D 触发器电路的时序分析结果。

表5.18　8 位 D 触发器电路 I/O 信号与引脚的对应关系

信号名称	Clk	D(7)	D(6)	D(5)	D(4)	D(3)	D(2)	D(1)	D(0)
I/O 特性	输入	输入	输入	输入	输入	输入	输入	输入	输入
引脚序号	37	42	43	44	2	3	5	6	8
信号名称	nOE	Q(7)	Q(6)	Q(5)	Q(4)	Q(3)	Q(2)	Q(1)	Q(0)
I/O 特性	输入	输出	输出	输出	输出	输出	输出	输出	输出
引脚序号	38	18	19	20	21	22	23	25	27

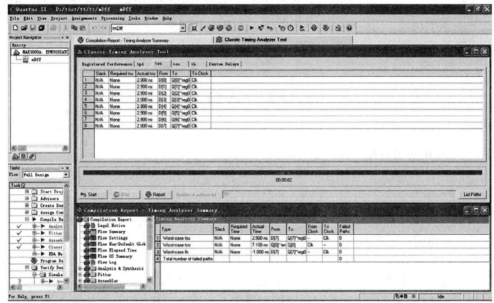

图 5.80　8 位 D 触发器电路的时序分析

图示的时间分析表明，D 触发器电路输入端口数据建立时间 tsu 最大为 2.9 ns，时钟输出延迟时间 tco 最大为 7.1 ns。

习 题 与 思 考

[1]　写出 3-8 译码电路的真值表并用条件赋值语句实现该译码电路。

[2]　写出 8-3 编码电路的真值表并用条件赋值语句实现该编码电路。

[3]　试编制程序实现 4 位不带进位的加法电路。

[4]　试编制程序实现 4 位不带借位的减法电路。

[5]　试编制程序实现 4 位乘法电路。

[6]　编程实现 8 位-4 位除法电路。

[7]　举例说明如何用 VHDL 描述时钟信号的上升、下降沿。

[8]　编程实现 3 位二进制加计数电路，且加至最大值 "111" 时，计数器清零。

[9]　编程实现 3 位二进制减计数电路，且减至最小值 "000" 时，计数器置为 "111"。

[10]　编程实现时钟的 8 分频电路。

第6章　常用接口控制电路

本章主要介绍计算机控制系统中常用接口控制电路的实现方法与实现过程。内容主要包括常用的并行接口电路、定时与计数电路、先入先出(FIFO)电路、堆栈(Stack)、串行接口电路等的基本功能、构成单元、时序逻辑、数据处理过程等基础知识，以及上述专用逻辑控制电路的基本描述方法、实现流程及常用的仿真测试、分析方法。

6.1　可编程并行接口电路

6.1.1　逻辑功能与分析

1. 功能分析

数据接口电路是计算机控制系统的重要构成单元，为系统计算机及各构成电路提供数据转换、传送通道，实现系统内不同构成单元之间的动态数据交互。相对而言，并行接口能够一次实现多位数据的传输交换，无需串并转换及并串转换电路，具有结构简单、传输速度高等优势，是计算机控制系统中应用较为广泛的一种数据接口。

8255 是一种典型的传统可编程并行接口器件，具有 A、B、C 三个 8 位并行接口，根据需要，可通过编程配置为通用输入/输出端口、带选通的输入/输出端口、双向传输端口等工作模式，同时，端口 C 具备位操作功能，器件的端口 A 或 B 工作于选通输入/输出或双向传输模式时，端口 C 的相关数据位可用作选通或状态信号，辅助完成计算机与外设的数据传输任务。8255 器件具有 A0、A1 两条地址线，占用 4 个地址，分别为 A、B、C 接口地址与控制字寄存器地址。

2. 器件逻辑与功能结构

参考 8255 的典型功能与基本逻辑结构，对本例中的可编程并行接口适当简化，得到整个器件的逻辑功能结构及其信息交互如图 6.1 所示。

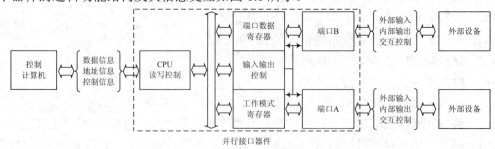

图 6.1　可编程并行接口器件的逻辑功能结构及其信息交互

从通用性出发，器件保留 8 位 CPU 总线接口，可扩展并行接口有 2 个，分别命名为并行端口 A 与 B。端口 A 与 B 的数据位宽为 8 位，可分别通过编程使其工作于模式 0、模式 1 与模式 2 三种工作模式下，这三种工作模式分别对应于端口的通用输出、通用输入与双向传输 3 种传输功能。器件中分别设置专用寄存器暂存 A、B 端口的输入/输出数据与工作模式控制字。

在图 6.1 所示的电路结构中，并行接口器件接收系统计算机的地址、数据与控制信息，根据信息类型分别收发器件相关端口数据，同时驱动 I/O 控制电路，实现控制计算机与外部设备之间的数据交互。

3．实现原理

参照前述的器件逻辑结构，本例通过多进程描述实现相应的可编程并行接口。根据器件功能与数据处理过程，分别设计专用电路的模式设置、数据写入、输出控制等进程，各进程间的输入/输出与启动关系如图 6.2 所示。

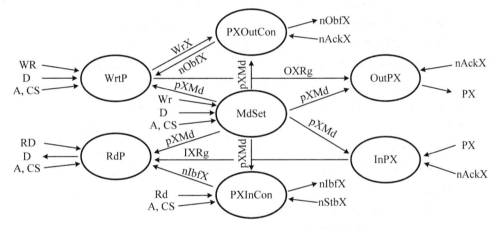

图 6.2　并口器件的进程与启动关系

图中的并口器件由公共的写进程 WrtP、模式设置进程 MdSet、读进程 RdP 与并口 A、B 的输出控制进程 PXOutCon、输出进程 OutPX、输入控制进程 PXInCon 以及输入进程 InPX 构成，A、B 口的相应控制部分由不同进程实现，标号 X 对应端口名称 A 与 B。公共进程 WrtP、RdP 与 MdSet 实现控制计算机与并口器件的数据交换；输出控制进程 PXOutCon 与输出进程 OutPX 实现器件内部数据、状态信息的输出；输入控制进程 PXInCon 与输入进程 InPX 实现外设数据的输入、端口状态的输出。

6.1.2　电路的 VHDL 描述

参照图 6.2 所述的接口电路描述结构，设定本例的并行接口的 8 位双向数据端口为 D、两位地址输入端为 A、器件片选端为 CS，器件的数据写入端、读出端分别定义为 WR、RD，且均为低电平有效。器件并行端口为 PA、PB，均为 8 位双向并行接口。

为便于器件描述，在编程实现时，程序的所有端口、变量、信号定义以及进程设计与图 6.2 中的描述严格一致，电路的 VHDL 实现程序如下。

例 6-1-1　8 位可编程并行接口器件的 VHDL 描述：

```
LIBRARY IEEE;
USE IEEE.STD_LOGIC_1164.ALL;
USE IEEE.STD_LOGIC_UNSIGNED.ALL;
ENTITY mPIO IS
    PORT(D : INOUT    STD_LOGIC_VECTOR( 7 DOWNTO 0);
            A : IN STD_LOGIC_VECTOR( 1 DOWNTO 0);
            CS, RD, WR: IN    STD_LOGIC;
            nStbA, nAckA, nStbB, nAckB: IN    STD_LOGIC;
            nObfA, nIbfA, nObfB, nIbfB: OUT    STD_LOGIC;
            PA, PB: INOUT STD_LOGIC_VECTOR( 7 DOWNTO 0));
END mPIO;
ARCHITECTURE Samp OF mPIO IS
    SIGNAL WrA, WrB, RecA, RecB: STD_LOGIC := '0';
    SIGNAL RdA, RdB: STD_LOGIC := '0';
    SIGNAL ObfA, IbfA, ObfB, IbfB: STD_LOGIC := '0';
    SIGNAL IArg, OArg, IBrg, OBrg: STD_LOGIC_VECTOR( 7 DOWNTO 0);
    SIGNAL Addr : STD_LOGIC_VECTOR( 2 DOWNTO 0);
    SIGNAL pAMd, pBMd: STD_LOGIC_VECTOR( 1 DOWNTO 0);
BEGIN
    Addr <= CS & A;
    MdSet: PROCESS(WR, D)
    BEGIN
        IF WR'EVENT AND WR = '1' THEN
            IF Addr = "010" THEN
                pAMd <= D(1 DOWNTO 0);
                pBMd <= D(3 DOWNTO 2);
            END IF;
        END IF;
    END PROCESS MdSet;
    WrtP: PROCESS(WR, D, ObfA, ObfB, pAMd, pBMd)
    BEGIN
        IF ObfA = '1' AND pAMd = "10" THEN
            WrA    <= '0';
        ELSIF ObfB = '1' AND pBMd = "10" THEN
            WrB    <= '0';
        ELSIF WR'EVENT AND WR = '1' THEN
            IF Addr = "000" AND pAMd = "01" THEN
                OArg <= D;
                WrA    <= '0';
```

```
            ELSIF Addr = "000" AND pAMd = "10" THEN
                OArg <= D;
                WrA   <= '1';
            ELSIF Addr = "001" AND pBMd = "01" THEN
                OBrg <= D;
                WrB   <= '0';
            ELSIF Addr = "001" AND pBMd = "10" THEN
                OBrg <= D;
                WrB   <= '1';
            END IF;
        END IF;
    END PROCESS WrtP;
    PAOutCon: PROCESS(WrA, nAckA, pAMd)
    BEGIN
        IF WrA = '1' THEN
            ObfA <= '1';
        ELSIF FALLING_EDGE(nAckA) AND pAMd = "10" THEN
            ObfA <= '0';
        END IF;
    END PROCESS PAOutCon;
    OutPA: PROCESS(OARg, nAckA, pAMd)
    BEGIN
        IF pAMd = "01" OR (nAckA = '0' AND pAMd = "10") THEN
            PA <= OARg;
        ELSE
            PA <= "ZZZZZZZZ";
        END IF;
    END PROCESS OutPA;
    PBOutCon: PROCESS(WrB, nAckB, pBMd)
    BEGIN
        IF WrB = '1' THEN
            ObfB <= '1';
        ELSIF FALLING_EDGE(nAckB) AND pBMd = "10" THEN
            ObfB <= '0';
        END IF;
    END PROCESS PBOutCon;
    OutPB: PROCESS(OBRg, nAckB, pBMd)
    BEGIN
        IF pBMd = "01" OR (nAckB = '0' AND pBMd = "10") THEN
```

```
                    PB <= OBRg;
              ELSE
                    PB <= "ZZZZZZZZ";
              END IF;
        END PROCESS OutPB;
    nObfA <= NOT(ObfA);
    nObfB <= NOT(ObfB);
    RdP: PROCESS(RD, Addr, pAMd, pBMd, IArg, IBrg)
    BEGIN
    IF RD = '0' AND Addr = "000" AND (pAMd = "00" OR pAMd = "10") THEN
                D <= IArg;
          ELSIF RD = '0' AND Addr = "001" AND (pBMd = "00" OR pBMd = "10") THEN
                D <= IBrg;
        ELSE
            D <= "ZZZZZZZZ";
        END IF;
    END PROCESS RdP;
        PAInCon: PROCESS(RD, nStbA, pAMd)
    BEGIN
        IF Rd = '0' AND pAMd = "10" THEN
            IbfA <= '0';
          ELSIF FALLING_EDGE(nStbA) AND pAMd = "10" THEN
              IbfA <= '1';
          END IF;
    END PROCESS PAInCon;
    InPA: PROCESS(PA, pAMd, nStbA)
    BEGIN
        IF pAMd = "00" THEN
            IArg <= PA;
          ELSIF FALLING_EDGE(nStbA) AND pAMd = "10" THEN
            IArg <= PA;
        END IF;
    END PROCESS InPA;
        PBInCon: PROCESS(RD, nStbB, pBMd)
    BEGIN
        IF Rd = '0' AND pBMd = "10" THEN
            IbfB <= '0';
          ELSIF FALLING_EDGE(nStbB) AND pBMd = "10" THEN
            IbfB <= '1';
```

```
        END IF;
    END PROCESS PBInCon;
    InPB: PROCESS(PB, pBMd, nStbB)
    BEGIN
        IF pBMd = "00" THEN
            IBrg <= PB;
        ELSIF FALLING_EDGE(nStbB) AND pBMd = "10" THEN
            IBrg <= PB;
        END IF;
    END PROCESS InPB;
    nIbfA <= NOT(IbfA);
    nIbfB <= NOT(IbfB);
END Samp;
```

程序中的实体名称设置为 mPIO,除了数据端口 D、地址总线 A、读写信号 Wr 与 Rd 等信号之外,实体中增加了与外设的交互信号,包括 A、B 端口的选通信号 nStbA 和 nStbB、响应信号 nAckA 和 nAckB、A 与 B 端口的输出缓冲满标志 nObfA 和 nObfB、输入缓冲满标志 nIbfA 和 nIbfB。

并口器件使用 2 个地址位 A1、A0,端口 A、B 与模式控制字分别占用地址"00"、"01" 与"10",地址"11"保留。模式设置进程 MdSet 响应控制计算机的写操作,在写信号 Wr 的上升沿上获取外部数据 D 并判别地址[A1、A0],若取值为"10",MdSet 取 D 的低 4 位作为 A、B 端口的工作模式控制字。其中,D_1、D_0 为 A 端口的控制字 pAMD,D_3、D_2 为 B 端口的控制字 pBMD。

写进程 WrtP 写入端口 A、B 输出数据,在 Wr 的升沿上,进程根据端口 A、B 的工作模式与地址信息[A1、A0],将外部总线 D 上的数据送入相应的输出缓冲 OARg 或 OBRg,同时进程将信号 WrA 或 WrB 置位;进程 PXOutCon 实现端口的输出缓冲满标志操作,进程响应 WrX(WrA 或 WrB)与外设响应信号 nAckX(nAckA 或 nAckB)并修正标志 nObfX(nObfA 或 nObfB);输出进程 OutPX 响应外设响应信号 nAckX,当端口工作于模式 "01"(通用输出)或者当端口工作于模式"10"(双向传输)且 nAckX 有效(低电平)时,将输出缓冲的内容送入端口 X(A 或者 B)。否则,端口 X 送出高阻态"Z"。

端口输入进程 InPX 响应信号 pXMDn、nStbX,当端口 X 的工作模式为"00"(通用输入),或者满足 nStbX 有效(变为低电平)且端口工作模式 pXMD 为"10"(双向传输)时,进程获取端口 X 的数据并送入相应输入缓冲 IXRg 中;输入控制进程 PXInCon 实现端口 X 的输入缓冲满标志的操作,PXInCon 响应读信号 Rd、端口工作模式控制字 pXMD 与选通信号 nStbX,当端口工作于双向模式(pXMD 为"10")且 Rd 有效时,标志 nIbfX 清零,当端口工作于双向模式(pXMD 为"10")且选通信号 nStbX 出现降沿时,nIbfX 置"1"。

描述程序中的读进程 RdP 响应地址信息 A、读信号 Rd 与模式控制字 pXMD,在 Rd 有效(为电平"0")时,根据地址与端口模式将相应输入缓冲 IXRg 送至数据总线 D 或将 D 置为高阻。

器件端口的输入/输出缓冲满标志 nIbfX 与 nObfX、外设响应 nAckX 与选通信号 nStbX

只能在端口的双向传输工作模式下有效，当端口工作于通用输入或通用输出时，上述信号不起作用。

6.1.3　电路实现

1．项目创建与编译

利用 6.1.2 节中的 VHDL 程序描述并行并口器件，将其作为设计项目的顶层实体，实现 8 位并行接口电路。创建项目时，项目名称、顶层实体名称保持一致，均设置为 mPIO，顶层实体的 VHDL 实现程序名称与顶层实体严格一致，命名为 mPIO.vhd。根据程序复杂程度，初选 MAX II 系列的 CPLD 作为并口电路的实现器件，具体器件由开发系统根据编译结果自行选择。

如图 6.3 所示为按照上述方法创建的 8 位可编程并行接口器件 mPIO 的实现项目及其编译结果。根据器件所需要的逻辑复杂程度、I/O 端口数量等资源状况，开发系统在 MAX II 系列的 CPLD 中初步选择使用器件 EPM240T100C3 来实现电路；器件提供 240 个逻辑宏单元，电路实际占用 70 个宏单元，宏单元占用率为 29%；器件提供 80 个 I/O 端口，占用 37 个端口，端口占用率为 46%。EPM240T100C3 器件采用 100 脚 TQFP 封装，速度等级为 C3，相对较高。

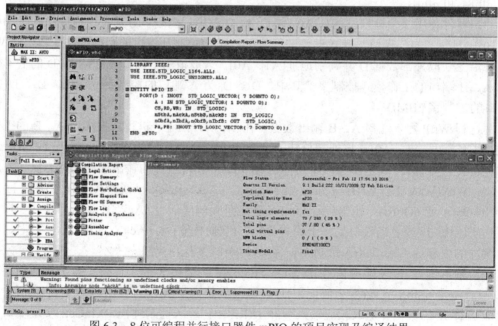

图 6.3　8 位可编程并行接口器件 mPIO 的项目实现及编译结果

2．器件、引脚分配

根据上述编译结果，初选器件 EPM240T100C3 完全可以满足本例的并口器件，且宏单元占有率仅为 29%，端口占用率仅为 46%，容许以后对器件的控制逻辑进行一定的修改以升级系统；所选 PLD 为 3.3 V 低功耗器件，TQFP 封装面积较小，速度等级较高，器件选择较合理，因此考虑到后续的制版、布线等问题本例最终指定在项目中使用器件 EPM240T100C3，本例中并行接口 mPIO 的引脚分配与器件指定如图 6.4 所示。

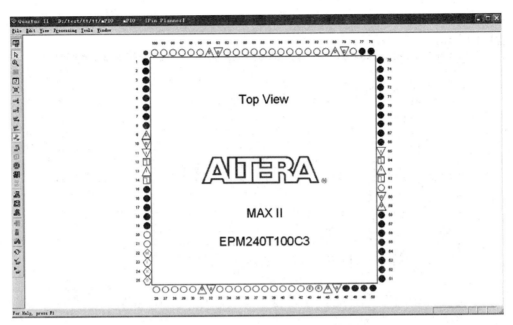

图 6.4　并行接口 mPIO 的引脚与器件分配

图中的带阴影引脚为已分配信号的引脚，按逆时针顺序，从引脚 1 到引脚 77，端口上被分配的信号依次为并行接口的 8 位双向数据端 D、片选信号 CS、地址信号 A、控制计算机读信号 Rd、写信号 Wr、A 口外设响应 nAckA、选通 nStbA、输入缓冲满标志 nIbfA、输出缓冲满标志 nObfA、端口 PA、端口 PB、输出缓冲满标志 nObfB、输入缓冲满标志 nIbfB、外设响应 nAckB、选通 nStbB。各信号与实现器件引脚之间的详细对应关系如表 6.1 所示。

表 6.1　可编程 8 位并行接口 I/O 信号与引脚的具体对应关系

信号名称	D(7)	D(6)	D(5)	D(4)	D(3)	D(2)	D(1)	D(0)	CS	A(1)	A(0)	RD	WR
I/O 特性	双向	双向	双向	双向	双向	双向	双向	双向	输入	输入	输入	输入	输入
引脚序号	1	2	3	4	5	6	7	8	15	16	17	18	19
信号名称	nAckA	nStbA	nIbfA	nObfA	PA(0)	PA(1)	PA(2)	PA(3)	PA(4)	PA(5)	PA(6)	PA(6)	PA(7)
I/O 特性	输入	输入	输出	输出	双向	双向	双向	双向	双向	双向	双向	双向	双向
引脚序号	47	48	49	50	51	52	53	54	55	56	57	57	58
信号名称	PB(0)	PB(1)	PB(2)	PB(3)	PB(4)	PB(5)	PB(6)	PB(7)	nObfB	nIbfB	nAckB	nStbB	—
I/O 特性	双向	双向	双向	双向	双向	双向	双向	双向	输出	输出	输入	输入	—
引脚序号	66	67	68	69	70	71	72	73	74	75	76	77	—

6.1.4　电路测试及分析

1. 功能仿真

如图 6.5 所示为 8 位可编程并行接口 mPIO 的仿真输入波形文件，图中仿真栅格设置为 20 ns，仿真总时长设置为 2 μs。图中的信号 D 为控制计算机双向数据总线的数据设置情况，Data 为仿真工作中电路数据总线 D 上的实际信号变化状况；同样，信号 PA、PB 为并行端口上的数据设置情况，响应的信号 rPA 与 rPB 分别为端口 PA、PB 在电路仿真工作过程中的实际信号变化状况。

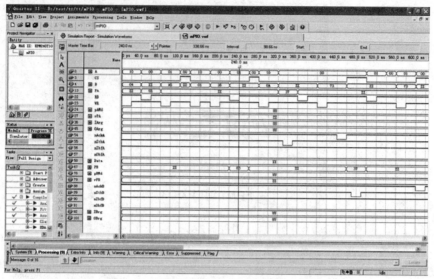

图 6.5　可编程并行接口 mPIO 的仿真输入

在上述仿真激励作用下，并行接口 mPIO 的仿真输出波形如图 6.6 所示。

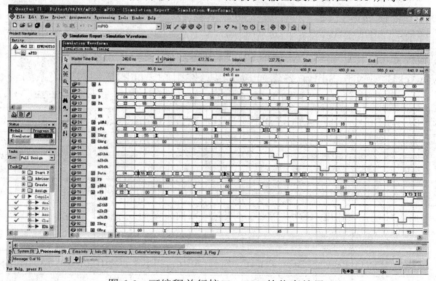

图 6.6　可编程并行接口 mPIO 的仿真结果

从上图的仿真结果可看出，在 20 ns 处，WR 出现上升沿，CS 低电平有效，地址 A 为"10"，mPIO 将由外部计算机送来的 D 端口上的数据 04H 的[D1, D0]、[D3, D2]分别送至模式控制字 pAMD 与 pBMD，使 PA、PB 分别工作于通用输入（"00"）模式与通用输出（"01"）模式；在 40 ns 处，RD 送出低电平，CS 持续有效，地址 A 送出"00"，mPIO 将 PA 上的数据 55H 经一定的延迟后送上数据总线 D，因此，Data 在 40 ns 处出现数据变化，然后稳定输出 55H；读操作结束后，RD 信号变为高电平，Data 经一定的延迟后转为高阻态；在 100 ns 处，WR 再次出现升沿，外部计算机向地址"01"（PB 端口）写入数据 A5H，经一段时间的延迟后，rPB 上送出数据量 A5H 并保持，直至端口有新数据输出或工作模式发生变化。

在仿真波形的 140～260 ns 时间段内，端口 PA 与 PB 分别工作于通用输出、通用输入模式。在 160 ns 时刻，外部计算机向地址"10"写入模式控制字 01H，pAMD 与 pBMD 经延迟分别被设置为"01"、"00"。在 200 ns 处，外部计算机向地址"00"(PA 地址)写入 36H，rPA 经一定的延迟后送出数据 36H 并保持；在 220 ns 处，外部计算机向地址"01"(PB 地址)发出读指令，RD 信号变为低电平，PB 端数据 63H 经延迟后被送至数据总线 Data。至此读操作结束，RD 重新变为高电平，Data 由 63H 转为高阻态。

在仿真波形的 280～460 ns 时间段内，PA、PB 均工作于双向传输模式。在 300 ns 时刻，WR 产生上升沿，地址"10"(模式控制字)被写入 0AH，pAMD 与 pBMD 被设置为"10"，端口 PA、PB 同时工作于双向传输模式。在 330 ns 时刻，PA 端口的选通信号 nStbA 变为低电平，PA 端的数据 37H 经延迟被送至 PA 端口的输入缓冲 IARg 中，输入缓冲满标志 nIbfA 随即变为低电平；在 360 ns 时刻，针对"00"地址(PA 口)的读操作启动，RD 变为低电平，IARg 内的数据 37H 经延迟送至数据总线 Data，Data 端由高阻态转为数据 37H，同时标志 nIbfA 变为高电平；在 420 ns 时刻，WR 出现上升沿，地址"00"(端口 PA)的写入操作启动，D 端数据 73H 被送至端口 PA 的输出缓冲 OARg 中；在 440 ns 时刻，PA 端口的外设响应信号 nAckA 变为低电平，OARg 内的数据 73H 经延迟送至 PA 端口，rPA 由高阻态转为数据 73H。

并口器件 mPIO 的其他工作波形与上述分析类似，可自行分析。

2．时序分析

通过 Processing 菜单下的时间分析工具，得到 8 位并行接口 mPIO 的时序分析结果如图 6.7 所示。其中输出延迟时间 tpd、数据建立时间 tsu、时钟输出延迟时间 tco 与信号保持时间 th 见图中的时间分析工具窗 Classic Timing Analyzer Tool。

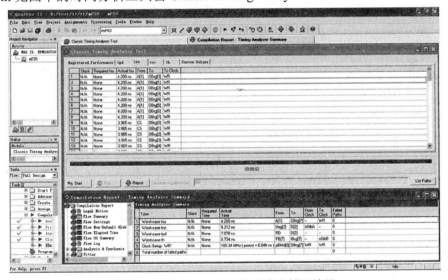

图 6.7 并行接口 mPIO 的时序分析及结果

选中图 6.7 中的按钮 Start，启动电路的时序分析，然后选择按钮 Report，得到并口电路 mPIO 中，数据建立时间 tsu 的最大值为 4.2 ns，时钟输出延迟时间 tco 的最大值为 9.212 ns，输出延迟时间 tpd 的最大值为 7.078 ns，数据保持时间 th 的最大值为 0.734 ns，WR 的最高容许频率为 165.34 MHz。

当上述分析参数或者器件功能未满足设计要求时，可对描述程序或其他的器件、布局、布线等参数进行修正，重新编译仿真，直至达到设计要求。

6.2 可编程定时/计数电路

6.2.1 逻辑功能与分析

1. 功能分析

定时计数功能是计算机控制系统的基本功能单元，主要为计算机及其他功能电路提供精确的时间控制、脉冲计数等功能。8253 是一种典型的可编程定时/计数电路，器件具有 8 位外部 CPU 并行接口，内置 0、1、2 三个 16 位计数器。根据需要，3 个计数器可通过编程配置为单脉冲发生器、频率发生器、方波发生器等 6 种工作模式；器件具有 A0、A1 两条地址线，占用 4 个地址，分别为计数器 0、1、2 的计数值寄存器与工作模式控制字寄存器地址。本例参考传统定时计数电路 8253 设计可编程定时/计数器件。

考虑到兼容性与通用性，本例的可编程定时/计数电路保留 8253 传统的 8 位 CPU 并行总线接口，同时内部保留 3 个 16 位的定时/计数电路，依次命名为计数器 0、1 与计数器 2。每个计数器均具有 6 种工作模式，通过编程，各计数器可分别工作于模式 0～5。器件中同样设置了计数器 0、1、2 的计数值专用寄存器与工作模式控制字寄存器，器件需占用 4 个地址以及两条地址总线。本例的可编程定时/计数电路的逻辑功能结构及其信息交互如图 6.8 所示。

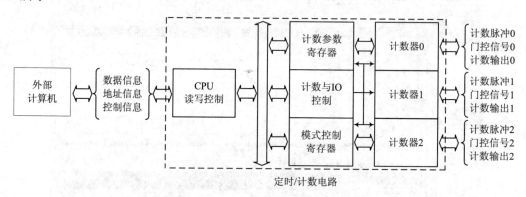

图 6.8 可编程定时/计数电路的逻辑功能结构及信息交互

在图 6.8 中，定时/计数器件通过 8 位的 CPU 读写控制电路，接收外部计算机提供的地址、数据与控制信息，根据地址、控制条件分别收发各定时/计数电路的模式控制字、计数值等数据。各计数器电路在计数与 I/O 控制电路作用下，根据外部计算机设定的计数参数、模式控制参数，实现器件要求的定时/计数功能。同时，各计数器定时送出当前计数值，供外部计算机查询。

2．工作模式及控制

本例的定时/计数电路共有 6 种工作模式，在实际系统中实现定时或计数时，需首先通过外部计算机设定器件的工作模式，才能启动电路实现预定功能。

1）模式控制字

定时/计数电路的工作模式控制字共 8 位，按照功能分别为工作模式选择位、计数器选择位与保留位三部分，如表 6.2 所示。

表 6.2　定时/计数电路的工作模式控制字

数据位	D(7)	D(6)	D(5)	D(4)	D(3)	D(2)	D(1)	D(0)
功　能	未用	未用	计数器选择		未用	工作模式选择		

其中，数据位 D(5) 和 D(4) 为计数器选择位，取值"00"～"10"依次对应于定时/计数器件的计数器 0～计数器 2；数据位 D(2)、D(1)、D(0) 为相应计数器的工作模式选择位，取值"000"～"101"依次对应计数器的工作模式 1～工作模式 5。各计数器的缺省工作模式为模式 0，若器件未设定工作模式则按模式 0 工作。

2）模式 0-计数结束中断

在定时/计数器件中，各计数器工作于模式 0 时的工作时序如图 6.9 所示。

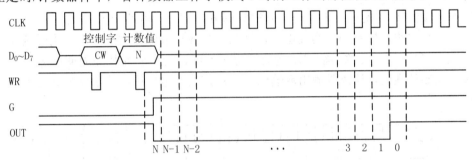

图 6.9　定时/计数电路工作模式 0 的工作时序

工作于模式 0 时，计数器响应计数脉冲，在脉冲的下降沿上，计数器做减 1 运算，减至 0 值，计数结束。计数结束后，计数值不能重装，如需重新计数，需重新写入计数值。门控信号控制计数过程，若门控信号为"1"，计数启动；若为"0"，计数暂停。计数器工作模式 0 的特点如下：

(1) 写入计数值，计数值立即装入计数器；当门控信号为"1"时，计数器响应 CLK 下降沿，做减运算，输出变为低电平。当计数值减至 0 时，计数结束，输出变为高电平。

(2) 重新计数需重写计数值。

(3) 计数过程中写入新值，计数器按新值重新计数。

(4) 若门控信号为"0"，暂停计数；若门控信号为"1"，计数继续。

3）模式 1——可编程单脉冲发生器

定时/计数电路工作于模式 1 时的工作时序如图 6.10 所示。电路工作于模式 1 时，门控信号的上升沿启动计数；计数开始时，输出端变为低电平，在计数脉冲的下降沿上，计数器执行减计数，减至"0"时，输出变为高电平。若门控信号端出现上升沿，计数器装入计数初值，重新开始计数。

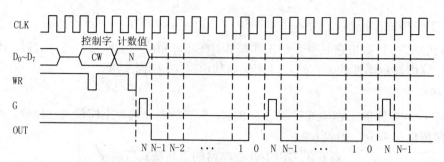

图 6.10 定时/计数电路工作模式 1 的工作时序

计数器工作模式 1 的特点如下：

(1) 门控信号出现升沿，电路响应计数脉冲下降沿启动计数，输出变为低电平；计数结束时，输出恢复高电平。

(2) 计数完成后，如门控信号端重新出现升沿，计数器重装计数初值并重新计数。

(3) 若在计数过程中门控信号端出现升沿，则按计数初值重新计数，输出端电平状态不变。

(4) 若在计数过程中写入新计数值，立即按新值计数。

4) 模式 2——频率发生器

定时/计数电路按模式 2 工作时的时序如图 6.11 所示。电路工作于模式 2 时，计数器初始输出为高电平，如 GATE 为高电平，计数器响应计数脉冲的下降沿，执行减计数。当计数值减至"1"时，计数器输出端变为低电平并维持一个计数脉冲周期；然后，计数器重新装入原始计数值，计数器输出端输出一个周期的低电平后，重新变为高电平，开始新一轮计数。

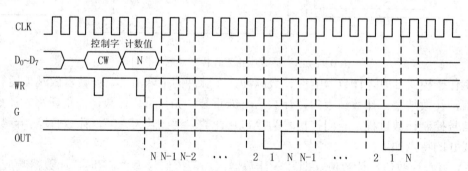

图 6.11 定时/计数电路工作模式 2 的工作时序

计数器工作模式 2 的特点如下：

(1) 计数器工作于模式 2 时可以实现重复计数，即计数器响应脉冲的下降沿，执行减计数，计数值减到数值"1"时，电路输出单周期的负脉冲；然后，电路自动重装计数值，计数器输出回变为电平，开始新一轮的计数过程。

(2) 计数器连续工作，输出固定频率的脉冲。

(3) 当门控信号 G 为高电平时，允许计数；为低电平时，暂停计数。

5) 模式 3——方波发生器

定时/计数电路工作于模式 3 时的工作时序如图 6.12 所示。定时/计数电路工作于模式

3 时，如果门控信号 G 为高电平，计数器响应计数脉冲的下降沿，执行减计数，输出端输出并保持高电平；当计数值减至计数初值的 1/2 时，计数器输出端转为低电平并保持；一次计数结束后，器件重装计数初值，计数输出回复高电平，开始新一轮的计数过程。

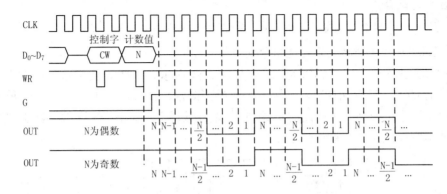

图 6.12　定时/计数电路工作模式 3 的工作时序

当计数初值为偶数时，计数值减到 N/2，计数输出端发生变化；当计数初值为奇数时，计数值减到(N−1)/2，计数输出端转为低电平。计数器工作模式 3 的特点如下：

(1) 定时/计数电路的工作模式 3 与工作模式 2 类似，计数初值能够自动重装，产生固定频率的方波。

(2) 计数初值为偶数时，在前半计数周期内，计数器输出高电平，后半计数周期输出低电平，即产生等距方波。

(3) 计数初值为奇数时，脉宽较脉间多一个计数脉冲周期。

(4) 当门控信号 G 为高电平时，允许计数；当 G 为低电平时，禁止计数。在计数过程中，G 变为低电平，立即终止计数；G 重新变为高电平时，计数器恢复计数初值，重新开始计数。

6) 模式 4——软件触发的选通信号发生器

定时/计数电路工作于模式 4 的工作时序如图 6.13 所示。定时/计数电路以模式 4 工作时，若门控 G 为高电平，计数器响应计数脉冲的下降沿，计数器输出高电平，执行减计数；计数值减至 0，计数输出端输出一个计数脉冲周期的负脉冲，然后恢复高电平，计数结束。

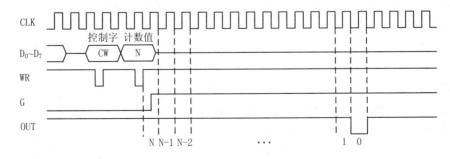

图 6.13　定时/计数电路工作模式 4 的工作时序

器件工作模式 4 的特点如下：

(1) 如果 G 为高电平，计数器开始减计数，OUT 保持高电平，减至 0 时，OUT 输出低电平，产生 1 个时钟周期的负脉冲。

(2) 计数结束后，计数器不重装计数值，只有重新写入计数值，才可重新计数。

(3) 在计数过程中，若 G 变为低电平，则停止计数；G 恢复高电平后，继续计数且不从计数初值开始计数。

(4) 在计数过程中写入新计数初值，立即按新计数初值计数。

7) 模式 5——硬件触发的选通信号发生器

工作于方式 5 时，计数器的工作时序如图 6.14 所示。定时/计数电路工作于方式 5 时，门控信号 G 的上升沿启动计数，每来一个时钟下降沿，计数值减 1，当计数值减到 0 时，计数器输出端产生一个时钟周期的负脉冲。一个计数周期结束后，若 G 端再次出现上升沿，计数器装入原计数初值，重新开始计数。

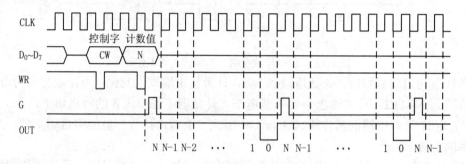

图 6.14 定时/计数电路工作模式 5 的工作时序

计数器工作模式 5 的特点如下：

(1) 当门控信号 G 的上升沿到来时，开始计数；计数到 0 时，输出一个宽度为 1 个计数脉冲周期的负脉冲。

(2) 门控信号 G 上升沿无条件触发计数过程，每来一个 G 的上升沿，计数器均从头开始计数。

(3) 在计数过程中写入新值，计数不受影响，若 G 信号出现上升沿，则电路按新值计数。

3. 实现原理

参照前述的器件逻辑结构与功能描述，本例通过结构化描述结合多进程描述的描述方法实现预定的定时/计数功能。对应于电路功能与数据处理过程，分别设计专用电路的模式设置、计数值写入、计数控制等 7 个进程，各进程间的输入、输出逻辑关系与启动关系如图 6.15 所示。

在图示结构中，写进程 CntWrtP、模式设置进程 MdSet、读进程 RdP、计数值获取进程 RData 以及读控制 RdCon 实现器件与外部其他电路的数据交换，器件提供标准 CPU 并行接口及协议；复位控制进程 RstCon、计数控制进程 CntP 实现模式 0～模式 5 的定时/计数功能。其中，进程 CntWrtP 与 MdSet 响应标准 CPU 并行接口写时序，分别写入各计数器的计数值与工作模式控制字；进程 RdP 响应外部 CPU 的读时序，根据地址信息，将计数器的当前计数值或状态信息送上数据总线 D；进程 RData 响应读信号 Rd，根据地址信息获取对应计数器的当前计数值，供进程 RdP 检索。

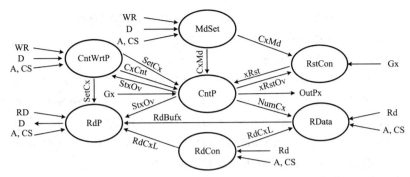

图 6.15 可编程定时/计数器的进程设计与启动关系

6.2.2 电路的 VHDL 描述

参照图 6.15 所示的电路结构与进程启动关系，在电路描述中分别设计实体 mTCnt 与 mCnt 实现预定的定时/计数电路。其中，设置顶层实体为 mTCnt，主要完成计数值输入、工作模式设定、当前计数值的获取与读取控制等功能。同时，顶层实体 mTCnt 通过调用元件 mCnt，实现器件中的 3 个多功能计数器；实体 MCnt 接收外部的计数脉冲、门控等信号，根据顶层实体 mTCnt 得到的计数值与模式控制字实现器件的计数值重装、定时与计数等功能，同时送出当前计数值供外部 CPU 检索。

1. 顶层实体 mTCnt 的 VHDL 描述

考虑到器件的通用性，在设计顶层实体 mTCnt 时，设定并行接口的数据总线 D 为 8 位双向数据端口、两位地址输入为 A、片选为 CS，写、读信号分别定义为 Wr、Rd，且低电平有效。为便于描述，程序中的端口、变量、信号定义与器件的结构、功能以及进程关系描述一致，顶层实体 mTCnt 的 VHDL 实现程序如下。

例 6-2-1 可编程定时/计数电路顶层实体 mTCnt 的 VHDL 描述：

```
LIBRARY IEEE;
USE IEEE.STD_LOGIC_1164.ALL;
USE IEEE.STD_LOGIC_UNSIGNED.ALL;
ENTITY mTCnt IS
    PORT(D : INOUT   STD_LOGIC_VECTOR( 7 DOWNTO 0);
         A : IN STD_LOGIC_VECTOR( 1 DOWNTO 0);
         Clk, G: IN STD_LOGIC_VECTOR( 2 DOWNTO 0);
         CS, RD, WR: IN   STD_LOGIC;
         OutP: OUT STD_LOGIC_VECTOR( 2 DOWNTO 0));
END mTCnt;
ARCHITECTURE Samp OF mTCnt IS
    COMPONENT mCnt IS
        PORT(CntV: IN STD_LOGIC_VECTOR(15 DOWNTO 0);
             sMod: IN STD_LOGIC_VECTOR(2 DOWNTO 0);
             St, G, Ck: IN STD_LOGIC;
```

```
                    NumC: OUT STD_LOGIC_VECTOR(15 DOWNTO 0);
                    OCntP, StOv: OUT STD_LOGIC);
          END COMPONENT mCnt;
          SIGNAL Addr, C0Md, C1Md, C2Md: STD_LOGIC_VECTOR( 2 DOWNTO 0) := "000";
          SIGNAL C0Cnt, C1Cnt, C2Cnt: STD_LOGIC_VECTOR( 15 DOWNTO 0) := X"0000";
          SIGNAL NumC0, NumC1, NumC2: STD_LOGIC_VECTOR( 15 DOWNTO 0) := X"0000";
          SIGNAL RdBuf0, RdBuf1, RdBuf2: STD_LOGIC_VECTOR( 15 DOWNTO 0) := X"0000";
          SIGNAL SetC0, SetC1, SetC2: STD_LOGIC := '0';
          SIGNAL St0Ov, St1Ov, St2Ov: STD_LOGIC := '0';
          SIGNAL RdC0L, RdC1L, RdC2L: STD_LOGIC := '0';
   BEGIN
          Addr <= CS & A;
          U0: mCnt PORT MAP(C0Cnt, C0Md, SetC0, G(0), Clk(0), NumC0, OutP(0), St0Ov);
          U1: mCnt PORT MAP(C1Cnt, C1Md, SetC1, G(1), Clk(1), NumC1, OutP(1), St1Ov);
          U2: mCnt PORT MAP(C2Cnt, C2Md, SetC2, G(2), Clk(2), NumC2, OutP(2), St2Ov);
          MdSet: PROCESS(WR, D, Addr)
          BEGIN
              IF WR'EVENT AND WR = '1' THEN
                  IF Addr = "011" THEN
                      IF D(5 DOWNTO 4) = "00" THEN
                          C0Md <= D(2 DOWNTO 0);
                      ELSIF D(5 DOWNTO 4) = "01" THEN
                          C1Md <= D(2 DOWNTO 0);
                      ELSIF D(5 DOWNTO 4) = "10" THEN
                          C2Md <= D(2 DOWNTO 0);
                      END IF;
                  END IF;
              END IF;
          END PROCESS MdSet;
          CntWrtP: PROCESS(WR, D, Addr, St0Ov, St1Ov, St2Ov)
              VARIABLE iC0Low, iC1Low, iC2Low: STD_LOGIC := '0';
          BEGIN
              IF St0Ov = '1' THEN
                  SetC0 <= '0';
              ELSIF St1Ov = '1' THEN
                  SetC1 <= '0';
              ELSIF St2Ov = '1' THEN
                  SetC2 <= '0';
              ELSIF WR'EVENT AND WR = '1' THEN
```

```
          IF Addr = "000" THEN
              IF iC0Low = '0' THEN
                  C0Cnt(15 DOWNTO 8) <= D;
                  iC0Low := NOT(iC0Low);
              ELSE
                  C0Cnt(7 DOWNTO 0) <= D;
                  SetC0 <= '1';
                  iC0Low := NOT(iC0Low);
              END IF;
          ELSIF Addr = "001" THEN
              IF iC1Low = '0' THEN
                  C1Cnt(15 DOWNTO 8) <= D;
                  iC1Low := NOT(iC1Low);
              ELSE
                  C1Cnt(7 DOWNTO 0) <= D;
                  SetC1 <= '1';
                  iC1Low := NOT(iC1Low);
              END IF;
          ELSIF Addr = "010" THEN
              IF iC2Low = '0' THEN
                  C2Cnt(15 DOWNTO 8) <= D;
                  iC2Low := NOT(iC2Low);
              ELSE
                  C2Cnt(7 DOWNTO 0) <= D;
                  SetC2 <= '1';
                  iC2Low := NOT(iC2Low);
              END IF;
          END IF;
      END IF;
END PROCESS CntWrtP;
RdCon: PROCESS(RD, Addr)
BEGIN
  IF RISING_EDGE(RD)THEN
      IF Addr = "000" THEN RdC0L <= NOT(RdC0L);
      ELSIF Addr = "001" THEN RdC1L <= NOT(RdC1L);
      ELSIF Addr = "010" THEN RdC2L <= NOT(RdC2L);
      END IF;
  END IF;
END PROCESS RdCon;
```

```
        RData: PROCESS(RD, Addr, NumC0, NumC1, NumC2)
        BEGIN
            IF FALLING_EDGE(RD)THEN
                IF Addr = "000" AND RdC0L = '0' THEN RdBuf0 <= NumC0;
                ELSIF Addr = "001" AND RdC1L = '0' THEN RdBuf1 <= NumC1;
                ELSIF Addr = "010" AND RdC2L = '0' THEN RdBuf2 <= NumC2;
                END IF;
            END IF;
        END PROCESS RData;
        RdP: PROCESS(RD, Addr, RdBuf0, RdBuf1, RdBuf2, RdC0L, RdC1L,
                    RdC2L, SetC2, SetC1, SetC0, St2Ov, St1Ov, St0Ov)
            VARIABLE RdBuf: STD_LOGIC_VECTOR( 7 DOWNTO 0) := X"00";
        BEGIN
            IF RD = '0' AND Addr = "000" THEN
                IF RdC0L = '1' THEN D <= RdBuf0(7 DOWNTO 0);
                ELSE D <= RdBuf0(15 DOWNTO 8); END IF;
            ELSIF RD = '0' AND Addr = "001" THEN
                IF RdC1L = '1' THEN D <= RdBuf1(7 DOWNTO 0);
                ELSE D <= RdBuf1(15 DOWNTO 8); END IF;
            ELSIF RD = '0' AND Addr = "010" THEN
                IF RdC2L = '1' THEN D <= RdBuf2(7 DOWNTO 0);
                ELSE D <= RdBuf2(15 DOWNTO 8); END IF;
            ELSIF RD = '0' AND Addr = "011" THEN
                D <= "00"&SetC2&SetC1&SetC0&St2Ov&St1Ov&St0Ov;
            ELSE
                D <= "ZZZZZZZZ";
            END IF;
        END PROCESS RdP;
    END Samp;
```

在顶层实体 mTCnt 的描述程序中，模式设置进程 MdSet 响应写信号 WR 的上升沿，获取设置数据。当 CS 为低电平且地址有效(为"11")时，进程取设置数据的[D5, D4]位，获得被设置计数器序号；然后，进程取设置数据[D2, D1, D0]位，获得计数器工作模式。

同样，写进程 CntWrtP 响应写信号 WR，根据地址位 A 与片选信号 CS，写入对应计数器的计数值。受到数据总线位宽限制，写进程通过两个写周期实现 16 位计数值的写入，先写高 8 位，后写低 8 位。计数值写入完毕后，进程 CntWrtP 发出信号 SetCx，通知计数器 x 更新计数值；然后，CntWrtP 收到来自计数器 x 的设置完成信号 StxOv，清除信号 SetCx。

进程 RdP、RData 与 RdCon 实现外部 CPU 对当前计数值或计数状态的读取控制。读取计数值时，进程 RdCon 响应读信号 RD，求取读进程的高低字节控制信号 RdCxL。当 RdCxL 为低电平时，RdP 将计数值 RdBufx 的高 8 位送至数据总线；反之，RdP 送出计数值的低 8 位。当 RD 上升沿来临时，RdP 对信号 RdCxL 执行一次取非运算，从而控制进程 RdP 依次送出计数值的高低 8 位；进程 RData 响应读信号 RD，若字节控制信号 RdCxL 为低电平，进程 RData 将与地址匹配的计数当前值送入读缓冲 RdBufx。

　　除了上述的数据交换进程，顶层实体 mTCnt 通过例化元件 U0、U1、U2，实现定时/计数器件的计数器 0、1、2。

2. 计数器 mCnt 的 VHDL 描述

　　实体 mCnt 实现针对计数脉冲的定时与计数功能。根据器件的进程结构，实体 mCnt 的结构体中主要包括计数重装进程 RstCon 与定时计数进程 CntP，实现代码如下。

　　例 6-2-2　可编程定时/计数电路的计数实体 mCnt 的 VHDL 描述：

```
LIBRARY IEEE;
USE IEEE.STD_LOGIC_1164.ALL;
USE IEEE.STD_LOGIC_UNSIGNED.ALL;
ENTITY mCnt IS
    PORT(CntV: IN STD_LOGIC_VECTOR(15 DOWNTO 0);
         sMod: IN STD_LOGIC_VECTOR(2 DOWNTO 0);
         St, G, Ck: IN STD_LOGIC;
         NumC: OUT STD_LOGIC_VECTOR(15 DOWNTO 0);
         OCntP, StOv: OUT STD_LOGIC);
END mCnt;
ARCHITECTURE Samp OF mCnt IS
    SIGNAL CntBuf: STD_LOGIC_VECTOR( 15 DOWNTO 0) := X"0000";
    SIGNAL iOP: STD_LOGIC := '1';
    SIGNAL Rst, RstOv, iStOv: STD_LOGIC := '0';
BEGIN
    StOv <= iStOv;
    RstCon: PROCESS(G, sMod, RstOv)
        VARIABLE tmp : STD_LOGIC_VECTOR( 15 DOWNTO 0) := X"0000";
    BEGIN
        IF RstOv = '1' THEN
            Rst <= '0';
        ELSIF RISING_EDGE(G) THEN
            IF sMod = "001" OR sMod = "010" OR sMod = "101" THEN Rst <= '1';
            END IF;
        END IF;
    END PROCESS RstCon;
    CntP: PROCESS(Ck, G, sMod, CntV, St, Rst)
        VARIABLE tmp : STD_LOGIC_VECTOR( 15 DOWNTO 0) := X"0000";
        VARIABLE MdEn : STD_LOGIC := '0';
    BEGIN
```

```
            IF St = '1' THEN
                tmp := CntV;
                iStOv <= '1';
                MdEn := '0';
            ELSIF Rst = '1' AND (sMod = "001" OR sMod = "010" OR sMod = "101") THEN
                tmp := CntV;
                RstOv <= '1';
                IF sMod = "001" OR sMod = "010" OR sMod = "101" THEN MdEn := '1';
                END IF;
            ELSIF FALLING_EDGE(Ck) THEN
                RstOv <= '0';
                iStOv <= '0';
                IF sMod = "000" AND G = '1' THEN
                    IF tmp > X"0000" THEN
                        tmp := tmp -1;
                        iOP <= '0';
                    ELSE
                        iOP <= '1';
                    END IF;
                ELSIF sMod = "001" AND MdEn = '1' THEN
                    IF tmp > X"0001" THEN
                        tmp := tmp -1;
                        iOP <= '0';
                    ELSE
                        tmp := tmp -1;
                        iOP <= '1';
                        MdEn := '0';
                    END IF;
                ELSIF sMod = "010" AND G = '1' THEN
                    IF tmp > X"0002" THEN
                        tmp := tmp -1;
                        iOP <= '1';
                    ELSIF tmp = X"0002" THEN
                        tmp := tmp -1;
                        iOP <= '0';
                    ELSE
                        iOP <= '1';
                        tmp := CntV;
                    END IF;
```

```
          ELSIF sMod = "011" AND G = '1' THEN
              IF tmp > CntV(15 DOWNTO 1)+1 THEN
                  tmp := tmp -1;
                  iOP <= '1';
                  ELSIF tmp > X"0001" THEN
                      tmp := tmp -1;
                      iOP <= '0';
                  ELSE
                      iOP <= '1';
                      tmp := CntV;
                  END IF;
          ELSIF sMod = "100" AND G = '1' THEN
              IF tmp > X"0001" THEN
                  tmp := tmp -1;
                  iOP <= '1';
                  ELSIF tmp = X"0001" THEN
                      tmp := tmp -1;
                      iOP <= '0';
                  ELSE
                      iOP <= '1';
                      tmp := CntV;
                  END IF;
          ELSIF sMod = "101" AND MdEn = '1' THEN
              IF tmp > X"0001" THEN
                  tmp := tmp -1;
                  iOP <= '1';
                  ELSIF tmp = X"0001" THEN
                      tmp := tmp -1;
                      iOP <= '0';
                  ELSE
                      MdEn := '0';
                      iOP <= '1';
                  END IF;
              END IF;
          END IF;
          NumC <= tmp;
      END PROCESS CntP;
      OCntP <= iOP;
  END Samp;
```

　　在上述描述程序中，计数进程 CntP 响应计数脉冲 Ck，在 Ck 的下降沿上，根据计数器的工作模式对 Ck 进行计数。在正常工作时，计数器实体 mCnt 接收来自顶层实体 mTCnt 的计数器计数值 CntV 与模式控制字 sMod，设置置数信号 St，通知计数进程 CntP 更新计数值；收到 St 信号后，CntP 装入计数值 CntV 并返回信号 StOv 至顶层实体 mTCnt，通知其撤销信号 St。然后 CntP 响应 Ck，开始计数。

　　当计数器工作于模式 1、2 或模式 5 时，若门控信号 G 出现上升沿，计数重装进程 RstCon 发出重装计数值信号 Rst，通知计数进程 CntP 重装计数值；收到 Rst 信号后，CntP 将计数值 CntV 再次送入 tmp，重启计数。同时，CntP 返回信号 RstOv，通知进程 CntP 撤销信号 Rst。

　　程序中的变量 MdEn 用于工作模式 1 与模式 5 的计数过程控制。当计数器工作于模式 1、5 时，门控信号 G 的上升沿触发信号 Rst 后，CntP 收到 Rst 后，置位 MdEn。然后，计数脉冲 Ck 出现下降沿，计数进程 CntP 采样 MdEn，若为高电平，则进行计数；反之，不予处理；在一轮计数结束后，CntP 清除 MdEn，等待重装信号 Rst 或计数值设置信号 St，开始新的计数周期。

6.2.3　电路实现

1. 项目创建与编译

　　采用前一节中的 VHDL 程序描述定时/计数电路的各个构成进程，创建设计项目，实现 16 位可编程定时/计数器件。项目名称与顶层实体名称保持一致，均设置为 mTCnt。顶层实体的 VHDL 实现程序名称与顶层实体严格一致，命名为 mTCnt.vhd；计数器实体描述文件与实体命名一致，命名为 mCnt.h。相对于前述章节中的实例电路，本例中的可编程定时/计数器具有一定的逻辑复杂程度，考虑到逻辑规模，本例初选 MAX II 系列的 CPLD 作为定时/计数电路的实现器件，具体器件型号参照开发系统的编译结果另行指定。如图 6.16 所示为按照上述方法创建的可编程定时/计数器件 mTCnt 的实现项目及其编译结果。

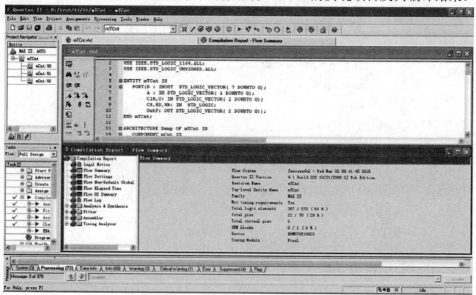

图 6.16　可编程定时/计数器件的项目实现及编译结果

根据器件预定功能需要的逻辑复杂程度、I/O 端口数量等资源状况，开发系统 Quatus II 在 MAX II 系列的 CPLD 中推荐选择器件 EPM240T100C3 实现预定的定时/计数电路；器件可提供逻辑宏单元共 570 个，实现预定的定时、计数功能需占用宏单元数 367 个，设计项目的宏单元占用率为 64%；推荐 PLD 器件可提供 I/O 端口共 76 个，实现预定逻辑功能需占用端口 22 个，设计项目的端口占用率为 29%。EPM570T100C3 器件采用 100 脚 TQFP 封装，速度等级为 C3，相对较高。

2. 器件、引脚分配

根据编译结果，器件 EPM570T100C3 能够满足电路的所有预定功能，宏单元占有率为 64%，端口占用率仅为 29%，允许以后对电路控制逻辑进行小幅修改，实现系统升级；同时，EPM570T100C3 为 3.3 V 低功耗器件，封装面积较小，速度等级较高，器件选择较合理。兼顾后续制版、布线等操作，本例的定时/计数电路引脚分配与器件指定如图 6.17 所示。

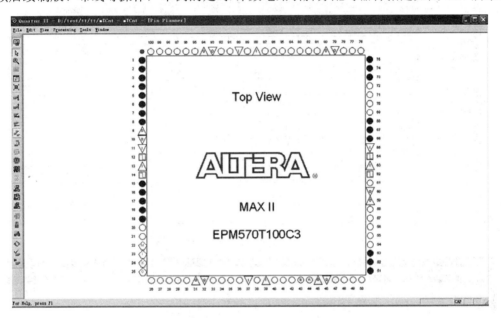

图 6.17 可编程定时/计数器件的引脚与器件分配

图中带阴影引脚为已分配引脚，信号与器件引脚之间的具体对应关系如表 6.3 所示。

表 6.3 可编程定时/计数器件的 I/O 信号与引脚对应关系

信号名称	D(7)	D(6)	D(5)	D(4)	D(3)	D(2)	D(1)	D(0)	CS	A(1)	A(0)
I/O 特性	双向	双向	双向	双向	双向	双向	双向	双向	输入	输入	输入
引脚序号	1	2	3	4	5	6	7	8	15	16	17
信号名称	RD	WR	G(0)	Clk(0)	OutP(0)	G(1)	Clk(1)	OutP(1)	G(2)	Clk(2)	OutP(2)
I/O 特性	输入	输入	输入	输入	输出	输入	输入	输出	输入	输入	输出
引脚序号	18	19	51	52	53	66	67	68	73	74	75

在图 6.17 所示的可编程定时/计数器件引脚布局中，按照输入输出信号分开、高低频信号分开等原则，按逆时针顺序，从引脚 1 到引脚 77，端口上被分配的信号依次为 8 位数

据端口 D、片选 CS、地址信号 A、读信号 RD、写信号 WR、计数器 0、1、2 的门控 G、时钟 Clk 与输出 OutP 等。

6.2.4　电路测试及分析

1．功能仿真

如图 6.18 所示为定时/计数电路的仿真输入，图 6.19 所示为电路工作于模式 0 时的工作时序。

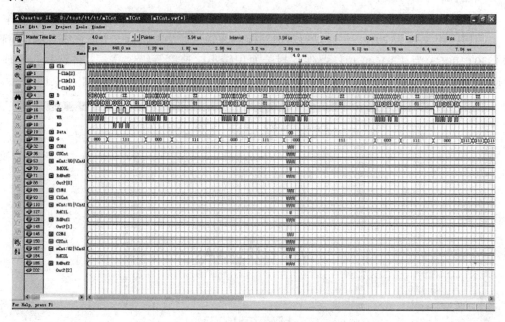

图 6.18　可编程定时/计数器件的仿真输入

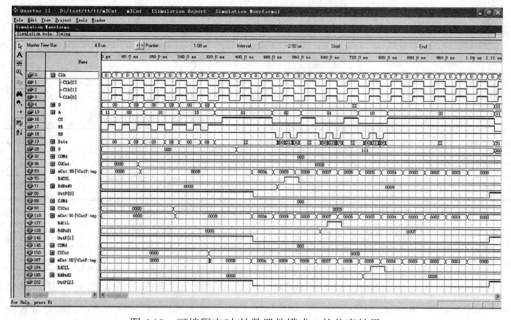

图 6.19　可编程定时/计数器件模式 0 的仿真结果

在图 6.18 所示的仿真输入中，仿真栅格设置为 20 ns，仿真总时长设置为 10 μs。图中的信号 D 为 8 位双向数据总线的数据设置情况，Data 为仿真运行时数据总线 D 的变化状况。自左至右，3 个计数器依次工作于模式 0～模式 5。

在图 6.19 所示的仿真结果中，在 0～340 ns 的时间段内，器件 CS 变为低电平，器件写入各计数器的模式控制字与计数值。在 20 ns 时刻，端口 WR 上出现上升沿，此时地址 A 取值"11"，模式控制字 00H 被写入控制寄存器。按照控制字定义格式，计数器 0 的模式控制字 C0Md 被置为"000"，保持初始值，工作于模式 0；在 40 ns 与 100 ns 时刻处，WR 上再次出现上升沿，数据总线 Data 上分别送出 00H 与 0BH，值 000BH 被送入地址"00"(即计数器 0)；采用同样过程，计数值 000BH 被送至计数器 1 与 2，完成 3 个计数器的模式设置与计数值输入。

在 380 ns 时刻处，3 个计数器的门控信号 G 同时变为高电平，取值为"111"，3 个计数器分别响应计数脉冲 Clk(0)～Clk(3)，同时开始减计数。为便于设置波形，本例的 3 个计数脉冲同频且同相。在时间段 480 ns～560 ns 内，器件 CS 变为低电平，同时 RD 上出现低电平，此时地址 A 取值为"00"，计数器 0 的当前计数值 0009H 被送至数据总线，RD 首次出现低电平，读进程的高低字节控制位 RdC0L 为低电平，Data 上送出计数值高 8 位 00H；RD 再次出现低电平，RdC0L 转为高电平，Data 上送出计数值低 8 位 09H。计数开始后，计数器响应 Clk(0)信号下降沿，计数输出 OutP(0)变为低电平，计数值 tmp 依次减 1；减至 0 后，Clk 端再次出现下降沿，OutP(0)变为高电平，计数结束。

工作于模式 1 时，计数器的工作时序波形模拟如图 6.20 所示。在图中的工作时序中，控制计算机向地址"11"(模式寄存器地址)依次写入模式控制字 01H、11H 与 21H，将计数器 0～2 的工作模式分别设置为模式 1；然后，将 16 位计数值 0007H 分别写入计数器 0、1、2(地址依次为"00"、"01"、"10")。之后，3 个计数器的门控 G 出现上升沿(由"111"转为"000")，3 个计数器响应 Clk，开始模式 1 计数。

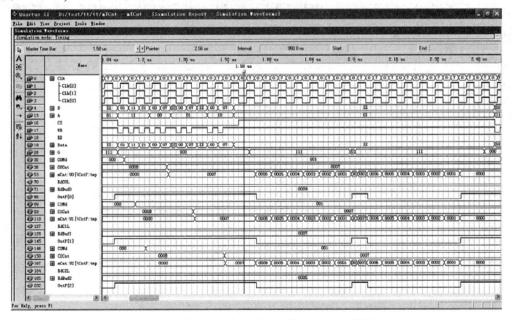

图 6.20 可编程定时/计数器件模式 1 的仿真结果

当 Clk 下降沿来临时，计数输出 OutP 变为低电平，计数器执行减计数，计数值 tmp 减至 0，OutP 变为高电平，一轮计数结束；然后，G 端再次出现上升沿，计数值恢复初始值(此处为 0007H)，当 Clk 下降沿再次来临时，OutP 再次变为低电平，开始新一轮计数，与设计功能一致。

如图 6.21 所示为计数器作于模式 2 时的工作时序模拟，计数器工作于模式 3 时的时序模拟如图 6.22 所示。

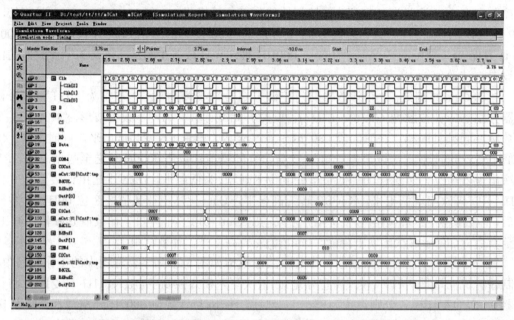

图 6.21　可编程定时/计数器件模式 2 的仿真结果

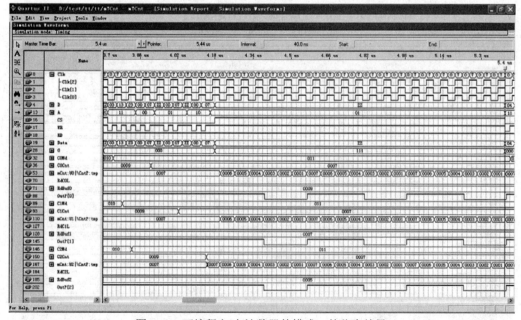

图 6.22　可编程定时/计数器件模式 3 的仿真结果

与模式 1 相同，使用模式 2 时，首先向控制字寄存器写入 3 个计数器的模式字 02H、

12H 与 22H。然后，按照先高后低的顺序写入计数值(此处为 0009H)的高位字节与低位字节。之后，门控信号 G 变为高电平，计数器响应 Clk，开始减计数。减至 1 时，计数输出低电平。当 Clk 下降沿再次来临时，计数器重装计数值，OutP 恢复高电平，重启新一轮计数。

电路工作于模式 3 时，首先 CS 变为低电平，模式字 03H、13H 与 23H 分别写入地址"11"，设置 3 个计数器工作于模式 3；然后，计数值 0007H 分别写入计数器 0、1、2，设置完成。

工作模式设置结束，3 个门控信号 G 变为高电平，各计数器响应各自的计数脉冲 Clk，开始计数。计至一半时(此处为 0004H)，Clk 再次来临，输出 OutP 转为低电平；计至 0001H 时，输出 OutP 恢复高电平，重装计数值，开始新的计数循环。

图 6.23 所示为工作于模式 4 时计数器的工作时序，计数器工作于模式 5 时的工作时序如图 6.24 所示。

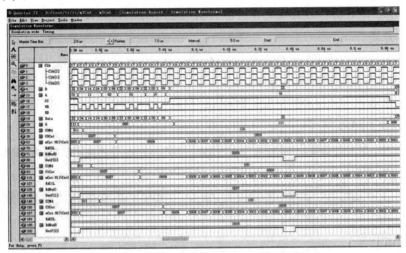

图 6.23　可编程定时/计数器件模式 4 的仿真结果

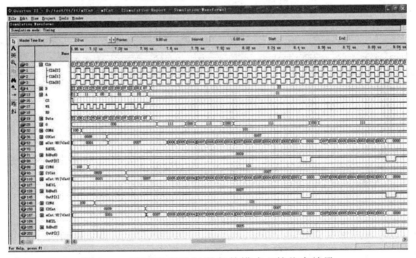

图 6.24　可编程定时/计数器件模式 5 的仿真结果

计数器工作于模式 4 时，模式字 04H、14H 与 24H 分别写入地址"11"，计数值 0009H

分别写入地址"00"、"01"与"02"，设置各计数器工作于模式 4 并写入计数值，完成设置。然后，门控信号 G 设置为"111"，各计数器开始计数。计至 0001H 时，Clk 再次来临，输出 OutP 转为低电平；在下一个 Clk 的下降沿上，输出 OutP 恢复高电平，重装计数值，开始新一轮计数。

计数器工作于模式 5 时，模式字 05H、15H 与 25H 依次写入地址"11"，计数值 0007H 分别写入地址"00"、"01"与"02"，完成各计数器工作模式 5 与计数值的设置。门控 G 的各数据位置为高电平，计数器 0、1、2 分别响应各计数脉冲 Clk，开始减计数。在时刻 7.74 μs 与 7.92 μs 处，G 端出现上升沿，取值由"000"转为"111"，计数器重装计数值 0007H，计数重启。减计数至 0001H 时，Clk 下降沿再次出现，OutP 变为低电平。然后，在下一个 Clk 下降沿上 OutP 恢复高电平，结束计数。

当计数器在模式 5 的计数结束后，G 端的上升沿会再次重装计数值，重启一轮计数，如图中 8.52 μs 处的 G 端上升沿。

可编程定时/计数器件的其他工作波形分析与上述方法与过程类似，可自行分析。

2．时序分析

通过 Processing 菜单下的时间分析工具 Classic Timing Analyzer Tool，得到可编程定时/计数器件的时序分析结果如图 6.25 所示。其中，器件的输出延迟时间 tpd、数据建立时间 tsu、时钟输出延迟时间 tco 与信号保持时间 th 等详细参数见图中的时间分析工具窗 Classic Timing Analyzer Tool。

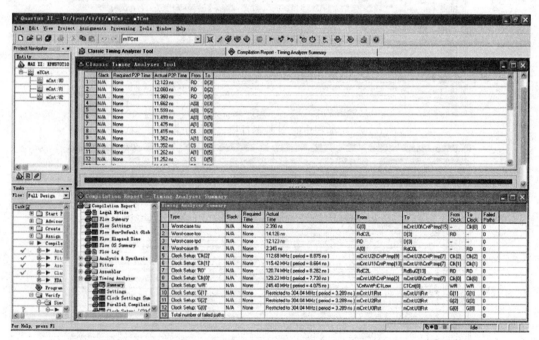

图 6.25　可编程定时/计数器件的时序分析及结果

选择图 6.25 工具窗 Classic Timing Analyzer Tool 中的按钮 Start，启动电路的时序分析，然后选择按钮 Report，得到可编程定时/计数电路的数据建立时间 tsu 最大值为 2.390 ns，时钟输出延迟 tco 最大值为 14.126 ns，输出延迟时间 tpd 的最大值为 12.123 ns，数据保持时间 th 的最大值为 2.345 ns，WR 的最高容许频率为 245.4 MHz，RD 的最高容许频率为 120.74 MHz，Clk(0)～Clk(3)的容许频率依次为 129.23 MHz、115.42 MHz 与 112.68 MHz，门控 G(0)～G(3)的容许频率均为 304.04 MHz。

若上述参数或者功能未满足设计要求，可对描述程序或器件、布局、布线等参数进行修正，重新编译仿真，直至满足设计要求。

6.3　SPI 总线接口器件

6.3.1　逻辑功能与分析

1. 功能分析

串行数据接口电路是现代计算机系统，尤其是嵌入式计算机系统内部以及系统之间数据交换、传输的重要部件。与并行接口相比，串行接口及其通信协议具有接线少、传输方便等优势，在远距离、高速数据传输等场合应用广泛。然而在各计算机系统的集成电路内部，往往要求参与各种运算、处理的数据为并行数据，因此，具有并串转换、串并转换的数据接口往往成为现代计算机系统的重要构成器件。

SPI 是一种典型的高速串行通信协议，51 系列、Cortex、Arm 920T 等系列的嵌入式处理器均提供 SPI 协议支持，并提供 1 个甚至多个相应的通信接口。同时，集成电路厂商也推出大量带有 SPI 接口的 AD、DA、专用传感器等器件。本例实现具有 SPI 总线的串、并转换接口器电路，器件具有 SPI 端口、并行输入端口、并行输出端口各一个。

2. 器件逻辑与功能结构

为便于设计，本例采用图 6.26 所示的逻辑功能结构。本例中的器件作为 SPI 的从器件使用，具有 1 个 SPI 接口以及端口信号 Sck、nSS、MOSI、MISO，与标准 SPI 协议一致。器件具有 16 位并行输入、输出接口各 1 个，分别命名为并行端口 InP 与 OutP；应答信号与选通信号各一个，分别为 nAck、nSTB；输入、输出缓冲满标志各一个，分别为 InBF 与 OutBF。

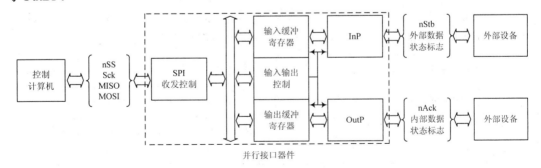

图 6.26　SPI 接口器件的逻辑功能结构

在图 6.26 中，接口器件通过 MOSI 接收控制计算机的数据信息，将其转化为并行数据送至输出缓冲，同时置位输出缓冲标志；然后，器件响应信号 nAck，将数据发至端口 OutP，清除输出缓冲标志；接收数据时，InP 将外设数据送入输入缓冲，输入输出控制置输入缓冲标志为高，SPI 收发控制获取输入缓冲并将其转换为串行数据，响应 Sck，逐位将数据发至 MISO 端。

3. 实现原理

参照器件逻辑功能，本例通过多进程实现预定的控制逻辑，各进程间的输入、输出关系与启动关系如图 6.27 所示。图中的接口控制逻辑由 SPI 数据收进程 OutCon、输出标志控制进程 OutFlg、输出进程 OutProc 与 SPI 数据发进程 InCon、输入进程 InProc、输入标志控制进程 InFlg 构成。

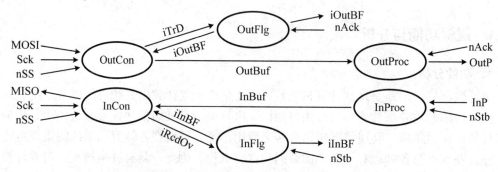

图 6.27　SPI 总线接口器件的进程与启动关系

接口器件执行输出操作时，SPI 数据收进程 OutCon 响应数据时钟 Sck，获取各数据位，执行并串转换，将得到的数据送入 16 位输出缓冲 OutBuf。然后，输出进程 OutProc 等待响应信号 nAck，将数据送至输出端口 OutP。进程 OutFlg 监测外部信号 nAck 与 SPI 数据发更新标志 iTrD，动态修正输出缓冲满标志 iOutBF。

接口器件执行输入操作时，输入进程 InProc 响应选通信号 nStb，获取端口 InP 的 16 位输入，将数据送入输入缓冲 InBuf。SPI 数据发进程 InCon 响应数据时钟 Sck，依次获取 InBuf 的各数据位，将其送至 SPI 的数据端 MISO。

6.3.2　电路的 VHDL 描述

本例所用的 SPI 协议工作时序设置如图 6.28 所示。执行数据传输时，nSS 变为低电平，SPI 主、从机分别响应数据时钟 Sck，在 Sck 上升沿上发送串行数据各数据位，在 Sck 下降沿上接收各串行数据位。参照前述的电路逻辑功能结构与集成关系，实现器件。

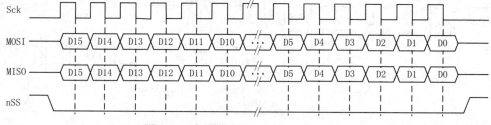

图 6.28　本例所用的 SPI 协议工作时序

为便于器件描述，在编程实现时，程序的所有端口、变量、信号定义以及进程设计与图 6.27 中的描述一致，电路的 VHDL 描述程序如下。

例 6-3-1 SPI 总线接口器件的 VHDL 描述程序：

```
LIBRARY IEEE;
USE IEEE.STD_LOGIC_1164.ALL;
USE IEEE.STD_LOGIC_UNSIGNED.ALL;
ENTITY mSPI IS
    PORT(InP : IN   STD_LOGIC_VECTOR( 15 DOWNTO 0);
         Sck, nSS, MOSI: IN STD_LOGIC;
         nAck, nSTB: IN STD_LOGIC;
         MISO, InBF, OutBF: OUT STD_LOGIC;
         OutP: OUT STD_LOGIC_VECTOR( 15 DOWNTO 0));
END mSPI ;
ARCHITECTURE Samp OF mSPI IS
    SIGNAL InBuf, OutBuf: STD_LOGIC_VECTOR( 15 DOWNTO 0) := X"0000";
    SIGNAL iInBF, iOutBF: STD_LOGIC := '0';
    SIGNAL iTrD, iRcDOv: STD_LOGIC := '0';
BEGIN
    OutCon: PROCESS(nSS, MOSI, Sck, nAck, iOutBF)
        VARIABLE tmp : INTEGER RANGE 0 TO 15 := 0;
    BEGIN
        IF iOutBF = '1' THEN
            iTrD <= '0';
        ELSIF FALLING_EDGE(Sck) AND nSS = '0' AND iOutBF = '0' THEN
            IF tmp < 15 THEN
                OutBuf(15-tmp) <= MOSI;
                tmp := tmp+1;
            ELSE
                OutBuf(15-tmp) <= MOSI;
                tmp := 0;
                iTrD <= '1';
            END IF;
        END IF;
    END PROCESS OutCon;
    OutFlg: PROCESS(nAck, iTrD)
    BEGIN
        IF iTrD = '1' THEN
            iOutBF <= '1';
        ELSIF FALLING_EDGE(nAck) THEN
            iOutBF <= '0';
        END IF;
```

```vhdl
        END PROCESS OutFlg;
        OutBF <= iOutBF;
        OutProc: PROCESS(nAck, OutBuf)
        BEGIN
           IF FALLING_EDGE(nAck) THEN
               OutP <= OutBuf;
           END IF;
        END PROCESS OutProc;
        InCon: PROCESS(nSS, InBuf, Sck, iInBF)
           VARIABLE tmp : INTEGER RANGE 0 TO 15 := 0;
        BEGIN
           IF iInBF = '0' THEN
               iRcDOv <= '0';
           ELSIF RISING_EDGE(Sck) AND nSS = '0' THEN
               IF tmp < 15 THEN
                   MISO <= InBuf(15-tmp);
                   tmp := tmp+1;
               ELSE
                   MISO <= InBuf(15-tmp);
                   tmp := 0;
                   iRcDOv <= '1';
               END IF;
           END IF;
        END PROCESS InCon;
        InFlg: PROCESS(iRcDOv, nSTB)
        BEGIN
           IF iRcDOv = '1' THEN
               iInBF <= '0';
           ELSIF FALLING_EDGE(nSTB) THEN
               iInBF <= '1';
           END IF;
        END PROCESS InFlg;
        InBF <= iInBF;
        InProc: PROCESS(nSTB, InP, iInBF)
        BEGIN
           IF FALLING_EDGE(nSTB) AND iInBF = '0' THEN
               InBuf <= InP;
           END IF;
        END PROCESS InProc;
    END Samp;
```

描述程序的实体名称设置为 mSPI, 采用 SPI 标准端口, 信号包括主机数据输出/从机数据输入 MOSI(Master Output Slave Input)、主机数据输入/从机数据输出 MISO(Master Input Slave Output)、数据时钟 Sck 与从机选择端 nSS。此外, 器件端口还包括 16 位数据输入端口 InP、16 位数据输出端口 OutP、输入选通信号 nStb、输出响应信号 nAck、输出缓冲满标志 OutBF 与输入缓冲满标志 InBF。为便于实现, 描述程序设计输入缓冲 InBuf 与输出缓冲 OutBuf, 分别暂存来自 SPI 的输出数据与来自外设的输入数据。

执行数据输出操作时, 如果输出缓冲满标志 iOutBF 为低电平且 nSS 有效, 进程 OutCon 响应 SPI 数据时钟 Sck 下降沿, 采样端口 MOSI, 依次获取各输出数据位, 送入输出缓冲 OutBuf。一帧数据(16 位)接受结束后, 进程 OutCon 发出信号 iTrD, 通知进程 OutFlg 修改输出缓冲满标志 iOutBF; 然后, OutFlg 修改标志 iOutBF, OutCon 检测到 iOutBF 变为高电平, 撤销 iTrD; iOutBF 变化引起端口 OutBF 变化。外设收到 OutBF, 发出响应信号 nAck, OutProc 响应 nAck 下降沿, 将 OutBuf 送至端口 OutP; 同时, nAck 下降沿触发进程 OutFlg, 清除输出缓冲满标志 iOutBF, 端口 OutBF 清零, 数据输出完成。

执行数据输入操作时, 进程 InProc 监测选通信号 nStb, 当 nStb 下降沿来临且输入缓冲满标志无效为"0"时, InProc 将端口 InP 的数据送入输入缓冲 InBuf; 同时, 进程 InCon 响应 nStb 下降沿, 置位输入缓冲满标志 iInBF; 监测到标志 iInBF 为高电平且 nSS 有效后, SPI 发进程 OutCon 响应 SPI 数据时钟 Sck 上升沿, 由高至低依次将 InBuf 各数据位送至端口 MISO。一帧数据(16 位)发送结束后, 进程 InCon 将信号 iRcDOv 置为高电平, 通知进程 InFlg 修改输入缓冲满标志 iInBF; 然后, InFlg 将 iInBF 置为低电平, InCon 检测到 iInBF 变低, 清零 iRcDOv; iInBF 的变化引起端口 InBF 变化, 数据输入完毕。

6.3.3　电路实现

1. 项目创建与编译

如图 6.29 所示为 SPI 总线接口器件 mSPI 的实现项目及项目编译情况。

图 6.29　SPI 总线接口器件 mSPI 的项目实现及编译

项目利用前文的 VHDL 程序描述本例的 SPI 接口器件，创建项目，将其加入设计项目并作为项目的顶层实体，实现预定的接口电路。项目的顶层实体、项目名称保持一致，均命名为 mSPI。同时，实体的 VHDL 描述程序名称与顶层实体严格对应，需命名为 mSPI.vhd。根据器件的逻辑功能与逻辑复杂程度，选择 MAX II 系列 CPLD 器件实现预定的接口电路，具体器件类型根据开发系统初选的器件结合编译结果中的资源占用情况合理选择。

根据 SPI 总线器件逻辑功能的电路结构、逻辑复杂程度以及所需要的 I/O 端口数量等状况，开发工具 Quartus II 在指定的 MAX II 系列 CPLD 中初步推荐使用器件 EPM240T100C3 来实现电路。采用该器件实现 mSPI 需宏单元占用 83 个，占 EPM240T100C3 器件所提供逻辑宏单元的 35%；实现目标逻辑需占用端口 40 个，占 EPM240T100C3 器件所提供 I/O 端口的 50%。EPM240T100C3 器件采用 100 脚的 TQFP 封装，速度等级为 C3，封装形式、器件大小、速度等级相对合理。

2. 器件、引脚分配

根据上述编译结果，初选的器件 EPM240T100C3 完全可以满足本例的接口器件，同时项目 35% 的宏单元占用率、50% 端口占用率，能够为后续的逻辑功能完善、修改以及系统升级提供较大的选择余地。EPM240T100C3 为 3.3 V 低功耗器件，封装面积较小，价格、速度等级等情况合理，后续的电路焊接以及调测试均较为方便。因此，本例为项目最终指定器件 EPM240T100C3。

考虑到后续制版、布线与调测试的方便性，本例的 SPI 总线接口器件 mSPI 的引脚分配与器件指定如图 6.30 所示。

图 6.30　SPI 总线接口器件 mSPI 的引脚信号与器件分配

图中的带阴影引脚为已分配信号的引脚，从引脚 5 到引脚 85，按照逆时针顺序，端口上分配的信号依次为：SPI 总线的信号 Sck、nSS、MOSI、MISO、外设响应信号 nAck、16 位输出端口 OutP、输出缓冲满标志 OutBF、选通信号 nStb、16 位输入端口 InP、输入缓冲满标志 nInBF。表 6.4 给出了 SPI 接口电路 mSPI 的实现器件 EPM240T100C3 各引脚与 I/O 信号的详细对应关系。

表 6.4 SPI 总线接口器件的引脚信号详细分配状况

名称	SCK	nSS	MOSI	MISO	nAck	OutP(0)	OutP(1)	OutP(2)	OutP(3)	OutP(4)
I/O 特性	输入	输入	输入	输出	输入	输出	输出	输出	输出	输出
引脚号	5	6	7	8	38	39	40	41	42	47
名称	OutP(5)	OutP(6)	OutP(7)	OutP(8)	OutP(9)	OutP(10)	OutP(11)	OutP(12)	OutP(13)	OutP(14)
I/O 特性	输出	输出	输出	输出	输入	输入	输出	输出	双向	双向
引脚号	48	49	50	51	52	53	54	55	56	57
名称	OutP(15)	OutBF	nStb	InP(0)	InP(1)	InP(2)	InP(3)	InP(4)	InP(5)	InP(6)
I/O 特性	双向	输出	输入	输入	输入	输入	输入	输入	输入	输入
引脚号	58	61	66	67	68	69	70	71	72	73
名称	InP(7)	InP(8)	InP(9)	InP(10)	InP(11)	InP(12)	InP(13)	InP(14)	InP(15)	InBF
I/O 特性	输入	输入	输入	输入	输入	输入	输入	输入	输入	输出
引脚号	74	75	76	77	78	81	82	83	84	85

6.3.4 电路功能测试及分析

1. 逻辑功能仿真

图 6.31 所示为 SPI 总线接口器件 mSPI 的逻辑功能仿真输入波形文件。

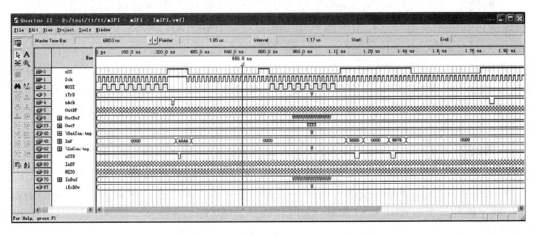

图 6.31 SPI 总线接口器件 mSPI 的仿真输入

在图示仿真输入中，仿真栅格 Grid 大小设置为 20 ns，仿真总时长设置为 3 μs。图中的信号 \OutCon:tmp 为 SPI 协议从机数据收进程 OutCon 的数据位计数器，与其相对应，信号 \InCon:tmp 为 SPI 协议从机数据发进程 InCon 的数据位计数器。对应于每个数据时钟 Sck，SPI 每执行一次数据位的收发，两个信号 tmp 分别计数一次。收发完 16 位数据，两个 tmp 信号均清零。

在上述仿真激励的作用下，SPI 总线接口器件 mSPI 的工作时序仿真结果波形如图 6.32 所示。

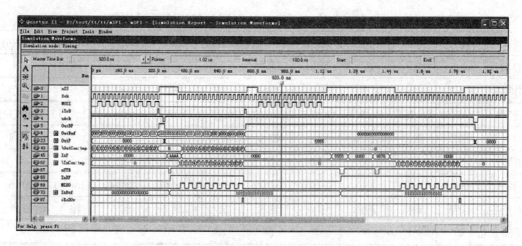

图 6.32　SPI 总线接口器件 mSPI 的逻辑功能仿真

在图中所示仿真结果中，在时间段 0～330 ns 内，从机选择信号 nSS 变为低电平，mSPI 器件被选中并接收 SPI 送入的 16 位数据。在 Sck 的下降沿上，mSPI 器件采样端口 MOSI，由高至低依次获取 SPI 总线送入的 16 个数据位。在 320 ns 时刻处，1 次 SPI 传输结束，数据"0101010101010101"被送至输出缓冲 OutBuf，同时 iTrD 置位；iTrD 触发进程 OutFlg，将输出缓冲满标志 OutBF 置为高电平；在 350 ns 时刻处，外设响应信号 nAck 变为低电平从而生效，输出端口 OutP 输出数据 5555H，同时标志 OutBF 清零，串入并出的操作过程执行完毕。

在时间段 380～755 ns 内，mSPI 器件执行全双工操作。在 380 ns 时刻处，选通信号 nSTB 变为低电平从而有效，将输入端口 InP 端数据 0AAAAH 送入输入缓冲 InBuf，随之标志输入缓冲满标志 InBF 变为高电平，缓冲输入完成。在时间段 380～755 ns 内的 Sck 的上升沿上，InBuf 内的数据"1010101010101010"（0AAAAH）按位由高到低依次被送上 MISO，在相应 Sck 的下降沿上，可以观察到 MISO 依次出现的数值序列为"1010101010101010"；16 位数据发送完毕后，信号 iRcDOv 变为高电平从而触发进程 InFlg，清除输入缓冲满标志 InBF，并入串出过程执行完毕。

在时间段 380 ns～755 ns 内，执行并入串出操作的同时，器件响应 Sck 的下降沿，采样 MOSI 执行串入并出操作，在时刻 730 ns 处，16 位数据获取完成，iTrD 置为高电平，引起输出缓冲满标志 OutBF 变为高电平，缓冲输出完成。由于在该时间段内 MOSI 保持低电平，输出缓冲值为 0000H，可以观察到 SPI 接收计数器\OutCon:tmp 与发送计数器\InCon:tmp 的变化情况以及输入缓冲 InBuf、输出缓冲 OutBuf 的变化情况。

在时刻 1.2 µs 处，选通信号 nSTB 变为低电平，InP 端的数据 5555H 被送入 InBuf，输入缓冲满标志 InBF 变为高电平从而有效；在时刻 1.37 µs 处，选通信号 nSTB 再次变低，InBuf 保持不变，输入被禁止。SPI 接口器件 mSPI 的其他工作波形分析与该例类似，可自行分析。

2．时序分析

通过 Processing 菜单下的时间分析工具 Classic Timing Analyzer Tool，对 SPI 总线接口电路 mSPI 进行时序分析，结果如图 6.33 所示。其中，电路各信号的输出延迟时间 tpd、数据建立时间 tsu、时钟输出延迟时间 tco 与信号保持时间 th 值见图中的时间分析工具窗 Classic Timing Analyzer Tool。

通过图 6.33 中的按钮 Start，启动电路的时序分析，然后选择按钮 Report，得到接口电路 mSPI 各时间参数的极端值，数据建立时间 tsu 的最大值为 0.986 ns，时钟输出延迟时间 tco 的最大值为 7.276 ns，数据信号保持时间 th 的最大值为 1.447 ns，Sck 的最高容许频率为 209.78 MHz，nSTB 的最高容许频率为 304.04 MHz。

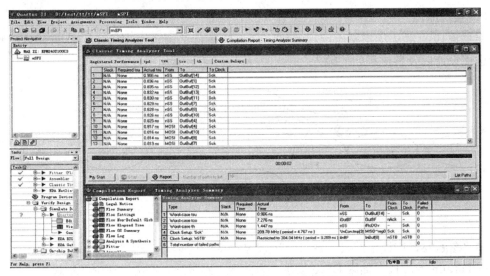

图 6.33　SPI 总线接口器件 mSPI 的时序分析

当器件功能或时间分析参数达不到设计要求时，可以修改描述程序或其他的器件、布局、布线等参数，重新编译仿真，直至设计要求得到满足。

6.4　堆栈(STACK)电路

6.4.1　逻辑功能与分析

1. 功能分析

堆栈是计算机系统中应用非常广泛的一种典型存储电路，它遵从先入后出的存取原则，常用于计算机控制过程中一些重要运行参数与数据的存储与恢复。假定某计算机控制系统中的存储电路中设置专用堆栈存储区 STACK、堆栈指针 SP，如图 6.34 所示。

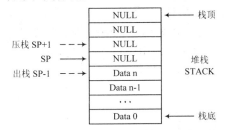

图 6.34　堆栈存储电路的结构与操作

存入数据时，堆栈电路获取堆栈指针 SP，计算对应存储地址。然后，将指定数据送至相应的存储单元，堆栈指针加 1，即所谓的"压栈"或"入栈"；读取数据时，堆栈电路首先获取堆栈指针 SP，堆栈指针进行减 1 运算，然后计算地址，将对应存储单元数据送至数据总线，完成栈内数据的"出栈"操作。

在堆栈初始状态，堆栈指针 SP 指向图中的栈底。随堆栈操作的进行，根据栈操作指令，堆栈指针依次加 1(上移)或减 1(下移)，直至达到栈顶或栈底。

2. 实现原理

根据堆栈的定义及其操作过程的描述，本例通过多进程实现堆栈预定的各种控制逻辑，进程设计以及各进程间的输入、输出关系与启动关系如图 6.35 所示。

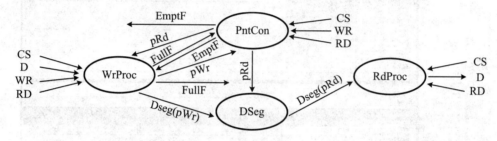

图 6.35　堆栈存储电路的进程设计与启动关系

参照图 6.35，堆栈电路设计通过写进程 WrProc(压栈)、读进程 RdProc(出栈)、指针控制进程 PntCon 与堆栈存储区 DSeg 实现。为便于电路描述，堆栈设计中特别设置堆栈的读指针 pRd 与写指针 pWr，其中的写指针 pWr 与堆栈指针 SP 取值相同，读指针 pRd 的取值为 pWr − 1，与堆栈定义及操作一致。

写进程 WrProc 实现数据的压栈操作，进程响应器件并行接口的写操作，将写入的数据送入堆栈 DSeg，完成压栈。同时，WrProc 结合电路的读写状况调整写指针 pWr；读进程 RdProc 实现数据的出栈操作，进程响应器件并行接口的读操作，将堆栈内数据送至器件的数据端口 D，完成出栈；进程 PntCon 专门用于读指针的动态调整，进程根据器件读写状况计算堆栈的读指针。

6.4.2　电路的 VHDL 描述

参照堆栈结构功能以及操作过程，考虑兼容性与通用性，本例堆栈电路采用标准 8 位并行接口，设置器件 8 位双向数据端口为 D、器件片选端为 CS，器件的数据写入端、读出端分别定义为 WR、RD，且均为低电平有效。为方便使用，器件设置专用状态标志端口，包括堆栈空标志信号 Empt 与堆栈满标志 Full。

为便于程序理解与电路描述，在编程实现时，描述程序的所有端口、变量、信号定义以及进程设计与图 6.35 中的描述一致，电路的 VHDL 描述程序如下。

例 6-4-1　堆栈(STACK)的 VHDL 描述程序：

```
LIBRARY IEEE;
USE IEEE.STD_LOGIC_1164.ALL;
USE IEEE.STD_LOGIC_UNSIGNED.ALL;
```

```vhdl
ENTITY mStck IS
    PORT(D : INOUT    STD_LOGIC_VECTOR( 7 DOWNTO 0);
         CS, RD, WR: IN    STD_LOGIC;
         Empt, Full: OUT STD_LOGIC);
END mStck;
ARCHITECTURE Samp OF mStck IS
    TYPE mMem IS ARRAY(0 TO 7) OF STD_LOGIC_VECTOR( 7 DOWNTO 0);
    SIGNAL DSeg : mMem;
    SIGNAL EmptF: STD_LOGIC:= '1';
    SIGNAL FullF: STD_LOGIC := '0';
    SIGNAL pWr: INTEGER RANGE 0 TO 8 := 0;
    SIGNAL pRd: INTEGER RANGE 0 TO 8 := 0;
BEGIN
    WrProc: PROCESS(RD, CS, EmptF, WR, D, pRd)
        VARIABLE iWr: INTEGER RANGE 0 TO 8 := 0;
        VARIABLE iFull: STD_LOGIC := '0';
        VARIABLE iDeta: STD_LOGIC := '0';
    BEGIN
        IF RD = '0' AND CS = '0' AND EmptF = '0' THEN
            iDeta := '1';
            iFull := '0';
        ELSIF RISING_EDGE(WR) AND CS = '0' AND iFull = '0' THEN
            IF iDeta = '1' THEN
                iWr := pRd;
            END IF;
            DSeg(iWr) <= D;
            IF iWr = 7 THEN
                iFull := '1';
            END IF;
            iWr := iWr+1;
            iDeta := '0';
        END IF;
        pWr <= iWr;
        FullF <= iFull;
    END PROCESS WrProc;
    RdProc: PROCESS(CS, RD, EmptF, DSeg, pRd)
    BEGIN
        IF RD = '0' AND CS = '0' AND EmptF = '0' THEN
            D <= DSeg(pRd);
```

```
        ELSE
            D <= "ZZZZZZZZ";
        END IF;
    END PROCESS RdProc;
    PntCon: PROCESS(WR, CS, FullF, pWr, RD)
        VARIABLE iRd: INTEGER RANGE 0 TO 8 := 0;
        VARIABLE iEmpt: STD_LOGIC := '1';
        VARIABLE iDeta: STD_LOGIC := '0';
    BEGIN
        IF WR = '0' AND CS = '0' AND FullF = '0' THEN
            iDeta := '1';
            iEmpt := '0';
        ELSIF FALLING_EDGE(RD) AND CS = '0' AND iEmpt = '0' THEN
            IF iDeta = '1' THEN
                iRd := pWr-1;
            ELSIF iRd > 0 THEN
                iRd := iRd-1;
            ELSE
                iEmpt := '1';
            END IF;
            iDeta := '0';
        END IF;
        pRd <= iRd;
        EmptF <= iEmpt;
    END PROCESS PntCon;
    Empt <= EmptF;
    Full <= FullF;
END Samp;
```

描述程序的实体名称设置为 mStck，堆栈电路 mStck 在正常工作时，数据的出入栈动作均会影响读写指针 pRd 与 pWr，当数据持续入栈时，电路中的写指针 pWr、读指针 pRd 均持续进行加 1 运算；数据持续出栈时，写指针 pWr、读指针 pRd 均持续进行减 1 运算。同时，当堆栈为满或空状态时，读写指针相等；否则，读写指针满足条件 pWr = pRd + 1。

根据上述原理描述写进程 WrProc 与指针控制进程 PntCon。写进程 WrProc 响应信号 WR 的上升沿，CS 为低电平有效且堆栈 mStck 不为满状态，若上次操作为出栈(iDeta ='1')，WrProc 获取读指针 pRd，根据 pRd 计算当前写指针 pWr。当上次操作为入栈(iDeta = '0')时，如果 pWr 到达栈顶，将堆栈满标志 iFull 置位，调整写指针 pWr。然后，写进程 WrProc 获取数据总线 D，送入堆栈存储区 DSeg 中由 pWr 指定的存储单元 DSeg(pWr)，同时清除标志 iDeta。由于写指针 pWr 的计算与上次栈操作类型有关，进程 WrProc 监测读信号 RD，若 RD 发生变化、CS 有效且堆栈不空(EmptF 为"0")，进程 WrProc 将 iDeta 置位，供 WrProc

执行入栈操作时计算 pWr 使用。

　　进程 PntCon 计算堆栈电路的读指针 pRd，进程响应读信号的下降沿，若 CS 有效且堆栈不为空(EmptF 为 "0")，则计算堆栈读指针 pRd，执行出栈操作。计算 pRd 时，若上次操作为压栈(iDeta = '1')，则 PntCon 获取写指针 pWr，根据 pWr 计算当前读指针。当上次操作为出栈时，如果堆栈读指针 pRd = 0，则将堆栈空标志 EmptF 置位。同样，进程 PntCon 监测信号 WR，若 WR、CS 有效且堆栈不满，PntCon 清除空标志 iEmpt，将 iDeta 置位，供 PntCon 在执行出栈操作时计算 pRd 使用。进程 RdProc 响应读信号 RD，在 CS 有效且堆栈不为空时，将读指针对应的堆栈存储单元 DSeg(pRd)送上数据总线 D。

6.4.3　电路实现

1. 项目创建与编译

　　利用上述 VHDL 程序描述堆栈电路器件，创建项目，将描述程序加入设计项目并作为顶层实体，实现预定的堆栈功能电路。项目的顶层实体、项目名称保持一致，均命名为 mStck。同时，实体的 VHDL 描述程序名称与顶层实体严格对应，命名为 mStck.vhd。初选 MAX II 系列 CPLD 器件实现预定的电路，图 6.36 所示为按照上述方法创建的堆栈电路 mStck 的实现项目及项目编译情况。

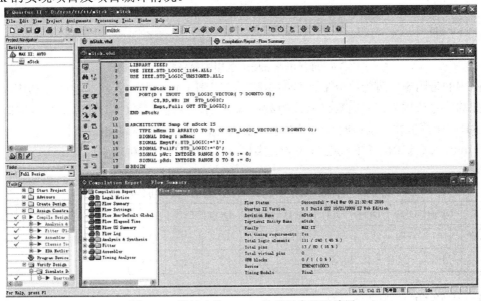

图 6.36　堆栈电路 mStck 的项目实现及编译

　　根据堆栈电路 mStck 的逻辑功能、电路结构、逻辑复杂程度以及所需要的 I/O 端口数量等状况，开发工具 Quartus II 在指定的 MAX II 系列 CPLD 中初步推荐器件 EPM240T100C3 作为堆栈电路 mStck 的实现器件。采用该器件实现目标堆栈电路 mStck 需占用宏单元 111 个，占 EPM240T100C3 器件提供逻辑宏单元总数的 46%；实现目标逻辑需占用器件端口 13 个，占 EPM240T100C3 器件提供 I/O 端口总数的 16%。器件 EPM240T100C3 采用 100 脚的 TQFP 封装，速度等级为 C3，封装形式、器件大小、速度等级对于堆栈电路的实现来说 mStck 相对合理。

2．器件、引脚分配

根据上述编译结果，初选的器件 EPM240T100C3 完全可以满足本例接口器件的要求，同时项目 46%的宏单元占用率、16%的端口占用率，能为后续的逻辑功能扩展、修改以及系统升级提供较大的选择余地。EPM240T100C3 为 3.3 V 低功耗器件，集成度、价格、速度等条件较为理想。同时，TQFP 封装使后续的电路焊接以及调测试更为方便。因此，本例为项目最终指定器件 EPM240T100C3，考虑到后续制版、布局、布线的合理性以及调测试的方便性，本例堆栈电路 mStck 的引脚分配与器件指定情况如图 6.37 所示。

图 6.37　堆栈电路 mStck 的引脚信号与器件分配

图中的带阴影引脚为已分配信号的引脚，从引脚 1 到引脚 67，按照逆时针顺序，端口上分配的信号依次为：双向数据总线的数据端口 D、片选信号 CS、计算机并行接口的读信号 RD、计算机并行接口的写信号 WR、堆栈电路 Stck 满标志 Full、堆栈电路 mStck 空标志 Empt。表 6.5 给出了堆栈电路 mStck 实现器件 EPM240T100C3 引脚与 I/O 信号的详细对应关系。

表 6.5　堆栈电路 mStck 的引脚信号详细分配状况

名称	D(7)	D(6)	D(5)	D(4)	D(3)	D(2)	D(1)	D(0)	CS	RD	WR	Full	EMPT
I/O特性	双向	双向	双向	双向	双向	双向	双向	双向	输入	输入	输入	输出	输出
引脚号	1	2	3	4	5	6	7	8	15	16	17	66	67

6.4.4　电路功能测试及分析

1．逻辑功能仿真

图 6.38 所示为堆栈电路 mStck 的逻辑功能仿真输入波形文件，图中仿真栅格 Grid 大小设置为 20 ns，仿真总时长设置为 3 μs。信号\PntCon:iRd 为堆栈电路 mStck 的读指针，与其相对应，信号 \WrProc:iWr 为堆栈电路 mStck 的写指针。信号 D 为计算机并行接口 8 位双向数据端口的设定值，信号 DATA 为堆栈电路 mStck 工作时 8 位双向数据端口 D 的信号变化状况。

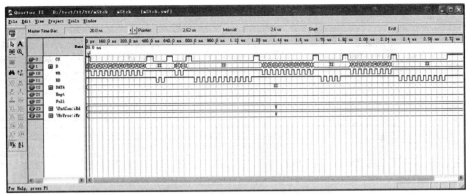

图 6.38 堆栈电路 mStck 的仿真输入

在上述仿真激励中的时间段 30～450 ns 内，并行接口写信号 WR 连续产生下降沿，向堆栈电路 mStck 持续写入 10 个数据。此时，堆栈电路 mStck 的工作时序仿真结果如图 6.39 所示。

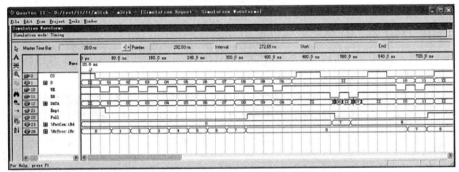

图 6.39 堆栈电路 mStck 持续压栈时的逻辑功能仿真

从时刻 30 ns 开始，并行接口向堆栈电路 mStck 持续送入数据 01H～0AH，写指针 iWr 依次增加，当写至数据 08H 时，满标志 Full 变为高电平，堆栈满。在时间段 520～580 ns 内，RD 连续发出读脉冲，DATA 送出最后的压栈数据 08H、07H。在时间段 660～720 ns 内，将数据 10H、11H 压栈，Full 重新变为高电平。图 6.40 所示为 mStck 持续出栈情况。

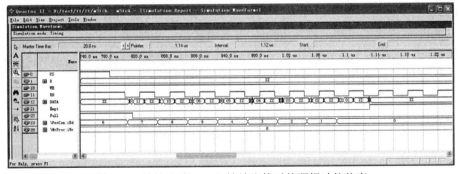

图 6.40 堆栈电路 mStck 持续出栈时的逻辑功能仿真

从 800 ns 时刻开始，RD 连续发出读脉冲，数据总线 DATA 端连续送出数据 11H、10H、06H、05H、04H、03H、02H 与 01H，与前文的压栈数据顺序一一对应。在 800 ns 时刻，RD 变为低电平，堆栈 mStck 开始送出数据，满标志 Full 迅速变低；送出 8 个数据后，空标志 Empt 置位，堆栈清空。

当堆栈满后，数据随机出栈时的堆栈电路工作时序仿真结果如图 6.41 所示。

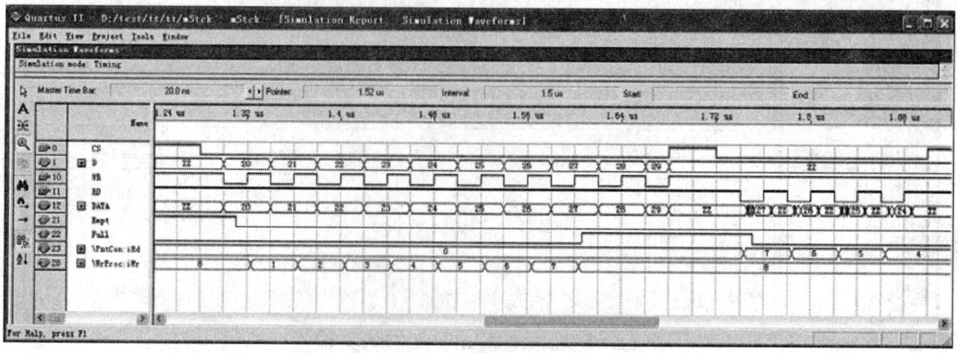

图 6.41 连续压栈堆栈满后随机出栈时电路的工作时序仿真

从时刻 1.28 μs 开始，CS 有效，WR 连续发出写脉冲，DATA 端数据 20H～27H 依次被压入堆栈 mStck。压栈开始，空标志 Empt 迅速变为低电平。当 8 个数据完成压栈后，堆栈满标志 Full 置位。在时刻 1.74 μs 处，RD 连续发出 4 个随机的读信号，栈顶的 4 个数据 27H、26H、25H 与 24H 被送上 mStck 电路的数据总线 DATA，此时，堆栈内顺序保留数据 23H、22H、21H 与 20H。图 6.42 所示为随机压栈至堆栈满后，持续出栈时电路的工作时序仿真结果。

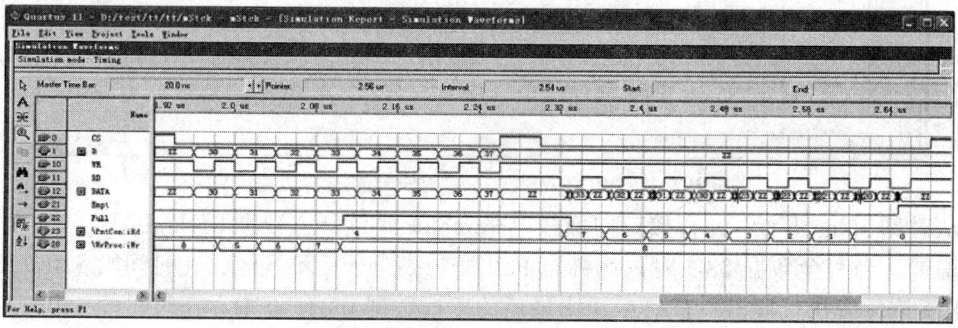

图 6.42 随机状态下堆栈电路 mStck 压栈满后持续出栈的工作时序仿真

从时刻 1.94 μs 开始，端口 WR 上连续出现写脉冲，数据 30H～33H 被压入堆栈，堆栈满标志 Full 被置为高电平，堆栈 mStck 进入满状态。从时刻 1.32 μs 开始，端口 RD 持续发出读脉冲，堆栈内的数据被依次送至 DATA 端口，数据序列依次为 33H、32H、31H、30H、23H、22H、21H 与 20H，数据顺序符合压栈顺序。

以上，结合电路的预定功能，通过 4 种状况对堆栈电路 mStck 进行了初步测试，电路动作与原定功能和工作时序一致。

堆栈电路 mStck 的其他工作时序分析与以上分析基本类似，可自行分析。

2．时序分析

通过 quartus II 自带的时间分析工具，对堆栈电路 mStck 进行时间分析。选择 Processing 菜单下的功能子菜单 Classic Timing Analyzer Tool，运行时序分析工具，结果如图 6.43 所示。图中时间分析工具窗口 Classic Timing Analyzer Tool 列表显示电路各端口信号的输出延迟时间 tpd、数据建立时间 tsu、时钟输出延迟时间 tco 与信号保持时间 th 值。

在窗口 Classic Timing Analyzer Tool 中选择按钮 Start，启动时序分析，然后选择按钮

Report，得到堆栈电路 mStck 各时间参数的极端值，其中数据建立时间 tsu 的最大值为 2.731 ns，时钟输出延迟时间 tco 的最大值为 12.087 ns，数据信号保持时间 th 的最大值为 0.568 ns，写信号 WR 的最高容许频率为 166.31 MHz，读信号 RD 的最高容许频率为 218.67 MHz。

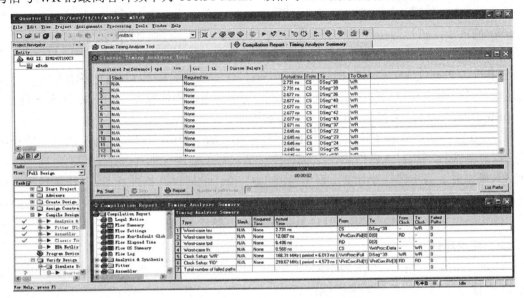

图 6.43　堆栈电路 mStck 的时序分析

当预定的电路逻辑功能或时间分析参数不理想或达不到设计要求时，可以修改描述程序、PLD 器件或其他的器件、布局、布线等参数，重新编译仿真，以获得更高的性能与更好的输出效果。

6.5　先入先出(FIFO)电路

6.5.1　逻辑功能与分析

1．功能分析

先入先出又称 FIFO(First In First Out)，是计算机系统结构中应用非常广泛的另外一种典型存储电路，FIFO 存储电路的逻辑结构如图 6.44 所示。

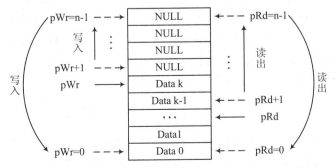

图 6.44　先入先出(FIFO)存储电路的结构与操作

不同于堆栈(Stack)存储，FIFO 在执行数据存取时，遵从先入先出的存取顺序，即首先送入存储单元的数据率先被读出。假定在计算机系统中的存储电路中专门设置先入先出存储区 FIFO，存储单元数量为 n，读指针为 pRd、写指针为 pWr，往 FIFO 写入数据时，计算机获取 FIFO 的写指针 pWr，计算其对应地址，将指定数据送入对应存储单元；然后判断 pWr 的大小，执行写指针操作。当 pWr 小于 n−1 时，执行自加运算，指向下一存储单元；pWr 等于 n−1 时，写指针 pWr 清零。

FIFO 的数据读取过程与数据写入过程类似，计算机首先取得 FIFO 的读指针 pRd，计算地址并获取对应存储数据。然后判断 pRd 的大小，进行指针操作。当 pRd 等于 n−1 时，将 pRd 清零；反之，读指针 pRd 进行自加运算。

在 FIFO 的初始状态下，读指针 pRd、写指针 pWr 均为 0，存储区为空状态，禁止数据读取。当执行一次写入操作后，空状态被撤销，写指针进行加 1 运算(上移)；当持续执行写入操作时，写指针持续加 1，直至返回"0"值，此时读写指针相等，FIFO 转为满状态，禁止数据写入；然后执行数据读取操作，FIFO 满状态被撤销，读指针 pRd 持续进行加 1 操作，直至读写指针相等，FIFO 转为空状态，禁止数据读出。

2．实现原理

根据先入先出(FIFO)电路的定义、功能及其操作过程的描述，本例通过多进程实现 FIFO 存储电路预定的各种功能控制逻辑，电路的进程设计以及各构成进程间的输入/输出关系与启动关系如图 6.45 所示。

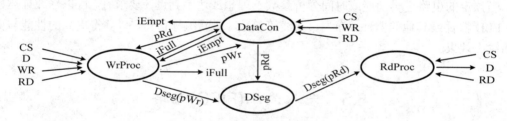

图 6.45　先入先出(FIFO)存储电路的进程设计与启动关系

在图 6.45 所示的先入先出电路的进程结构中，FIFO 存储电路包括 3 个基本进程——写进程 WrProc(数据写入)、读进程 RdProc(数据读出)、读指针操作进程 DataCon，以及 1 个标准存储区 DSeg。

写进程 WrProc 执行数据的写入操作，进程利用标准 8 位并行接口协议，响应并口协议的写时序，将数据送入 DSeg 存储区内由写指针 pWr 指定的存储单元，完成写入操作。除了数据写入，WrProc 还负责写指针 pWr 的计算与存储电路的满状态标志 iFull 的判别。数据写入完成后，若读写指针相等，判定 FIFO 存储区满，将 iFull 置位。FIFO 存储区为满状态时，执行一次读操作，满状态撤销，iFull 清零。

读进程 RdProc 实现数据的读出操作，进程响应 FIFO 电路接口的读信号 RD，根据并行接口的读操作时序，将存储区 DSeg 内读指针 pRd 对应的数据送至电路的数据端口 D，供外部 CPU 检索。

进程 PntCon 专门用于读指针 pRd 的动态调整与 FIFO 存储电路的空标志 iEmpt 的判别。PntCon 响应端口信号 RD，一次读操作完成后，pRd 执行加 1 运算，当 pRd 到达存储区顶端时，若再次出现写操作，pRd 返回 0 值。读操作完成且 pRd 调整完毕后，若读写指针相等，判定 FIFO 存储区空，iEmpt 置位。FIFO 存储区为空状态时，执行一次写操作，操作完成后空状态被撤销，iEmpt 清零。

6.5.2　电路的 VHDL 描述

参照前文的先入先出(FIFO)电路的结构功能以及操作过程分析，兼顾电路的兼容性与通用性，本例中 FIFO 电路的外部端口采用标准 8 位并行接口，端口的数据端设置为 8 位双向数据总线 D、器件片选端端口设置为 CS，读、写信号端分别定义为 WR、RD，均为低电平有效。为便于数据交换，FIFO 电路中设置专用端口来描述器件存储区的空满状态，包括空标志端口 Empt 与满标志端口 Full。

为便于程序理解与电路描述，描述程序的所有端口、变量、信号定义以及进程设计与前文的逻辑功能、过程描述一致，FIFO 电路的 VHDL 实现程序如下。

例 6-5-1　先入先出(FIFO)电路的 VHDL 描述程序：

```
LIBRARY IEEE;
USE IEEE.STD_LOGIC_1164.ALL;
USE IEEE.STD_LOGIC_UNSIGNED.ALL;
ENTITY mFIFO IS
    PORT(D : INOUT    STD_LOGIC_VECTOR( 7 DOWNTO 0);
         CS, RD, WR: IN    STD_LOGIC;
         Empt, Full: OUT STD_LOGIC);
END mFIFO;
ARCHITECTURE Samp OF mFIFO IS
    TYPE mMem IS ARRAY(0 TO 7) OF STD_LOGIC_VECTOR( 7 DOWNTO 0);
    SIGNAL DSeg : mMem;
    SIGNAL iEmpt: STD_LOGIC:= '1';
    SIGNAL iFull: STD_LOGIC := '0';
    SIGNAL pWr, pRd: INTEGER RANGE 0 TO 7 := 0;
    SIGNAL pAdj: STD_LOGIC := '0';
BEGIN
    WrProc: PROCESS(CS, WR, D, pRd, pWr, iFull, RD, iEmpt)
        VARIABLE iWr: INTEGER RANGE 0 TO 7 := 0;
    BEGIN
        IF RD = '0' AND CS = '0' AND iEmpt = '0' THEN
            iFull <= '0';
        ELSIF RISING_EDGE(WR) AND CS = '0' AND iFull = '0' THEN
            DSeg(iWr) <= D;
            IF iWr < 7 THEN
                iWr := pWr+1;
            ELSE
```

```
                    iWr := 0;
                END IF;
                IF iWr = pRd THEN
                    iFull <= '1';
                END IF;
            END IF;
            pWr <= iWr;
    END PROCESS WrProc;
    DataCon: PROCESS(CS, RD, iEmpt, pWr, WR, iFull)
        VARIABLE iRd: INTEGER RANGE 0 TO 7 := 0;
    BEGIN
        IF WR = '0' AND CS = '0' AND iFull = '0' THEN
            iEmpt <= '0';
        ELSIF RISING_EDGE(RD) AND CS = '0' AND iEmpt = '0' THEN
            IF iRd < 7 THEN
                iRd := pRd+1;
            ELSE
                iRd := 0;
            END IF;
            IF pWr = iRd THEN
                iEmpt <= '1';
            END IF;
        END IF;
        pRd <= iRd;
    END PROCESS DataCon;
    RdProc: PROCESS(CS, RD, iEmpt, DSeg, pRd)
    BEGIN
        IF RD = '0' AND CS = '0' AND iEmpt = '0' THEN
            D <= DSeg(pRd);
        ELSE
            D <= "ZZZZZZZZ";
        END IF;
    END PROCESS RdProc;
    Empt <= iEmpt;
    Full <= iFull;
END Samp;
```

描述程序的实体名称设定为 mFIFO，按照前文所述的进程设置、进程处理过程与进程启动关系描述各进程的数据处理过程。写进程 WrProc 响应并行接口的写信号，在 WR 的上升沿时刻，进程监测片选信号 CS 与满状态标志 iFull。若信号 CS 有效且 FIFO 不为满状态，WrProc 获取并口数据 D，根据当前写指针 pWr 将数据 D 送入 FIFO 存储区 DSeg。然后重新计算写指针 pWr，如果 pWr 到达存储区顶部，则 pWr 清零；否则，pWr 执行自加运算。写指针 pWr 调整完毕后，进程判别存储区满状态，若读、写指针相等，则 FIFO 的存储区已满，标志 iFull 置位。同时，写进程 WrProc 响应并行接口的读信号 RD，当 RD、CS 有效且空标志 iEmpt 为"0"时，进程 WrProc 撤销满标志，iFull 清零。

进程 RdProc 响应读信号 RD，判断 FIFO 电路的状况，若 RD、CS 有效且电路存储区不为空状态时，RdProc 将存储单元 DSeg 内读指针 pRd 对应的数据 DSeg(pRd)堆栈送上数据总线 D；反之，将数据总线置为高阻态。

进程 DataCon 专门用于 FIFO 电路的读指针 pRd 的运算及电路空状态标志的操作。DataCon 响应并行接口读信号 RD，一次读操作完成后，在 RD 信号的上升沿上，DataCon 判断 FIFO 电路的工作状态，若 CS 有效且 FIFO 标志 iEmpt 为"0"，进程 DataCon 重新计算读指针 pRd。若读指针到达存储区顶部，pRd 清零；否则，pRd 执行加 1 运算。当读指针 pRd 计算完毕后，DataCon 判断读、写指针 pWr 与 pRd 的取值状况，若二者取值相等，则将 iEmpt 置位，同时 DataCon 响应写信号 WR，若 WR、CS 有效且电路存储区不为满状态时，进程将 FIFO 电路存储区的空标志 iEmpt 清零。

6.5.3　电路实现

1．项目创建与编译

利用前文所述的 VHDL 程序描述先入先出电路器件，创建项目 mFIFO，将电路描述程序加入设计项目并作为顶层实体，实现预定的先入先出存储电路功能。项目的顶层实体、项目名称保持一致，均命名为 mFIFO。同时，顶层实体的 VHDL 描述程序名称与实体严格对应，命名为 mFIFO.vhd。项目初选 MAX II 系列 CPLD 作为预定的电路实现器件，图 6.46 所示为按照上述方法及过程创建的先入先出电路 mFIFO 的实现项目及其编译情况。

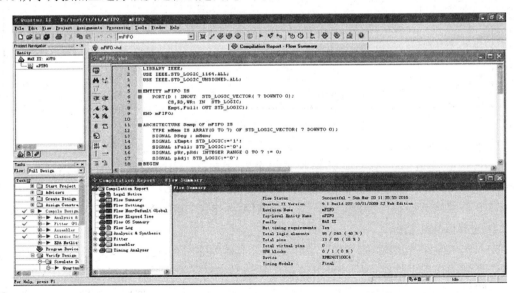

图 6.46　先入先出(FIFO)存储电路的项目实现及编译

根据指定的 MAX II 系列 CPLD 器件的逻辑资源、I/O 端口数量、运算速度等状况，集成开发工具 Quartus II 结合先入先出(FIFO)存储电路 mFIFO 所需要的结构、逻辑复杂程度以及 I/O 端口数量等要求，推荐使用 CPLD 器件 EPM240T100C3 作为先入先出电路 mFIFO 的实现器件。实现目标电路需占用逻辑单元 96 个，占 EPM240T100C3 器件逻辑单元总数的 40%；实现 mFIFO 需占用端口 13 个，占 EPM240T100C3 器件 I/O 端口总数的 16%。器件 EPM240T100C3 采用 100 脚 TQFP 封装，速度等级为 C3，器件选择相对合理。

2．器件、引脚分配

根据项目编译结果，采用开发工具选定的器件 EPM240T100C3 能够满足堆栈电路需要的逻辑资源数量与运行速度，同时逻辑单元以及端口的使用状况，为后续的逻辑功能扩展、修改以及系统升级能够提供可能性；使用 100 脚 TQFP 封装更便于焊接、调测试，因此本例选择器件 EPM240T100C3 来实现该项目。

先入先出电路 mFIFO 与前述堆栈电路 mStck 所用的逻辑资源规模类似，同时采用了同样的 I/O 端口与实现器件，因此本例的器件及引脚分配仍沿用前文堆栈电路 mStck 的器件引脚分配，详情如图 6.37 与表 6.5 所示。

6.5.4 电路功能测试及分析

1．逻辑功能仿真

图 6.47 所示为先入先出电路 mFIFO 的逻辑功能仿真输入波形文件。

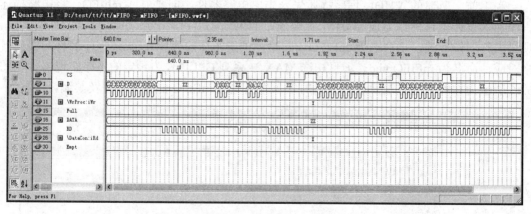

图 6.47 先入先出电路 mFIFO 的仿真输入

图示仿真输入中的仿真栅格 Grid 大小设置为 20 ns，仿真总时长设置为 4 μs。信号 \DataCon:iRd 的取值大小对应于先入先出电路 mFIFO 的读指针，与其相对应，信号 \WrProc:iWr 的大小对应于先入先出电路 mFIFO 的写指针。信号 D 为存储电路 mFIFO 并行接口 8 位双向数据端口的设定值，信号 DATA 为电路 mFIFO 正常工作时 8 位双向数据端口 D 的端口变化情况。

先入先出电路 mFIFO 的一个完整的存取工作循环的工作时序仿真如图 6.48 所示。在上述仿真激励作用下的时间段 30～450 ns，片选端 CS 有效，并行接口的写端口 WR 连续产生下降沿，向先入先出电路 mFIFO 持续发出 10 个写入信号。此时，数据 01H～0AH 被依次送上数据总线 DATA。在图中的 40 ns 时刻处，WR 端口出现低电平，空标志 Empt 清零。当 D 端口上的数据写至 08H 时，在 340 ns 时刻的 WR 上升沿后，mFIFO 被写满，因此满标志 Full 置位变成高电平。在数据写入过程中，写指针 \WrProc:iWr 依次增大，增至 7 后清零。

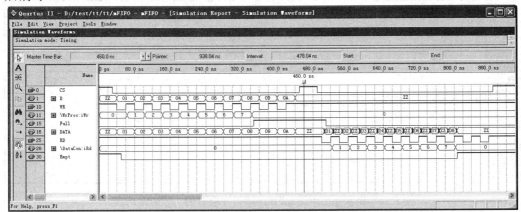

图 6.48　先入先出电路 mFIFO 的完整存取工作循环时序仿真

在时间段 490～890 ns 内，片选 CS 重新变为低电平且持续有效，读端口 RD 连续发出读脉冲，满标志 Full 被迅速撤销，先入先出内存储的数据 01H～08H 依次被送上数据总线 DATA。先写入的数据 01H 首先送出，最后写入的数据 08H 被最后送至数据总线 DATA，符合先入先出的功能定义。数据读出时，读指针\DataCon:iRd 依次增大，达到数值 7 后，iRd 返回 "0" 值，mFIFO 被读空，标志 Empt 置位。图 6.49 所示为随机写入、持续读空时 mFIFO 的工作时序仿真。

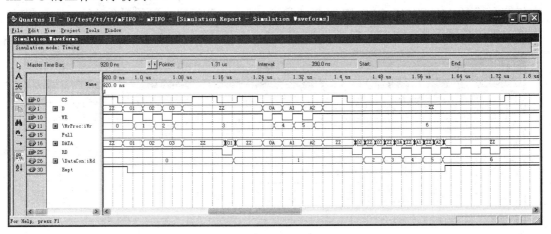

图 6.49　随机写入、持续读空时 FIFO 电路的工作时序仿真

从 950 ns 时刻开始，WR 连续发出写入脉冲，空标志 Empt 清零，数据 01H、02H、03H 写入 mFIFO；在时刻 1.16 μs 处，RD 发出读脉冲，数据 01H 被送至 DATA 端；从时刻 1.23 μs 开始，WR 连续发出写入脉冲，数据 0AH、A1H、A2H 被写入 mFIFO，mFIFO 内存有 5 个数据，依次为 02H、03H、0AH、A1H、A2H；从时刻 1.42 μs 起，RD 发出连续的读脉冲，数据 02H、03H、0AH、A1H、A2H 按顺序依次被送至数据总线 DATA。然后，空标志 Empt 立即置位，mFIFO 被清空。mFIFO 被清空后，RD 上的读脉冲无效，数据总线 DATA 保持高阻态。

　　先入先出电路 mFIFO 随机存取时的工作时序仿真结果如图 6.50 所示。

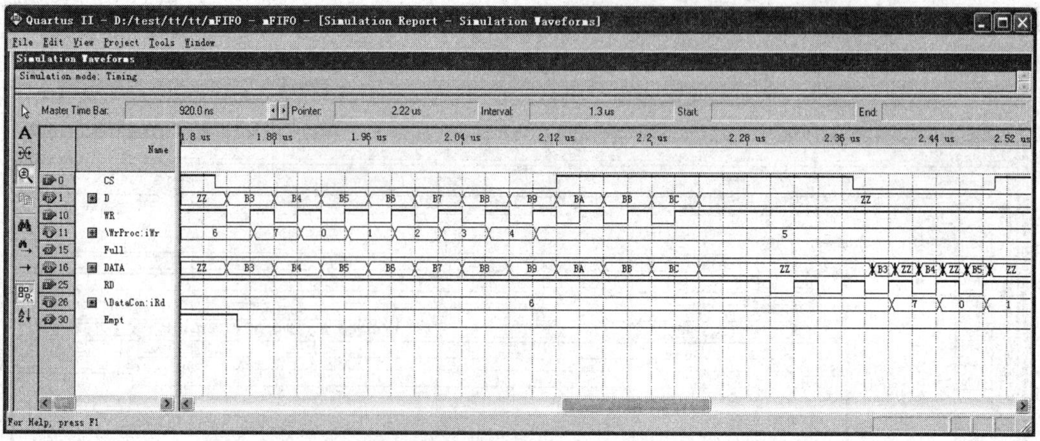

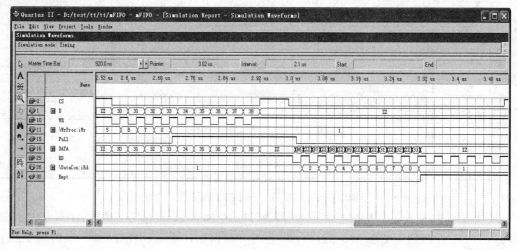

图 6.50　先入先出电路 mFIFO 随机存取时的工作时序仿真

　　从时刻 1.84 μs 开始，CS 有效，WR 连续发出写入脉冲，在时刻 2.12 μs 处，CS 变为高电平，数据停止写入。在此期间，数据 B3H、B4H、B5H、B6H、B7H、B8H 与 B9H 进入先入先出 mFIFO。在时间段 2.30～2.36 us 内，RD 发出读脉冲，CS 无效，DATA 保持高阻态。在时间段 2.37～2.50 μs 内，CS 变为低电平从而生效，RD 发出读脉冲，数据 B3H、B4H、B5H 被送至 DATA 端。在写操作过程中，写指针 iWr 依次加 1，加至数值"7"后清零；随着写操作的执行，iWr 继续进行自加运算；在读操作过程中，读指针 iRd 依次加 1，加至数值"7"后清零；随读操作的继续，iRd 继续进行自加运算。操作结束后，mFIFO 中仍存有数据 B6H、B7H、B8H 与 B9H。图 6.51 所示为随机写满后数据全部读出时 mFIFO 电路的工作时序仿真。

图 6.51　随机写满后数据全部读出时 mFIFO 电路的工作时序仿真

　　从时刻 2.56 μs 开始，端口 WR 上连续产生写入脉冲，同时 CS 有效，数据 30H～33H 被写入先入先出电路 mFIFO，满标志 Full 随即变为高电平，mFIFO 进入满状态。此时，mFIFO 内存储的数据依次为 B6H、B7H、B8H、B9H、30H、31H、32H、33H。从时刻 3.0 μs 开始，端口 RD 持续产生读脉冲，mFIFO 内存储的 8 个数据按照先入先出的顺序被依次送

出，数据端口 DATA 上依次出现数据序列 B6H、B7H、B8H、B9H、30H、31H、32H 与
33H，如图 6.51 所示。

上面的工作时序仿真说明，电路 mFIFO 的存取规则符合先入先出电路的功能定义，
电路的空满状态标志、存取数据方法与原定设计功能也保持一致。可自行对 mFIFO 进行
进一步且更详细的电路工作时序分析。

2. 时序分析

利用时间分析工具 Classic Timing Analyzer Tool 对电路 mFIFO 进行时间分析。选择
Processing 菜单下的相应功能子菜单，运行时序分析工具，结果如图 6.52 所示。Classic
Timing Analyzer Tool 窗口中的列表显示了各信号输出延迟 tpd、数据建立时间 tsu、时钟输
出延迟 tco 与信号保持时间 th 值。

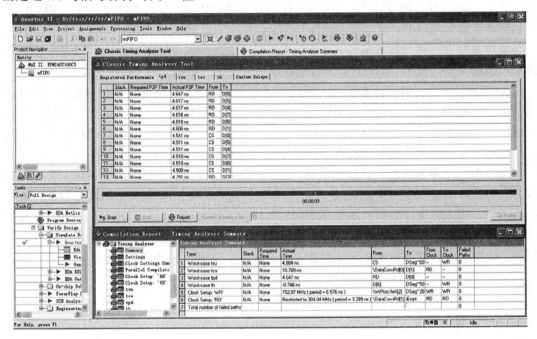

图 6.52　先入先出电路 mFIFO 的时序分析

在窗口 Classic Timing Analyzer Tool 中选择按钮 Start 启动时序分析，然后选择 Report
按钮，得到先入先出电路 mFIFO 各时间参数的极端值，其中数据建立时间 tsu 的最大值为
4.884 ns，时钟输出延迟时间 tco 的最大值为 10.769 ns，数据信号保持时间 th 的最大值为
−0.766 ns，信号输出延迟 tpd 的最大值为 4.647 ns，写信号 WR 的最高容许频率为 152.07 MHz，
读信号 RD 的最高容许频率为 304.04 MHz。

在上述条件下，若对预定的电路逻辑功能或时间分析参数不满意，还可以修改描述程
序、PLD 器件或其他的器件、布局、布线等参数，重新编译仿真，以获得更为优良的性能。

习 题 与 思 考

[1]　根据功能，分析 16 位可编程并行接口的组织结构、实现进程、进程启动关系与

进程处理过程。

[2]　参照 8 位可编程并行接口，规划 16 位可编程并行接口的逻辑结构、实现进程，试编程实现 16 位可编程并行接口。

[3]　设计并行接口与 SPI 接口的转换电路，SPI 端口 MOSI、MISO、SCK、NSS，16 位并行输入端口为 InP，16 位并行输出端口为 OutP。SPI 送出的 16 位数据经 OutP 输出，InP 端的 16 位数据经并串转换送上 SPI 总线。SPI 总线在 SCK 的上升沿发送数据，下降沿接收数据，设计电路为从设备。

[4]　参照本章的可编程计数器电路，设计 8 位减计数电路，电路通过 8 位并行接口 D、WR、RD、CS 送入计数值，当门控信号 G 产生下降沿时电路执行减计数，当计数值减至"0"时，计数结束。计数过程中忙信号 Bsy 拉高，计数结束，Bsy 拉低。

[5]　参照本章实例设计 7 字节的 FIFO 电路并进行仿真，电路使用 8 位并行接口，端口包括 8 位数据端口 D、读写信号 RD 与 WR、片选端口 CS。当 CS、WR 产生下降沿时，电路通过 8 位并行接口将数据写入 FIFO；当 CS、RD 产生下降沿时，电路通过 8 位并行接口，按照"先入先出"的顺序，将 FIFO 数据依次送至数据总线 D。

[6]　参照本章实例设计 5 字节的堆栈电路并进行仿真，电路使用 8 位并行接口，端口包括 8 位数据端口 D、读写信号 RD 与 WR、片选端口 CS。当 CS、WR 产生下降沿时，电路通过 8 位并行接口将数据写入堆栈；当 CS、RD 产生下降沿时，电路通过 8 位并行接口，按照"先入后出"的顺序，将堆栈数据依次送至数据总线 D。

[7]　参照本章的可编程计数器电路，设计可编程脉冲发生电路，电路通过 8 位并行接口 D、写信号 WR、读信号 RD、地址信号 A 与片选信号 CS 送入脉宽/脉间计数值。地址 A 为"0"，写入脉宽计数值；地址 A 为"1"，写入脉间计数值。门控信号 G 产生下降沿时，电路按照脉宽计数值进行计数，电路输出"1"，实现脉宽；然后，电路按脉间计数值计数，电路输出"0"，实现脉间。重复上述过程，实现输出脉冲。

第 7 章　工业控制专用集成电路

本章主要介绍运动控制领域、过程控制领域常用的数据采集、处理、I/O 控制等专用集成电路的实现原理、实现方法与实现过程。内容主要包括运动控制系统常用的多轴联动控制、梯形加减速控制、高速数据采集与存储控制等电路的基本原理、功能结构、构成单元、时序逻辑、数据处理过程等知识理论基础，以及上述专用逻辑控制电路的基本描述方法、实现流程及常用的仿真测试、分析方法。

7.1　单轴交流伺服驱动控制

7.1.1　控制原理与功能分析

1. 交流伺服驱动原理与控制方法

交流伺服电机及驱动电路是运动控制系统的主要构成单元，其性能指标决定运动控制系统本身品质的好坏。相应的，交流伺服及其驱动控制也是运动控制系统的主要控制任务之一。在运动控制系统中，伺服驱动控制的基本任务主要包括伺服电机的加速度控制、速度调节、位移控制乃至加速度控制，要求在适当控制策略的作用下，伺服电机的运转均匀平稳、无冲击，同时具备较高的位置精度。

交流伺服电机的控制模式与方法有很多种，包括模拟电压方式、总线方式、指令脉冲结合方向信号方式等。相对于其他方式，指令脉冲方式具有接线、调试简单方便、易于实现等特点，在运动控制领域的应用相对广泛。工作于指令脉冲方式时，其与传统的步进电机控制具有一定的类似性，交流伺服电机的驱动信号包括驱动脉冲与方向信号。其中，指令脉冲的频率决定伺服电机的转速，脉冲频率越高，转速越快；频率越低，转速越慢。方向信号的电平状态决定电机的旋转方向，在不同的高低电平状态作用下，电机分别按照逆时针或顺时针方向旋转。电机的旋转角度控制通过指令脉冲的个数实现，转角越大，要求指令脉冲的个数越多。

2. 梯形加减速控制

受到电机功率、输出扭矩等条件的影响，实现伺服控制时，还需要对电机的加加速度、加速度、速度等进行规划。运动控制常用的速度规划方法包括 S 曲线加减速、梯形曲线加减速等方法，其中梯形加减速运算简单、易于实现，在多种运动控制系统中得到广泛应用，其加速度、速度曲线如图 7.1 所示。

在图 7.1 所示的加减速过程中，根据运动控制系统的速度特征，可以将梯形加减速的运动曲线划分为加速段、匀速段与减速段 3 个工作段，分别为图中的 $0 \sim t_0$、$t_0 \sim t_1$、$t_1 \sim t_2$ 这 3 个时间段。假定运动控制系统在时刻 t 时的即时加速度、即时速度分别为 $a(t)$、$v(t)$，

则瞬时时间 t 时的加速度参数由公式(7-1)确定：

$$a(t) = \begin{cases} a_M & 0 \leqslant t \leqslant t_0 \\ 0 & t_0 \leqslant t \leqslant t_1 \\ -a_M & t_1 \leqslant t \leqslant t_2 \end{cases} \tag{7-1}$$

图 7.1　运动控制系统梯形加减速的加速度及速度曲线

在图 7.1 所示梯形加速度控制中，瞬时时间 t 时的速度参数由公式(7-2)确定：

$$v(t) = \begin{cases} a_M t & 0 \leqslant t \leqslant t_0 \\ v_M & t_0 \leqslant t \leqslant t_1 \\ v_M - a_M t & t_1 \leqslant t \leqslant t_2 \end{cases} \tag{7-2}$$

为便于梯形加减速的数字实现，本例中的速度计算利用递推公式获取。假定速度、加速度的采样时间为 Δt，时刻 $k-1$ 的速度、加速度采样值分别为 v_{k-1}、a_{k-1}，则采样时刻 k 时的速度 v_k 由递推公式(7-3)确定。

$$v_k = v_{k-1} + a_{k-1}\Delta t \tag{7-3}$$

进行单轴运动控制时，需根据式(7-1)与式(7-3)确定梯形加减速各时刻的瞬时加速度与速度。然后，系统根据取得的速度值计算相应的计数值，产生符合运动速度与位移的电机驱动脉冲，实现相应的速度与位移控制。

3. 器件实现原理与功能结构

根据前文描述的控制原理与方法，本例的单轴交流伺服驱动控制电路可采用图 7.2 所示的逻辑功能结构。

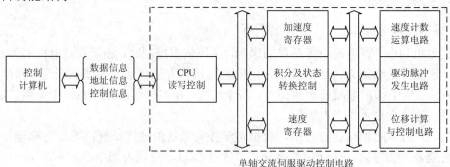

图 7.2　单轴交流伺服控制器件的逻辑功能结构

从通用性出发，本例器件采用 16 位并行总线接口。通过该并行接口，控制计算机向伺服驱动控制电路发出指令位移、加速度、平均速度、起始/终止速度等数据，同时获取运动的当前位移、电路工作状态等信息；CPU 读写控制电路响应来自控制计算机指令，将送入电路的速度、加速度、位移等信息送入相关寄存器，同时送出伺服驱动控制电路的状态信息。

器件中的积分及状态转换控制电路定时计算各运动段的瞬时速度、加速度并收集当前位移信息，根据速度、位移、加速度等的当前值执行状态转换；速度计数运算电路获取当前运动速度，根据驱动脉冲发生原理计算相应的速度计数值；驱动脉冲发生电路利用速度计数运算电路得到的速度计数值，产生驱动脉冲驱动目标伺服电机；位移计算与控制电路截取伺服电机的驱动脉冲，根据指令位移对其执行计数操作并计算当前位移。在运动执行过程中，若积分及状态转换控制电路检测到指令位移与当前位移一致，立即中止驱动脉冲发生电路，运动结束。

4．器件的进程结构

参照图 7.2 中的伺服控制器件的逻辑功能结构，本例通过多进程结合结构化描述实现相应的伺服驱动控制电路逻辑。结合器件各构成单元的功能与数据处理过程描述，分别设计专用集成电路的并行接口写进程、并行接口读进程、状态转换与控制、基准时钟控制、驱动脉冲输出控制等进程，各进程间的输入/输出与启动关系如图 7.3 所示。

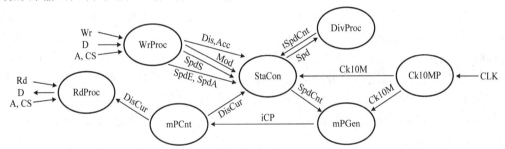

图 7.3　单轴交流伺服控制器件的进程结构与启动关系

伺服控制器件的构成进程主要包括并口写进程 WrProc、并口读进程 RdProc、状态转换与控制进程 StaCon 与位移计数进程 mPCnt、驱动脉冲控制进程 mPGen、基准时钟控制进程 Ck10MP、速度计数运算 DivProc 进程。其中，并口写进程 WrProc 响应并行接口，写入运动指令的起始、终止与平均速度、指令位移与运动模式；并口读进程 RdProc 获取当前坐标，并将其送上数据总线 D。

进程 Ck10MP 接收外部基准时钟 CLK，并对其分频，产生 10 MHz 的电路工作时钟；进程 StaCon 获取 Wrproc 送出的指令位移、指令加速度、各指令速度与工作模式，定时计算瞬时速度 Spd、加速度以及 16 位速度计数值 SpdCnt，获取当前位移并与指令位移进行比较，若二者相符，则终止驱动脉冲进程 mPGen；进程 DivProc 获取 Spd，计算对应的 24 位速度计数值 tSpdCnt；进程 mPGen 接收 StaCon 求取的速度计数值 SpdCnt，根据其大小产生符合瞬时速度 Spd 的驱动脉冲 iCP 并将其送出电路的电机驱动脉冲端口 CP；进程 mPCnt 对驱动脉冲 iCP 计数，计算当前位移；同时，mPCnt 响应并口读进程 RdProc 的请求，送出当前位移 DisCur。

7.1.2 电路的 VHDL 描述

根据前文所述的进程结构描述电路时，按功能将电路分为四个实体分别实现，分别为顶层实体 MtDrv、驱动脉冲电路实体 mPGen、位移计算与控制电路实体 DisCon 和速度计数运算电路实体 Div24。顶层实体实现电路输入输出与进程调用，包括并口写进程 WrProc、并口读进程 RdProc、状态转换与控制进程 StaCon 与基准时钟控制进程 Ck10MP；实体 PGen 实现进程 mPGen，输出电机驱动脉冲；实体 DisCon 响应驱动脉冲 CP 并对 CP 执行计数，计算当前位移 DisCur；实体 Div24 根据当前瞬时速度 Spd，计算对应的 24 位速度计数值 tSpdCnt。

结合电路的实际应用状况，在实现电路时，分别设计电路的匀速运动、升速运动与降速运动 3 种工作模式，并分模式加以实现。其中，匀速运动的参数曲线如图 7.1 所示；在升速运动模式下，运动按指定初始速度开始，以指定加速度升至终止速度，运动到指令位移结束；降速运动按指定初始速度开始，以指定加速度降至指定的终止速度，运动到指令位移结束。

1. 顶层实体 MtDrv 设计

顶层实体 MtDrv 提供 16 位双向数据端口 D、3 位地址输入端 A 与器件片选端 CS。同时，器件提供数据写入端 WR、读出端 RD，均为低电平有效。器件使用地址 00H～05H 存储运动指令参数，分别为指令位移 Dis、平均速度 SpdA、初始速度 SpdS、终止速度 SpdE、加速度 ACC 与运动模式 Md。为便于仿真观测，电路中设置了相关的专用端口 xSpd、XSpdCnt 与 XDisCur，以观察电路运行时的瞬时速度、瞬时速度计数值与瞬时位移的变化情况。生成电路时，可删除该部分端口及相关赋值语句，删除后器件逻辑与功能不受影响。

为便于理解与描述器件电路，在编程实现时，程序的所有端口、变量、信号定义以及进程设计与前文的逻辑结构、进程描述严格一致，顶层实体电路 MtDrv 的 VHDL 实现程序如下。

例 7-1-1 单轴交流伺服控制器件顶层实体 MtDrv 的 VHDL 描述：

```
LIBRARY IEEE;
USE IEEE.STD_LOGIC_1164.ALL;
USE IEEE.STD_LOGIC_UNSIGNED.ALL;
ENTITY MtDrv IS
    PORT(D : INOUT STD_LOGIC_VECTOR(15 DOWNTO 0);
         A : IN STD_LOGIC_VECTOR(2 DOWNTO 0);
         CS, G, CLK: IN   STD_LOGIC;
         RD, WR: IN   STD_LOGIC;
         xSpd, XSpdCnt, XDisCur : OUT STD_LOGIC_VECTOR(15 DOWNTO 0);
         CP, Bsy: OUT STD_LOGIC);
END MtDrv;
ARCHITECTURE Samp OF MtDrv IS
    COMPONENT PGen IS
```

```
        PORT( Cnt : IN    STD_LOGIC_VECTOR( 15 DOWNTO 0);
                Clk, G : IN    STD_LOGIC;
                CP: OUT STD_LOGIC);
    END COMPONENT PGen;
    COMPONENT Div24 IS
        PORT( A, B : IN STD_LOGIC_VECTOR(23 DOWNTO 0);
                Rs: OUT STD_LOGIC_VECTOR(23 DOWNTO 0));
    END COMPONENT Div24;
    COMPONENT DisCon IS
        PORT( Cnt : IN    STD_LOGIC_VECTOR( 15 DOWNTO 0);
                Clk, G : IN    STD_LOGIC;
                DisCur : OUT    STD_LOGIC_VECTOR( 15 DOWNTO 0);
                Bsy: OUT STD_LOGIC);
    END COMPONENT DisCon;
    SIGNAL Spd, SpdCnt: STD_LOGIC_VECTOR(15 DOWNTO 0) := X"0000";
    SIGNAL tSpdCnt: STD_LOGIC_VECTOR(23 DOWNTO 0) := X"000000";
    SIGNAL SpdA, SpdS, SpdE: STD_LOGIC_VECTOR(15 DOWNTO 0) := X"0000";
    SIGNAL Dis, DisCur: STD_LOGIC_VECTOR(15 DOWNTO 0) := X"0000";
    SIGNAL Acc: STD_LOGIC_VECTOR(15 DOWNTO 0) := X"0000";
    SIGNAL Md: STD_LOGIC_VECTOR(1 DOWNTO 0) := "00";
    SIGNAL Ck10M, iCP, CPEn: STD_LOGIC := '0';
BEGIN
    U0: PGen PORT MAP(SpdCnt, Ck10M, CPEn, iCP);
    U1: Div24 PORT MAP(X"4C4B40", (X"00"&Spd), tSpdCnt);
    U2: DisCon PORT MAP(Dis, iCP, G, DisCur, Bsy);
    -- Process to generate standard control clock of 10MHz, Ck10M
    Ck10MP: PROCESS(CLK)
        VARIABLE iCnt: INTEGER RANGE 0 TO 4 := 0;
    BEGIN
        IF RISING_EDGE(CLK) THEN
            IF iCnt < 4 THEN
                iCnt := iCnt+1;
            ELSE
                iCnt := 0;
                Ck10M <= NOT(Ck10M);
            END IF;
        END IF;
    END PROCESS Ck10MP;
    -- Process for data reading
```

```
RdProc: PROCESS(RD, CS, A, DisCur)
BEGIN
    IF RD ='0' AND CS = '0' AND A = "110" THEN
        D <= DisCur;
    ELSE
        D <= "ZZZZZZZZZZZZZZZ";
    END IF;
END PROCESS RdProc;
-- Process for data writing
WrProc: PROCESS(CS, WR, D, A)
BEGIN
    IF RISING_EDGE(WR) THEN
        IF CS = '0' AND A = "000" THEN
            Dis <= D;
        ELSIF   CS = '0' AND A = "001" THEN
            SpdA <= D;
        ELSIF   CS = '0' AND A = "010" THEN
            SpdS <= D;
        ELSIF   CS = '0' AND A = "011" THEN
            SpdE <= D;
        ELSIF   CS = '0' AND A = "100" THEN
            Acc <= D;
        ELSIF   CS = '0' AND A = "101" THEN
            Md <= D(1 DOWNTO 0);
        END IF;
    END IF;
END PROCESS WrProc;
-- Process for staus control and convertion
StaCon: PROCESS(G, Ck10M, tSpdCnt, Md, SpdS)
    VARIABLE iSigmaA: STD_LOGIC_VECTOR(15 DOWNTO 0) := X"0000";
    VARIABLE iSpd, iRmDis: STD_LOGIC_VECTOR(15 DOWNTO 0) := X"0000";
    VARIABLE iTCnt: INTEGER RANGE 0 TO 100 := 0;
    VARIABLE iSec: INTEGER RANGE 0 TO 2 := 0;
BEGIN
    IF G = '0' THEN
        iSigmaA := X"0000";
        iRmDis := X"0000";
        iSec := 0;
        IF Md = 0 THEN
```

```
            iSpd := X"0064";
            Spd <= X"0064";
        ELSE
            iSpd := SpdS;
            Spd <= SpdS;
            iSec := 0;
        END IF;
        IF Md = 2 THEN
            iSec := 1;
        END IF;
        iTCnt := 0;
        CPEn <= '0';
    ELSIF RISING_EDGE(Ck10M) THEN
        IF Dis <= DisCur THEN
            iSigmaA := X"0000";
            CPEn <= '0';
        ELSIF iTCnt >= 99 THEN
            SpdCnt <= tSpdCnt(15 DOWNTO 0);
            Spd <= iSpd;
            IF Md = 0 THEN          -- Average Speed Control
                IF iSec = 0 THEN
                    CPEn <= '1';
                    IF iSpd >= SpdA OR DisCur >= Dis(15 DOWNTO 1) THEN
                        iRmDis := DisCur;
                        iSec := 1;
                        iSigmaA := X"0000";
                    ELSIF iSigmaA < X"03FF" THEN
                        iSigmaA := iSigmaA + Acc;
                    ELSE
                        iSpd := iSpd + iSigmaA(15 DOWNTO 10);
                        iSigmaA := "000000"&iSigmaA(9 DOWNTO 0) + Acc;
                    END IF;
                ELSIF iSec = 1 THEN
                    IF iRmDis >= Dis - DisCur THEN
                        iSec := 2;
                        iSigmaA := X"0000";
                    END IF;
                ELSE
                    IF iSigmaA < X"03FF" THEN
```

```
                                iSigmaA := iSigmaA + Acc;
                            ELSE
                                IF iSpd <= X"0064" THEN
                                    iSpd := X"0064";
                                ELSE
                                    iSpd := iSpd - iSigmaA(15 DOWNTO 10);
                                    iSigmaA := "000000"&iSigmaA(9 DOWNTO 0) + Acc;
                                END IF;
                            END IF;
                        END IF;
                    ELSIF Md = 1 THEN          --Acceleratting Control
                        IF iSec = 0 THEN
                            CPEn <= '1';
                            IF iSpd >= SpdE THEN
                                iRmDis := DisCur;
                                iSec := 1;
                                iSigmaA := X"0000";
                            ELSIF iSigmaA < X"03FF" THEN
                                iSigmaA := iSigmaA + Acc;
                            ELSE
                                iSpd := iSpd + iSigmaA(15 DOWNTO 10);
                                iSigmaA := "000000"&iSigmaA(9 DOWNTO 0) + Acc;
                            END IF;
                        END IF;
                    ELSIF Md = 2 THEN          --Deacceleratting Control
                        IF iSec = 1 THEN
                            CPEn <='1';
                            IF iSpd <= SpdE THEN
                                iRmDis := DisCur;
                                iSec := 2;
                                iSigmaA := X"0000";
                            ELSIF iSigmaA < X"03FF" THEN
                                iSigmaA := iSigmaA + Acc;
                            ELSE
                                IF iSpd > iSigmaA(15 DOWNTO 10) THEN
                                    iSpd := iSpd - iSigmaA(15 DOWNTO 10);
                                END IF;
                                iSigmaA := "000000"&iSigmaA(9 DOWNTO 0) + Acc;
                            END IF;
```

```
            END IF;
        END IF;
        iTCnt := 0;
    ELSE
        iTCnt := iTCnt+1;
    END IF;
  END IF;
END PROCESS StaCon;
xSpd <= Spd;
xSpdCnt <= SpdCnt;
xDisCur <= DisCur;
CP <= iCP;
END Samp;
```

顶层实体 MtDrv 的数据写进程 WrProc 响应写信号 WR 的上升沿。片选信号 CS 有效时，WrProc 根据地址 A 的取值，分别将指令位移、平均速度、初始速度等运动参数写入相关寄存器备用。模式控制字 Md 仅使用 8 位数据端口 D 的低 2 位，取值 00H～02H 分别对应于匀速运动、升速运动与降速运动 3 种模式；实体中的基准时钟进程 Ck10MP 对 100 MHz 基准时钟 CLK 进行 10 分频，产生 10 MHz 的控制时钟 Ck10M 用于采样周期、驱动脉冲等的实现。

本例的速度、位移、加速度参数分别采用计量单位"步/s"、"步"与"mm/s^2"描述，电机步当量为 0.01 mm，即 1 mm = 100 步。运动采样时间 Δt 设定为 10 μs，即每过 10 μs，实体 MtDrv 的进程 StaCon 执行一次运动参数运算。为便于程序描述，StaCon 利用公式(7-3)的变体公式(7-4)计算运动速度，式中的多项式 $\text{Int}(10^{-3}\Sigma a_k)$ 为速度积分 $\Sigma a_k \Delta t$ 的整数部分，多项式 $\text{Rm}(10^{-3}\Sigma a_k)$ 是速度积分 $\Sigma a_k \Delta t$ 的余数部分。

$$v_k = v_0 + \text{Int}(10^{-3}\sum_{n=0}^{k-1}a_n) + \text{Rm}(10^{-3}\sum_{n=0}^{k-1}a_n) = v_{k-1} + 10^{-3}a_{k-1} \tag{7-4}$$

在电路的实际运行过程中，进程 StaCon 响应电路的门控信号 G，若信号 G 输入低电平，进程初始化速度变量 iSpd、加速度积分 iSigmaA 等运动参数，将信号 CPEn 置为低电平，禁止脉冲发生电路 U0。当门控 G 变为高电平时，StaCon 对控制时钟 Ck10M 的上升沿进行计数，计至十进制数"99"时，10 μs 的运动采样时间结束。此时，StaCon 获取 Div24 元件 U1 的 24 位速度计数值，取其低 16 位计算 16 位速度计数值 SpdCnt，供脉冲计数元件 U2 产生驱动脉冲使用。然后，StaCon 执行加速度积分运算，求取 Σa_k 即程序中的 16 位变量 iSigmaA。最后，进程 StaCon 利用 iSigmaA 除以 1000 求取速度增量，从而得到当前运动速度值。

工作于模式 0 时，电路执行匀速运动，整个运动被划分为加速段(iSec = 0)、匀速段(iSec = 1)与减速段(iSec = 2)。在加速段内，若速度达到指令速度 SpdA 或当前位移达到指令位移一半，电路将当前位移 DisCur 存入减速度位移 iRmDis，供减速段使用，之后进入匀速段(iSec = 1)；在匀速段内，电路利用指令位移 Dis 减去当前位移 DisCur 计算剩余位移量，若剩余位移量小于 iRmDis，运动进入减速段；在减速段内，电路比较指令位移与当前位移，若二者一致，StaCon 禁止驱动脉冲发生 PGen 元件 U2，结束运动。

电路工作于模式 1 时，电路执行加速运动，整个运动过程仅包括梯形加减速的加速段与匀速段。在加速段内，若速度增至终止速度 SpdE，运动进入匀速段；在匀速段内，若指令位移与当前位移一致，则禁止驱动脉冲发生 PGen 元件 U2，结束运动。

工作于模式 2 时，电路执行减速运动，运动仅包括减速段与匀速段。在减速段内，若速度减至终止速度 SpdE，运动进入匀速段；在匀速段内，若指令位移与当前位移一致，StaCon 禁止脉冲发生元件 U2，结束运动。

需要特别说明的是，由于不存在小于 1 步的位移量，即运动速度 v_k 为整型数，在每个运动采样时刻速度计算完毕后，iSigmaA 除以 1000 的整数部分被清零，余数被保留，以备下一采样时刻使用。为便于程序实现，程序中除以 1000 的运算通过取 iSigmaA 的高 6 位实现。

顶层实体 MtDrv 的数据读进程 RdProc 响应并行接口读信号 RD，当 CS 有效且地址选中"110"时，RdProc 将当前位移 DisCur 送至数据总线 D。

除了上述进程，实体 MtDrv 定义并例化了元件 U0、U1 与 U2，分别用于驱动脉冲的产生、速度计数值计算以及当前位移的计算。

2. 实体 PGen 设计

实体 PGen 接收驱动脉冲参数与使能控制，产生符合指定条件的电机驱动脉冲。电路预定的脉冲发生功能通过进程 mPGen 实现，描述程序如下。

例 7-1-2 驱动脉冲发生电路 PGen 的 VHDL 描述：

```
LIBRARY IEEE;
USE IEEE.STD_LOGIC_1164.ALL;
USE IEEE.STD_LOGIC_UNSIGNED.ALL;
ENTITY PGen IS
    PORT( Cnt : IN   STD_LOGIC_VECTOR( 15 DOWNTO 0);
          Clk, G : IN   STD_LOGIC;
          CP: OUT STD_LOGIC);
END PGen;
ARCHITECTURE arch OF PGen IS
BEGIN
    mPGen: PROCESS(Clk, G, Cnt)
    VARIABLE tmp:STD_LOGIC_VECTOR( 15 DOWNTO 0) := X"0000";
    VARIABLE iCp :STD_LOGIC := '0';
    BEGIN
    IF G = '0' THEN
        tmp := X"0000";
        iCp := '0';
    ELSIF CLK'EVENT AND CLK = '0' THEN
        IF tmp < Cnt-1 THEN
            tmp := tmp +'1';
        ELSE
```

```
            tmp := X"0000";
            iCp := NOT(iCp);
        END IF;
    END IF;
    CP <= iCp;
END PROCESS mPGen;
END arch;
```

实体 PGen 描述程序中，端口 Cnt 为 16 位脉冲计数值输入端口，端口 G 为脉冲电路的使能控制，端口 Clk 为脉冲发生电路的基准控制时钟，Clk 与顶层实体 MtDrv 中进程 Ck10MP 送出的 10 MHz 基准控制时钟信号 Ck10M 是同一个信号；端口 CP 送出得到的电机驱动脉冲信号。

描述程序的进程 mPGen 响应基准控制时钟 Clk(实体 MtDrv 得到的时钟 Ck10M)、使能信号 G 与脉冲计数值 Cnt 的变化，G 端变为低电平时，脉冲发生中止，计数变量 tmp 清零，脉冲输出 iCP 清零；反之，G 端变为高电平时，mPGen 对 Clk 的上升沿计数，计至脉冲计数值 Cnt 后，输出脉冲端口 iCP 反相。不断重复上述过程，便能获得与计数值 Cnt 相对应的等距方波。

mPGen 的使能端 G 由顶层实体 MtDrv 的信号 CPEn 控制，在电路运行时，实体 MtDrv 的 StaCon 进程不断检测并比较指令位移 Dis 与当前位移，若二者一致，则 StaCon 清除 CPEn，从而将 G 端置为低电平，禁止进程 mPGen 启动。

3. 实体 DisCon 设计

实体 DisCon 实现的功能包括对驱动脉冲计数、计算当前位移 DisCur 以及电路忙闲状态的输出。DisCon 向顶层实体 MtDrv 返回电路的忙闲状态 iBsy 与当前位移 DisCur，其描述程序如下。

例 7-1-3 位移计算与控制电路 DisCon 的 VHDL 描述：

```
LIBRARY IEEE;
USE IEEE.STD_LOGIC_1164.ALL;
USE IEEE.STD_LOGIC_UNSIGNED.ALL;
ENTITY DisCon IS
    PORT( Cnt : IN   STD_LOGIC_VECTOR( 15 DOWNTO 0);
          Clk, G : IN   STD_LOGIC;
          DisCur : OUT   STD_LOGIC_VECTOR( 15 DOWNTO 0);
          Bsy: OUT STD_LOGIC);
END DisCon;
ARCHITECTURE Samp OF DisCon IS
BEGIN
    mPCnt: PROCESS(Clk, G, Cnt)
        VARIABLE tmp:STD_LOGIC_VECTOR( 15 DOWNTO 0) := X"0000";
        VARIABLE iDisCur:STD_LOGIC_VECTOR( 15 DOWNTO 0) := X"0000";
        VARIABLE iBsy :STD_LOGIC := '0';
```

```
BEGIN
    IF G = '0' THEN
        tmp := Cnt;
        iBsy := '0';
        iDisCur := X"0000";
    ELSIF CLK'EVENT AND CLK = '0' THEN
        iDisCur := iDisCur + 1;
        IF tmp > "0001" THEN
            tmp := tmp -'1';
            iBsy := '1';
        ELSE
            iBsy := '0';
        END IF;
    END IF;
    DisCur <= iDisCur;
    Bsy <= iBsy;
END PROCESS mPCnt;
END Samp;
```

实体 DisCon 的端口 Cnt 为 16 位指令位移，G 为门控端口信号，端口 Clk 为顶层实体 MtDrv 元件 U0 输出的电机驱动脉冲，DisCur 返回当前位移，标志 Bsy 返回电路忙闲状态。

在上述程序描述中，进程 mPCnt 响应门控信号 G，若 G 为低电平，电路执行初始化，将端口 Cnt 送入的指令位移送入计数变量 tmp；若 G 为高电平，则忙标志 iBsy 置"1"，mPCnt 对驱动脉冲 Clk 的下降沿计数，计数变量 tmp 进行减计数，当前位移 iDisCur 进行加计数。当 tmp 计至"0"时，忙标志 iBsy 清零。

4．实体 Div24 设计

实体 Div24 用于顶层实体 MtDrv 中 24 位速度计数值 tSpdCnt 的计算，通过 24 位的除法器实现，在顶层实体 MtDrv 中，16 位运动速度 Spd 与 16 位速度计数值 SpdCnt 满足关系式(7-5)。

$$SPd = \frac{f_{Ck10M}}{2SPdCnt} \tag{7-5}$$

这里，速度单位为步/s，基准控制时钟频率 f_{CK10M} 为 10 MHz，由此可以得到速度计数值 SpdCnt 的计算公式(7-6)。

$$SPdCnt = \frac{5 \times 10^6}{Spd} \tag{7-6}$$

计算上式时，5×10^6 可采用 24 位无符号数 4C4B40H 表述，因此此处设计 24 位除法器以求取速度计数值。实体 MtDrv 调用该除法器 U1 时，在 16 位数值 Spd 的左侧并置 8 位的 00H，将其扩展成 24 位，相应的结果 tSpdCnt 也为 24 位数据；使用时，取其低 16 位送入 SpdCnt。24 位除法器描述程序如下。

例 7-1-4　速度计数运算电路 Div24 的 VHDL 描述：

```
LIBRARY IEEE;
USE IEEE.STD_LOGIC_1164.ALL;
USE IEEE.STD_LOGIC_UNSIGNED.ALL;
ENTITY Div24 IS
    PORT(A, B : IN STD_LOGIC_VECTOR(23 DOWNTO 0);
        Rs: OUT STD_LOGIC_VECTOR(23 DOWNTO 0));
END Div24;
ARCHITECTURE Samp OF Div24 IS
BEGIN
    DivProc: PROCESS(A, B)
        VARIABLE iRm, iRs : STD_LOGIC_VECTOR(23 DOWNTO 0) := X"000000";
        VARIABLE iA, iB : STD_LOGIC_VECTOR(23 DOWNTO 0) := X"000000";
    BEGIN
        iRm := X"000000";
        iA := A;
        iB := B;
        DivL: FOR i IN 23 DOWNTO 0 LOOP
            iRm := iRm(22 DOWNTO 0) & iA(i);
            IF iRm >= iB THEN
                iRm := iRm - iB;
                iRs(i) := '1';
            ELSE
                iRs(i) := '0';
            END IF;
        END LOOP DivL;
        Rs <= iRs;
    END PROCESS DivProc;
END Samp;
```

上述程序响应 24 位除数、被除数 A 与 B 的变化，若 A 或 B 发生变化，除进程 DivProc 执行一次。DivProc 通过循环 DivL 按照由高到低的顺序依次获取被除数 A 的各数据位，并执行减运算，求得除结果各数据位以及余数。最后，DivProc 将 24 位除结果 iRs 送至端口 Rs 并返回给顶层实体信号 tSpdCnt，由顶层实体 MtDrv 的进程 StaCon 截取低 16 位，得到 16 位的速度计数值 SpdCnt。

7.1.3　电路实现

1. 项目创建与编译

在单轴交流伺服控制电路的 VHDL 描述程序中，实体 MtDrv、PGen、DisCon 与 Div24

的描述程序分别命名为 MtDrv.vhd、PGen.vhd、DisCon.vhd 与 Div24.vhd。利用上述程序创建项目，设置实体 MtDrv 作为项目顶层实体，项目名称与顶层实体名称一致，也设置为 MtDrv。根据程序复杂程度，结合电机控制中的实时性要求，初选 MAX II 系列 CPLD 作为电路的实现器件，具体器件根据编译结果由开发系统指定。采用上述方法，单轴交流伺服控制器件 MtDrv 的实现项目及其编译结果如图 7.4 所示。

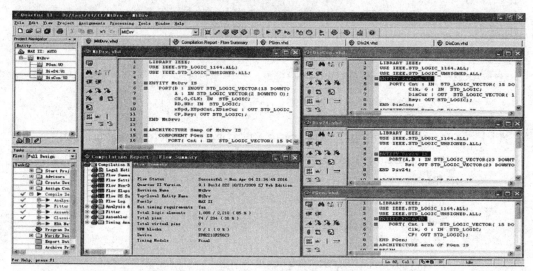

图 7.4　单轴交流伺服控制器件 MtDrv 的项目实现及编译结果

根据电路的逻辑复杂程度、端口占用等状况，开发系统初步选择器件 EPM2210F256C3 来实现电路。器件 MtDrv 使用逻辑宏单元 1888 个，占用宏单元总数的 85%；使用端口 74 个，占用端口总数的 36%。EPM2210F256C3 器件采用 256 脚 FBGA 封装，速度等级为 C3。

2. 器件、引脚分配

根据编译结果及后续制版、布线等情况，本例电路引脚与器件分配情况如图 7.5 所示。

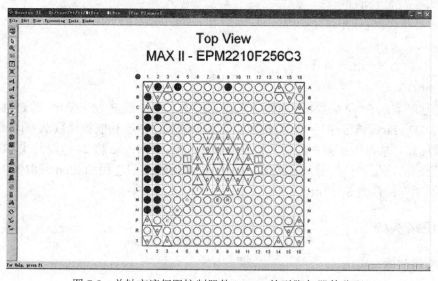

图 7.5　单轴交流伺服控制器件 MtDrv 的引脚与器件分配

从编译结果可以看出，器件 EPM2210F256C3 可以满足本例原定的交流伺服电机驱动控制要求，宏单元占有率、端口占用率等基本满足要求；所选 PLD 为低功耗器件，FBGA 封装面积小，C3 速度等级较高。因此，本例为项目最终指定的器件为 EPM2210F256C3。

图 7.5 中带阴影引脚为已分配信号的引脚，按逆时针顺序，引脚上分配的信号依次为片选 CS、写信号 Wr、读信号 Rd、3 位地址信号 A、并行接口的 16 位双向数据端口 D、驱动脉冲输出端口 CP、控制电路忙状态标志 Bsy、100M 基准时钟 CLK、电机驱动门控信号 G。信号与实现器件引脚之间的具体对应关系如表 7.1 所示。

表 7.1　单轴交流伺服控制器件 MtDrv 的 I/O 信号与引脚的具体对应关系

信号名称	CS	WR	RD	A(2)	A(1)	A(0)	D(15)	D(14)	D(13)
I/O 特性	输入	输入	输入	输入	输入	输入	双向	双向	双向
引脚序号	A2	B1	C2	D1	D2	E1	F1	F2	G1
信号名称	D(12)	D(11)	D(10)	D(9)	D(8)	D(7)	D(6)	D(5)	D(4)
I/O 特性	双向	双向	双向	双向	双向	双向	双向	双向	双向
引脚序号	G2	H1	H2	J1	J2	K1	K2	L1	L2
信号名称	D(3)	D(2)	D(1)	D(0)	CP	Bsy	CLK	G	—
I/O 特性	双向	双向	双向	双向	输出	输出	输入	输入	—
引脚序号	M1	M2	N1	N2	F16	H16	A9	A4	—

7.1.4　电路测试及分析

1. 功能仿真

图 7.6 所示为单轴交流伺服驱动控制器件 MtDrv 的仿真输入波形文件，图中的仿真栅格大小设置为 20 ns，仿真总时长设置为 280 ms。

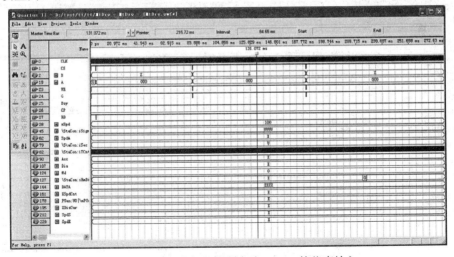

图 7.6　单轴交流伺服控制电路 MtDrv 的仿真输入

图中的仿真输入涵盖控制电路三种工作模式下的运动过程仿真，即均速控制、升速控制与降速控制。在均速控制下，运动速度由 0 加至指令速度，然后做匀速运动，最后减速并到达指令位移，运动结束；在升速模式下，电机以初始速度开始，升至终止速度后保持匀速运动，直至运动结束；在降速模式下，电机以初始速度开始，降至终止速度后保持匀速运动，直至运动指令结束；图中信号 D 为并口数据总线的数据设置情况，DATA 为仿真运行中数据总线 D 的实际信号变化。在做升速运动时，指令参数写入时的集成电路 MtDrv 的仿真结果如图 7.7 所示。

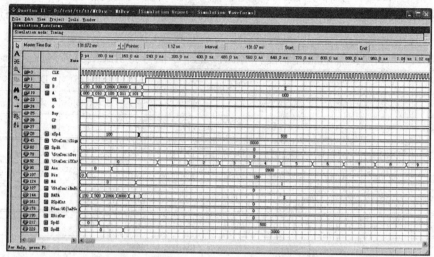

图 7.7　模式 1 的指令参数写入过程仿真

执行升速运动时，外部控制计算机通过并行接口向地址"000"写入数值"150"，设置指令位移为 150 步；向地址"010"写入数值"500"，设置初始速度为 500 步/s；向地址"100"写入数值"2800"，设置加速度为 2800 步/s^2；向地址"011"写入数值"3000"，设置运动终止速度为 3000 步/s；向地址"101"写入数值"1"，设置电路工作于模式 1，执行升速运动；图 7.8 为上述条件下，升速运动的仿真结果。

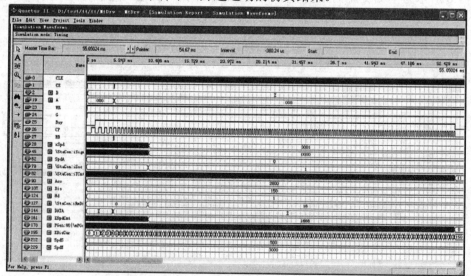

图 7.8　模式 1 升速段运动过程仿真

在图示运动中，指令加速度 Acc 为 2800 步/S^2，指令位移 Dis 为 150 步，初始速度 SpdS 与终止速度 SpdE 分别为 500 步/S、3000 步/s，工作模式 Md 设置为模式 1，与写入值严格一致。在运动过程中，驱动脉冲 CP 周期逐渐变小，最终趋于恒定，对应的运动速度持续增加至 3001 步/s 后进行匀速运动，直至运动结束。实际的终止速度与指令存在 1 步/s 的误差。图 7.9 所示为指令执行期间，外部计算机读取当前速度的仿真结果。

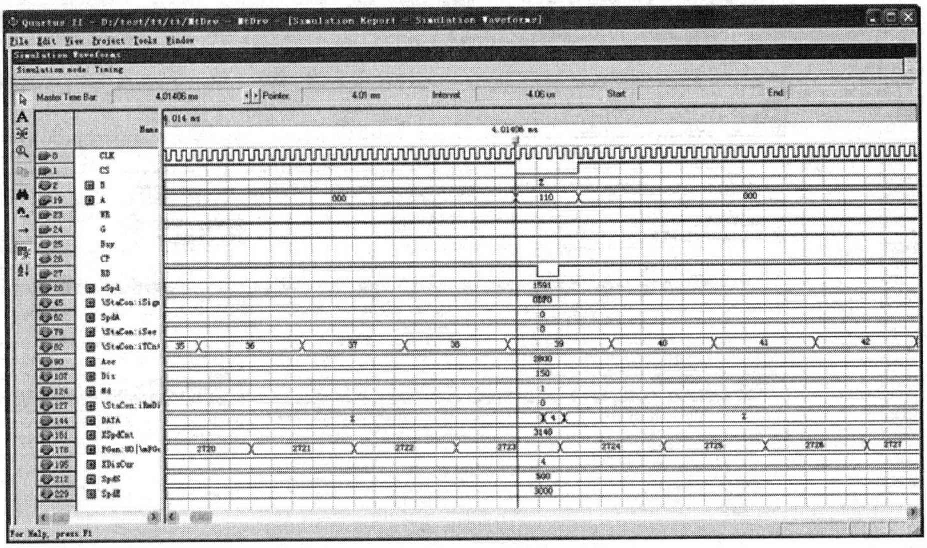

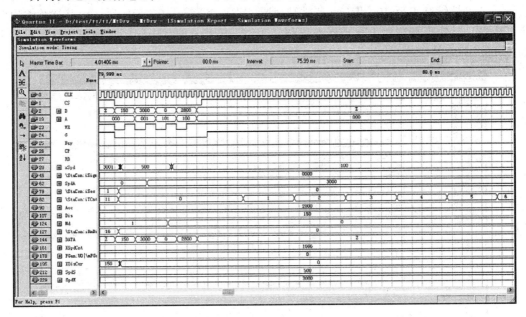

图 7.9　运动速度读取仿真

在图示运动段中的时刻 4.01406 ms 处，RD、CS 相继产生下降沿从而生效，器件的地址端口 A 上送出当前位移寄存器地址"110"，电路 MtDrv 获取当前位移 XDisCur 的取值"4"并将其送上数据总线 DATA。均速运动的参数写入仿真如图 7.10 所示。

图 7.10　模式 1 的指令运动参数写入仿真

在图示的指令写入过程中，外部计算机通过端口"000"向指令位移寄存器 Dis 写入指令位移 150 步，通过地址"001"向指令平均速度寄存器 SpdA 写入指令平均速度 3000 步/s，通过地址"101"向模式控制字寄存器 Md 写入模式字"0"，电路工作于均速运动模式。运动过程仿真如图 7.11。

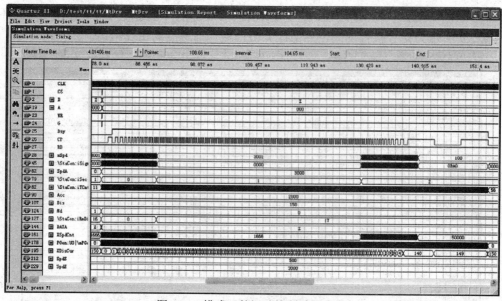

图 7.11　模式 0 的运动控制过程仿真

图示仿真结果中，随时间推移，驱动脉冲 CP 的周期逐渐减小，然后保持恒定；持续一定时间后，CP 周期持续增大，直至运动结束。在运动的结束阶段，电路输出两个低频驱动脉冲，补足位移量。与之相对应，在起始阶段，运动速度持续增大，直到增至指令速度 3000 步/s，完成加速段；然后，运动速度保持在 3000 步/s，实现匀速段；在运动的最后阶段，速度持续减小至 100 步/s，完成减速段。当速度减至 100 步/s 后，电路继续输出两个低频脉冲，实现最终的 150 步指令位移。工作于模式 0 时，电路的加速段工作过程仿真如图 7.12 所示。

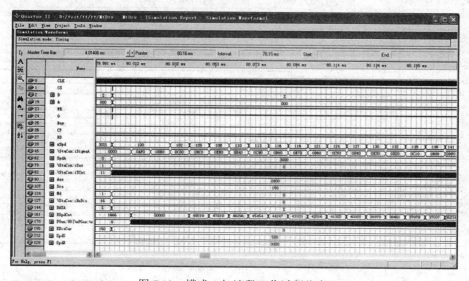

图 7.12　模式 0 加速段工作过程仿真

在模式 0 的加速段内，运动段 iSec 取"0"值，加速度积分每 10 μs 执行一次，积分值 iSigmaA 执行叠加运算，运动速度 xSpd 由 100 步/s 开始持续上升，速度计数值 XSpdCnt

则随速度增大由数值 50000 持续减小。结合实际应用，在实现原定的电机驱动过程时，对最低速度进行了限定，限定为 100 步/s。模式 0 的减速度运动过程仿真如图 7.13 所示。

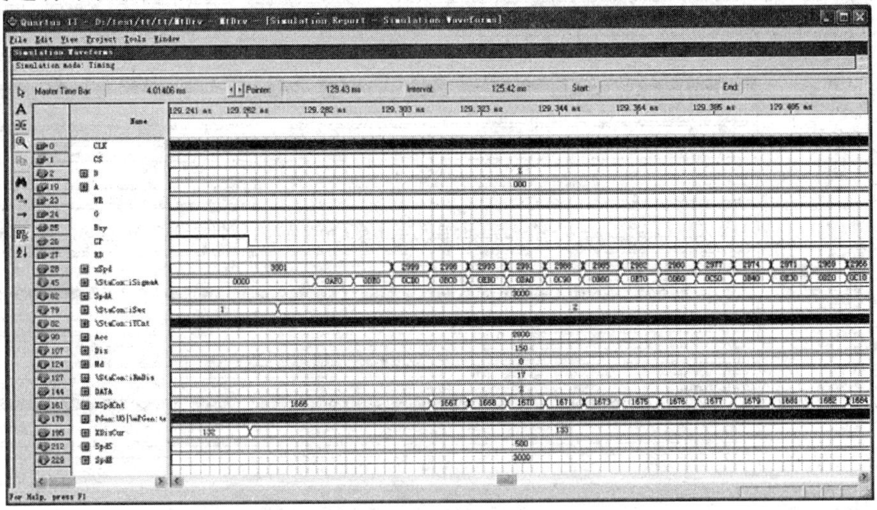

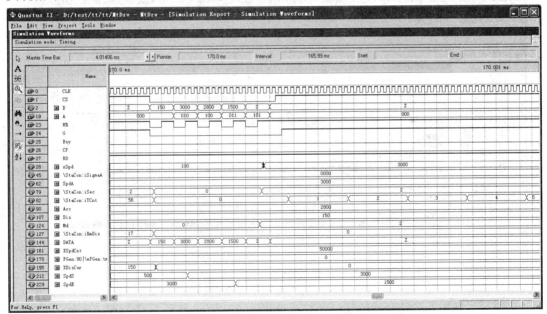

图 7.13　模式 0 减速段工作过程仿真

在模式 0 的减速段内，加速度积分重启，积分值 iSigmaA 随之重启进行叠加运算，运动速度 xSpd 由匀速段的实际速度 3001 步/s 开始持续减小，对应的速度计数值 XSpdCnt 随积分运行持续减小。当运动速度降至 100 步/s 后保持不变，走完预定的指令位移，从而实现指令的运动过程。电路工作于模式 2 时的指令参数写入过程仿真如图 7.14 所示。

图 7.14　模式 2 的指令参数写入过程仿真

在上图的参数写入过程中，外部计算机向地址“000”、“010”、“100”、“011”与“101”分别写入指令的目标位移、起始速度、加速度、终止速度与工作模式参数，将各参数依次设置为 150 步、3000 步/s、2800 步/s2、1500 步/s 与工作模式 2。模式 2 的减速段工作过程仿真如图 7.15。

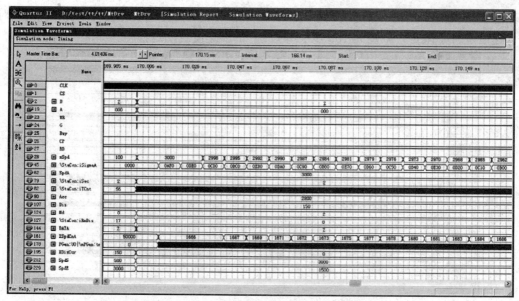

图 7.15　模式 2 的减速段工作过程仿真

在工作模式 2 的减速段内，门控 G 变为高电平，开始减速运动，加速度积分启动，iSigmaA 执行叠加运算，运动速度 xSpd 由初始速度 3000 步/s 开始持续减小，速度计数值由初值 1666 开始依次减小。减速指令的完整执行过程如图 7.16 所示。

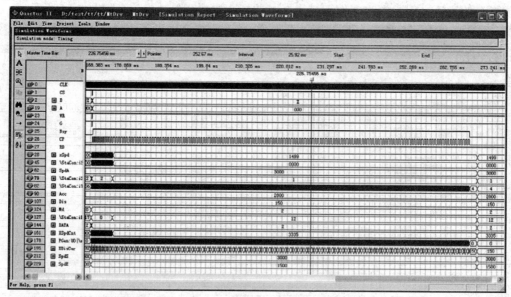

图 7.16　模式 2 的减速指令的执行过程仿真

在图示运动中，运动速度持续减至终止速度 1499 步/s，然后保持匀速，直至达到指令位移 150 步。与之相对，速度计数值持续增大至数值 3335 后保持不变。终止速度的指令值与实际值存在 1 步/s 的偏差。电路的其他工作过程分析可自行完成。

2. 时序分析

单轴伺服电机控制电路执行时序分析如图 7.17 所示。

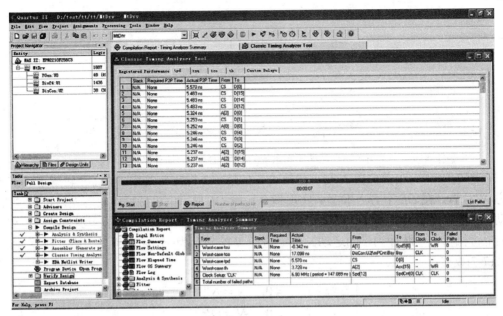

图 7.17　单轴伺服电机控制电路的时序分析

选中图中的按钮 Start，启动时序分析，然后选择按钮 Report，得到本例单轴伺服电机控制电路的各时间参数。其中，数据建立时间 tsu 的最大值为 –0.342 ns，时钟输出延迟时间 tco 的最大值为 17.098 ns，输出延迟时间 tpd 的最大值为 5.570 ns，数据保持时间 th 的最大值为 3.728 ns。

在上述条件下，若各时间参数或者功能要求未满足，可对描述程序或设计项目中的器件、布局、布线等参数进行修正，重新编译，直至设计要求得到满足。

7.2　两轴联动控制电路设计

7.2.1　控制原理与功能分析

1. 轮廓控制原理

轮廓运动及其控制是运动控制系统，尤其是数控系统的关键功能，其性能直接决定运动控制系统品质的优劣。实现复杂轮廓运动时，运动控制系统将相应的复杂轮廓运动转换为多段的圆弧轮廓或直线轮廓运动，通过圆弧轮廓或空间小线段近似得到理想的复杂曲面或曲线轮廓。本例详述两轴联动运动控制系统中圆弧轮廓与直线轮廓的形成方法及其运动控制实现方法。

1) 直线轮廓控制

在运动控制系统中，二维直线的轮廓控制原理如图 7.18 所示。假定图中的直线 OE 为指令轮廓，运动起点 O 落在坐标原点上，终点 E 的坐标为(x_E, y_E)，位置 N 为运动执行过程中的当前位置。

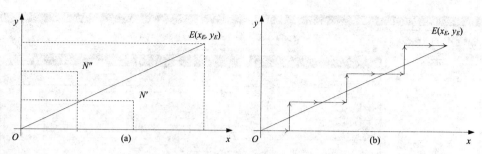

图 7.18   运动控制系统的二维直线轮廓插补原理

在图 7.18 中，当前位置 N 与理想轨迹 OE 存在 3 种几何关系：在 OE 轮廓上、在 OE 上方 N'' 位置、在 OE 下方 N' 位置。实现指令轮廓 OE 时，电机持续向轮廓误差减小的方向运动，即：N 落在 N'' 上或 OE 轮廓上，X 轴电机执行一个脉冲当量的运动；N 落在 N' 上，Y 轴电机执行一个脉冲当量的运动。假定动点 N 的坐标为 (x_i, y_i)，考察上述 3 种状况，有公式(7-7)成立：

$$\begin{cases} x_E y_i - x_i y_E > 0, & N = N'' \\ x_E y_i - x_i y_E = 0, & N \in OE \\ x_E y_i - x_i y_E < 0, & N = N' \end{cases} \tag{7-7}$$

定义函数 $F = x_E y_i - x_i y_E$，公式(7-8)演变为：

$$\begin{cases} F > 0, & N = N'' \\ F = 0, & N \in OE \\ F < 0, & N = N' \end{cases} \tag{7-8}$$

执行轮廓运动时，需要首先计算函数 F，然后根据 F 的取值状况，产生 X 或 Y 轴电机的驱动信号并产生相应轴的运动，从而实现预定的理想轮廓 OE。为便于电路实现，采用递推公式计算运动的 F 参数。假定当前运动时刻为 i，F 参数为 F_i；下一运动时刻为 $i+1$，则 F 参数 F_{i+1} 的递推公式为式(7-9)：

$$F_{i+1} = x_E y_{i+1} - x_{i+1} y_E = \begin{cases} F_0 = 0 \\ x_E y_i - (x_i + 1) y_E = F_i - y_E, & F_i \geqslant 0 \\ x_E(y_i + 1) - x_i y_E = F_i + x_E, & F_i < 0 \end{cases} \tag{7-9}$$

根据上述的控制策略，二维直线轮廓运动通过以下步骤实现：

(1) 终点判别。比较当前位置与终点坐标，判别运动是否结束。

(2) 驱动选择。根据 F 参数，判定运动轴。若 $F \geqslant 0$，X 轴电机使能；若 $F<0$，Y 轴电机使能。

(3) 进给运动。产生驱动信号并驱动运动轴，执行轮廓运动。

(4) F 参数计算。调用公式(7-9)，计算下一时刻的 F 参数备用。

2) 圆弧轮廓控制

图 7.19 所示为运动控制系统的第 1 象限逆圆弧轨迹运动实现原理，图中的圆弧轮廓 OE 为指令运动轨迹，圆心落在坐标原点上，运动起点 S 的坐标为 (x_S, y_S)，运动终点 E 的

坐标为(x_E, y_E)。同样假定位置 N 为轮廓运动实现过程中的当前位置。

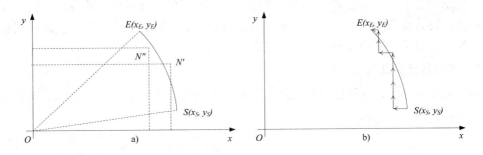

图 7.19　运动控制系统的第 1 象限逆圆弧轮廓插补原理

与直线轮廓运动相似，执行图中的圆弧轨迹运动时，根据当前运动点 N 的位置确定 X 与 Y 轴的动作与否。若动点 N 落在指令圆弧 SE 内部的 N'' 位置，则 Y 电机执行一个脉冲当量的运动；若动点 N 落在指令圆弧 SE 轮廓上或外部的 N' 位置，则 X 电机执行一个脉冲当量的运动。假定动点 N 的坐标为(x_i, y_i)，考察上述状况，有公式(7-10)成立：

$$\begin{cases} x_i^2 + y_i^2 - R^2 < 0, & N = N'' \\ x_i^2 + y_i^2 - R^2 = 0, & N \in OE \\ x_i^2 + y_i^2 - R^2 > 0, & N = N' \end{cases} \tag{7-10}$$

实现圆弧轮廓时，定义参数 $F = x_i^2 + y_i^2 - R^2$，利用 F 参数判别各个时刻的运动轴，实现理想的圆弧轮廓。对运动过程离散化，假定当前运动时刻为 i，对应的 F 参数为 F_i，下一运动时刻为 $i+1$，对应的 F 参数为 F_i+1，则参数 F_i+1 可由下式(7-11)确定：

$$F_{i+1} = x_{i+1}^2 + y_{i+1}^2 - R^2 = \begin{cases} F_0 = 0 \\ (x_i - 1)^2 + y_i^2 - R^2 = F_i - 2x_i + 1, & F_i \geqslant 0 \\ x_i^2 + (y_i + 1)^2 - R^2 = F_i + 2y_i + 1, & F_i < 0 \end{cases} \tag{7-11}$$

结合上述的圆弧运动控制策略，可以得到运动控制系统第 1 象限逆圆弧轨迹的实现过程：

(1) 终点判别。比较当前动点位置与圆弧轮廓终点坐标，判别圆弧轨迹是否完成。

(2) 驱动选择。根据当前的 F 参数，选择运动轴。若 $F \geqslant 0$，则 X 轴电机使能；若 $F < 0$，则 Y 轴电机使能。

(3) 进给运动。产生驱动信号并驱动运动轴，实现预定的圆弧轨迹运动。

(4) F 参数计算。调用公式(7-11)，计算下一时刻的 F 参数备用。

第 1 象限顺圆弧的轮廓控制与逆圆弧类似，只是控制规则略有不同，当参数 $F \geqslant 0$ 时，若当前运动点落在指令圆弧外部，Y 电机负向走一步；反之，当参数 $F \leqslant 0$，若当前运动点落在指令圆弧内部，X 电机正向走一步。F 参数的递推公式(7-12)如下：

$$F_{i+1} = x_{i+1}^2 + y_{i+1}^2 - R^2 = \begin{cases} F_0 = 0 \\ x_i^2 + (y_i - 1)^2 - R^2 = F_i - 2y_i + 1, & F_i \geqslant 0 \\ (x_i + 1)^2 + y_i^2 - R^2 = F_i + 2x_i + 1, & F_i < 0 \end{cases} \tag{7-12}$$

在上述过程中，分别介绍了第 1 象限直线、逆圆弧轮廓的轨迹控制及实现方法，同时上述方法中并不包含电机方向实现的方法。使用上述方法实现四象限直线及圆弧时，需首先根据运动指令的类型及起/终点坐标，确定 X、Y 轴电机的方向控制信号；然后，取各坐标绝对值，将其他象限的直线、圆弧轮廓转换为第 1 象限轮廓轨迹处理，从而得到相应的驱动脉冲。该方法的正确性可自行证明，此处不再介绍。

2. 器件实现原理与功能结构

根据前文所述的轮廓控制原理与过程，本例中的两轴联动运动控制集成电路采用如图 7.20 所示的逻辑功能结构。

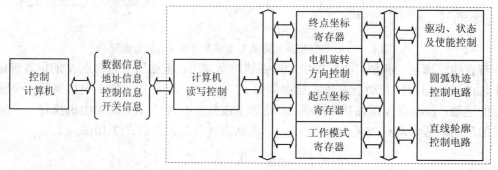

图 7.20　两轴联动运动控制电路的逻辑功能结构

在图示的逻辑功能结构中，两轴联动驱动控制电路的构成单元主要包括计算机读写控制、起/终点坐标寄存器、工作模式寄存器、旋转方向控制、圆弧轨迹控制、直线轮廓控制以及驱动脉冲、状态及使能控制等电路。其中，计算机读写控制提供 16 位并行总线接口协议与独立的门控输入 G、使能输入 En、运动模式 Md 等电路，通过该控制模块，外部控制计算机向本例的两轴联动控制电路送入指令轮廓的起/终点坐标以及门控信号 G、使能信号 En 与模式选择 Md 等数据；同时，读写控制电路获取并送出当前的 X/Y 轴坐标位置以及电路工作状态等信息。

电机旋向控制获取指令起/终点坐标信息及工作模式控制字 Md，根据各坐标值与模式字计算并判别 X/Y 轴的运动方向，同时求取各坐标值的绝对值，把四象限直线与圆弧轮廓运动转换为第 1 象限的直线或顺/逆圆弧轨迹控制；圆弧轨迹控制与直线轮廓控制接收电机旋向控制求取的坐标绝对值，接受驱动、状态及使能控制电路送出的使能控制，实现指令圆弧或直线轮廓需要的驱动脉冲；驱动、状态及使能控制的工作主要有：① 根据工作模式 Md 与电路使能信号 En 求取圆弧/直线轨迹控制电路的使能信号；② 计算指令轮廓所在的象限与当前位移；③ 输出运动状态与驱动脉冲。

3. 器件的进程结构

参照图 7.20 中的两轴联动控制器件逻辑功能结构，本例利用多进程描述结合结构化描述的方法，来实现相应的两轴联动运动控制逻辑。结合前文对联动控制各构成电路的功能与数据处理过程描述，本例分别设计两轴联动控制专用器件的并行接口写进程、并行接口读进程、电机旋向控制进程、直线轨迹驱动脉冲控制、圆弧轮廓驱动脉冲控制等进程，状态、使能与 I/O 控制通过并行条件赋值语句实现，器件的进程输入/输出与启动关系如图 7.21 所示。

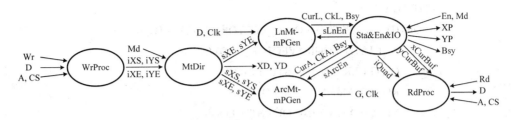

图 7.21 两轴联动运动控制器件的进程结构与启动关系

两轴联动控制器件的并口写进程 WrProc 实现坐标参数的写入操作，根据地址将来自并口的起/终点坐标值送入相关寄存器；并口读进程 RdProc 实现当前坐标的读出操作，它获取状态、使能与 I/O 控制电路 Sta&En&IO 送出的运动象限 iQuad 与坐标缓冲寄存器 xCurBuf、yCurBuf，根据象限值 iQuad 计算运动的当前坐标值，最后将坐标值根据地址送上并口数据总线 D。

Sta&En&IO 计算并判断轮廓运动所在象限 iQuad，执行脉冲、运动状态输出并生成圆弧轮廓驱动脉冲进程 ArcMt-mPGen 与直线轨迹驱动脉冲进程 LnMt-mPGen 的使能信号 sArcEn 及 sLnEn；圆弧轮廓脉冲进程 ArcMt-mPGen 与直线轨迹脉冲进程 LnMt-mPGen 实现 *X/Y* 轴的联动控制脉冲，同时送出运动执行状态 BsyA、BsyL；电机旋向控制进程 MtDir 根据并口送入的指令坐标与运动模式 Md 计算各坐标绝对值 sXS、sYS、sXE 与 sYE，输出 *X/Y* 轴电机旋向控制信号 XD、YD。

7.2.2 两轴联动控制器件的 VHDL 描述

参照图 7.21 所示的进程结构与启动关系，在电路描述中分别设计实体 DAxis、ArcMt 与 LnMt 实现预定的两轴联动控制逻辑。其中，实体 ArcMt 实现圆弧轮廓的驱动脉冲控制，实体 LnMt 实现直线轨迹的驱动脉冲控制；实体 DAxis 为顶层实体，用于实现坐标参数输入、运动模式设定、即时坐标值的获取、电机旋向控制、I/O 与状态控制等功能。同时，顶层实体 DAxis 调用并使能圆弧运动 ArcMt 的元件 U0 与直线运动 LnMt 的元件 U1，输出指令要求的圆弧/直线轨迹驱动脉冲。

1. 顶层实体 DAxis 的 VHDL 描述

考虑到嵌入式 CPU 的应用现状、运动指令参数等情况，执行顶层实体 DAxis 的逻辑描述时，将器件并行接口的数据总线 D 设置为 16 位双向数据端口，地址 A 占用 3 位输入端口，设置片选信号 CS，写、读信号则分别定义为 WR、RD，均为低电平有效。为便于程序描述，程序中所有的端口、变量、信号定义与器件的结构、功能以及进程关系描述一致，顶层实体 DAxis 的 VHDL 描述程序如下。

例 7-2-1 两轴联动运动控制电路顶层实体 DAxis 的 VHDL 描述：

```
LIBRARY IEEE;
USE IEEE.STD_LOGIC_1164.ALL;
USE IEEE.STD_LOGIC_UNSIGNED.ALL;
USE IEEE.STD_LOGIC_ARITH.ALL;
-- Defination of top-level entity, DAxis
```

```
ENTITY DAxis IS
    PORT(D : INOUT STD_LOGIC_VECTOR(15 DOWNTO 0);
        A : IN STD_LOGIC_VECTOR(2 DOWNTO 0);
        CS, G, CLK, EN: IN   STD_LOGIC;
        RD, WR, Md: IN   STD_LOGIC;
        XD, YD, XP, YP, Bsy: OUT STD_LOGIC);
END DAxis;
-- Describtion of the Double-Axis motion control logic
ARCHITECTURE Samp OF DAxis IS
    COMPONENT ArcMt IS
        PORT( XS, YS, XE, YE : IN INTEGER RANGE 0 TO 32767;
            Clk, G, AxisEn: IN STD_LOGIC;
            XCur, YCur: OUT INTEGER RANGE 0 TO 32767;
            XCk, YCk, Bsy : OUT STD_LOGIC);
    END COMPONENT ArcMt;
    COMPONENT LnMt IS
        PORT( XE, YE : IN INTEGER RANGE 0 TO 32767;
            Clk, G, AxisEn: IN STD_LOGIC;
            XCur, YCur: OUT INTEGER RANGE 0 TO 32767;
            XCk, YCk, Bsy : OUT STD_LOGIC);
    END COMPONENT LnMt;
    SIGNAL sXS, sYS, sXE, sYE : INTEGER RANGE 0 TO 32767 := 0;
    SIGNAL xCurBuf, yCurBuf : INTEGER RANGE 0 TO 32767 := 0;
    SIGNAL iQuad : INTEGER RANGE 1 TO 4 := 1;
    SIGNAL iXS, iYS, iXE, iYE : INTEGER RANGE -32768 TO 32767 := 0;
    SIGNAL XCurL, YCurL, YCurA, XCurA : INTEGER RANGE 0 TO 32767 := 0;
    SIGNAL sLnEn, BsyL, XCkL, YCkL: STD_LOGIC := '0';
    SIGNAL sArcEn, BsyA, XCkA, YCkA: STD_LOGIC := '0';
BEGIN
    Bsy <= BsyL WHEN Md = '0' ELSE
        BsyA;
    XP  <= XCkL WHEN Md = '0' ELSE
        XCkA;
    YP  <= YCkL WHEN Md = '0' ELSE
        YCkA;
    U0: ArcMt PORT MAP(sXS, sYS, sXE, sYE, Clk, G, sArcEn, XCurA, YCurA, XCkA,
YCkA, BsyA);
    U1: LnMt PORT MAP(sXE, sYE, Clk, G, sLnEn, XCurL, YCurL, XCkL, YCkL, BsyL);
    sLnEn <= '1' WHEN Md = '0' AND EN = '1' ELSE
```

```
                    '0';
    sArcEn <= '1' WHEN Md = '1' AND EN = '1' ELSE
                    '0';
    xCurBuf <= XCurL WHEN Md = '0' ELSE
                XCurA;
    yCurBuf <= YCurL WHEN Md = '0' ELSE
                YCurA;
    iQuad <=1 WHEN (iXE >= 0 AND iYE >= 0 AND iXS >= 0 AND iYS >= 0) ELSE
            2 WHEN (iXE <= 0 AND iYE >= 0 AND iXS <= 0 AND iYS >= 0) ELSE
            3 WHEN (iXE <= 0 AND iYE <= 0 AND iXS <= 0 AND iYS <= 0) ELSE
            4;
-- Process to generate motion direction control signals
    MtDir: PROCESS(iXS, iYS, iXE, iYE, Md)
    BEGIN
        IF Md = '0' THEN
            sXS <= 0; sYS <= 0;
            IF iXE >= 0 THEN XD <= '0'; sXE <= iXE;
            ELSE XD <= '1'; sXE <= -iXE; END IF;
            IF iYE >= 0 THEN YD <= '0'; sYE <= iYE;
            ELSE YD <= '1'; sYE <= -iYE; END IF;
        ELSE
            IF iXE >= iXS THEN XD <= '0';
            ELSE XD <= '1'; END IF;
            IF iYE >= iYS THEN YD <= '0';
            ELSE YD <= '1'; END IF;
            IF iXS >= 0 THEN sXS <= iXS;
            ELSE sXS <= -iXS; END IF;
            IF iXE >= 0 THEN sXE <= iXE;
            ELSE sXE<=-iXE; END IF;
            IF iYS >= 0 THEN sYS <= iYS;
            ELSE sYS <= -iYS; END IF;
            IF iYE >= 0 THEN sYE <= iYE;
            ELSE sYE <= -iYE; END IF;
        END IF;
    END PROCESS MtDir;
-- Read process driven by MCU
    RdProc: PROCESS(RD, CS, A, xCurBuf, yCurBuf, iQuad)
    BEGIN
        IF RD = '0' AND CS = '0' AND A = "100" THEN
```

```vhdl
        IF iQuad = 1 OR iQuad = 4 THEN
        D <= CONV_STD_LOGIC_VECTOR(xCurBuf, 16);
        ELSE
            D <= CONV_STD_LOGIC_VECTOR(-xCurBuf, 16);
        END IF;
    ELSIF RD = '0' AND CS = '0' AND A = "101" THEN
        IF iQuad = 1 OR iQuad = 2 THEN
        D <= CONV_STD_LOGIC_VECTOR(yCurBuf, 16);
        ELSE
            D <= CONV_STD_LOGIC_VECTOR(-yCurBuf, 16);
        END IF;
    ELSE
        D <= "ZZZZZZZZZZZZZZZZ";
    END IF;
END PROCESS RdProc;
-- Writting process driven by MCU
WrProc: PROCESS(CS, WR, D, A)
BEGIN
    IF RISING_EDGE(WR) THEN
        IF CS = '0' AND A = "000" THEN
            iXS <= CONV_INTEGER(D);
        ELSIF   CS = '0' AND A = "001" THEN
            iYS <= CONV_INTEGER(D);
        ELSIF   CS = '0' AND A = "010" THEN
            iXE <= CONV_INTEGER(D);
        ELSIF   CS = '0' AND A = "011" THEN
            iYE <= CONV_INTEGER(D);
        END IF;
    END IF;
    END PROCESS WrProc;
END Samp;
```

　　根据前文所述的电路进程结构，顶层实体 DAxis 的描述程序实现的进程包括并口写进程 WrProc、读进程 RdProc，电机旋向控制进程 MtDir 以及状态、使能与 I/O 控制 Sta&En&IO 子电路，器件地址"000"～"101"依次被分配给起/终点坐标 iXS、iYS、iXE、iYE、当前 X 坐标与当前 Y 坐标。进程 WrProc 响应写信号 WR 的上升沿，获取指令坐标数据。当 CS 有效且地址 A 为"000"～"011"时，进程分别写入起终点的坐标，坐标取值范围为 $-32\,768$ 至 $32\,767$，计量单位为电机的步当量。

　　实体 DAxis 的读进程 RdProc 响应读信号 RD、地址位 A 与片选信号 CS，当 RD、CS 有效且地址为"100"时，RdProc 送出 X 坐标当前值；当运动发生在第 1 或第 4 象限时，

X 坐标取正值，RdProc 将寄存器 xCurBuf 直接送上数据总线 D；当运动发生在其他象限时，RdProc 将寄存器 xCurBuf 取反后送上数据总线 D；当 RD、CS 有效且地址为"101"时，RdProc 送出 Y 坐标当前值；当运动发生在第 1 或第 2 象限时，Y 坐标取正值，RdProc 将寄存器 yCurBuf 直接送上数据总线 D；当运动发生在其他象限时，RdProc 将寄存器 yCurBuf 取反后送上数据总线 D。

进程 MtDir 根据运动模式 Md，比较指令坐标，判断 X/Y 轴电机的转向。若端口 Md 变为低电平，执行直线轨迹，此时，如果运动轴的相应终点坐标大于零，则电机逆时针旋转，相应方向口拉低；反之，方向口变为高电平。若端口 Md 变为高电平，则执行圆弧轮廓运动，此时，如果运动轴的终点坐标大于起点坐标，则电机逆时针旋转，相应方向口变为低电平；反之，方向口变为高电平。除了上述功能，MtDir 还能够求取各坐标值的绝对值，将所有运动变换至第 1 象限处理。

状态、使能与 I/O 控制 Sta&En&IO 子电路包括从结构体内关键字"Begin"开始的条件赋值语句以及元件例化语句。Sta&En&IO 子电路根据运动模式 Md 与使能信号 En 激活圆弧轮廓控制元件 U0 或直线轨迹控制元件 U1，同时获取当前坐标值。此外，Sta&En&IO 还计算运动所在象限，根据运动模式选择输出驱动脉冲 XP、YP 及运动状态 Bsy。

2. 直线轨迹控制电路 LnMt 的 VHDL 描述

电路 LnMt 接收 MtDir 求得的指令坐标绝对值，实现直线运动轨迹的驱动脉冲。根据前文所述的电路进程结构，直线轨迹控制进程 LnMt-mPGen 由底层实体 LnMt 实现，电路的描述代码如下。

例 7-2-2 直线轨迹控制子电路 LnMt 的 VHDL 描述：

```
LIBRARY IEEE;
USE IEEE.STD_LOGIC_1164.ALL;
USE IEEE.STD_LOGIC_UNSIGNED.ALL;
ENTITY LnMt IS
    PORT( XE, YE : IN INTEGER RANGE 0 TO 32767;
          Clk, G, AxisEn: IN STD_LOGIC;
          XCur, YCur: OUT INTEGER RANGE 0 TO 32767;
          XCk, YCk, Bsy : OUT STD_LOGIC);
END LnMt;
ARCHITECTURE samp OF LnMt IS
    SIGNAL iXEn, iYEn :STD_LOGIC := '0';
BEGIN
    XCk <= Clk AND iXEn;
    YCk <= Clk AND iYEn;
    mPGen: PROCESS(Clk, G, AxisEn)
        VARIABLE iFac: INTEGER RANGE -32768 TO 32767 := 0;
        VARIABLE iXCur, iYCur: INTEGER RANGE 0 TO 32767;
    BEGIN
        IF G = '0' THEN
```

```
                iFac := 0;
                iXEn <= '0';
                iYEn <= '0';
                iXCur := 0;
                iYCur := 0;
                BSY <= '0';
            ELSIF FALLING_EDGE(Clk) AND AxisEn = '1' THEN
                IF iXCur < XE OR iYCur < YE THEN
                    IF XE > 0 AND YE = 0 THEN
                        iXEn <= '1';
                        iYEn <= '0';
                        iXCur := iXCur +1;
                    ELSIF XE = 0 AND YE > 0 THEN
                        iXEn <= '0';
                        iYEn <= '1';
                        iYCur := iYCur +1;
                    ELSIF iFac >= 0 THEN
                        iXEn <= '1';
                        iYEn <= '0';
                        iFac := iFac - YE;
                        iXCur := iXCur +1;
                    ELSE
                        iXEn <= '0';
                        iYEn <= '1';
                        iFac := iFac + XE;
                        iYCur := iYCur +1;
                    END IF;
                    Bsy <= '1';
                ELSE
                    iFac := 0;
                    iXEn <= '0';
                    iYEn <= '0';
                    BSY <= '0';
                END IF;
            END IF;
            XCur <= iXCur;
            YCur <= iYCur;
        END PROCESS mPGen;
    END samp;
```

在实体电路 LnMt 的描述程序中，进程 mPGen 产生 X/Y 轴的脉冲使能信号 iXEn 与 iYEn，二者与轮廓控制基准脉冲执行"与"运算，获得最终的电机驱动脉冲信号 XCk、YCk。执行直线运动时，顶层实体的状态、使能与 I/O 控制 Sta&En&IO 子电路根据运动模式 Md 与使能信号 En 发出使能信号 sLnEn，将 sLnEn 置为高电平，启动 LnMt 元件 U1。

U1 元件的进程 mPGen 响应轮廓控制基准脉冲 Clk、门控信号 G 与使能信号 AxisEn(即顶层实体信号 sLnEn)，G 端变为低电平时，子电路 U1 执行运动初始化，清零 F 参数 iFac、使能端 iXEn、iYEn、当前坐标 iXCur、iYCur 与 BSY 忙标志。当 Clk 下降沿来临时，mPGen 执行终点判别，未到轮廓终点时，进程判别 F 参数，根据 F 参数取值状况来使能对应的 iXEn 与 iYEn 信号并执行坐标运算。最后，进程 mPGen 调用公式(7-9)，重新计算 F 参数 iFac，等待下一个轮廓控制时钟 Clk 的下降沿。

循环重复上述处理过程，直至直线轮廓运动完成。最后，进程清除所有相关标志及信号，结束指令。

3. 圆弧轮廓控制电路 ArcMt 的 VHDL 描述

圆弧轮廓控制电路 ArcMt 接收顶层实体进程 DMtDir 求得的指令起/终点坐标的绝对值，产生圆弧轮廓需要的电机驱动脉冲。根据电路的进程结构描述，圆弧轮廓控制进程 LnMt-mPGen 通过底层实体 LnMt 实现，电路的 VHDL 程序描述如下。

例 7-2-3　圆弧轮廓运动控制电路实体 ArcMt 的 VHDL 描述：

```
LIBRARY IEEE;
USE IEEE.STD_LOGIC_1164.ALL;
USE IEEE.STD_LOGIC_UNSIGNED.ALL;
ENTITY ArcMt IS
    PORT( XS, YS, XE, YE : IN INTEGER RANGE 0 TO 32767;
            Clk, G, AxisEn: IN STD_LOGIC;
            XCur, YCur: OUT INTEGER RANGE 0 TO 32767;
            XCk, YCk, Bsy : OUT STD_LOGIC);
END ArcMt;
ARCHITECTURE samp OF ArcMt IS
    SIGNAL iXEn, iYEn :STD_LOGIC := '0';
BEGIN
    XCk <= Clk AND iXEn;
    YCk <= Clk AND iYEn;
    mPGen: PROCESS(Clk, G, AxisEn, XS, YS)
        VARIABLE iFac: INTEGER RANGE -32768 TO 32767 := 0;
        VARIABLE iXCur, iYCur: INTEGER RANGE 0 TO 32767;
    BEGIN
        IF G = '0' THEN
            iFac := 0;
            iXEn <= '0';
            iYEn <= '0';
```

```
                    iXCur := XS;
                    iYCur := YS;
                    BSY <= '0';
        ELSIF FALLING_EDGE(Clk) AND AxisEn = '1' THEN
            IF XS >= XE AND YS <= YE THEN
                IF iXCur > XE OR iYCur < YE THEN
                    IF iFac >= 0 THEN
                        iXEn <= '1';
                        iYEn <= '0';
                        iFac := iFac-iXCur-iXCur+1;
                        iXCur := iXCur - 1;
                    ELSE
                        iXEn <= '0';
                        iYEn <= '1';
                        iFac := iFac+iYCur+iYCur+1;
                        iYCur := iYCur + 1;
                    END IF;
                    Bsy <= '1';
                ELSE
                    iFac := 0;
                    iXEn <= '0';
                    iYEn <= '0';
                    BSY <= '0';
                END IF;
            ELSIF XS <= XE AND YS >= YE THEN
                IF iXCur < XE OR iYCur > YE THEN
                    IF iFac >= 0 THEN
                        iXEn <= '0';
                        iYEn <= '1';
                        iFac := iFac-iYCur-iYCur+1;
                        iYCur := iYCur - 1;
                    ELSE
                        iXEn <= '1';
                        iYEn <= '0';
                        iFac := iFac+iXCur+iXCur+1;
                        iXCur := iXCur + 1;
                    END IF;
                    Bsy <= '1';
                ELSE
```

```
                    iFac := 0;
                    iXEn <= '0';
                    iYEn <= '0';
                    BSY <= '0';
                END IF;
            END IF;
        END IF;
        XCur <= iXCur;
        YCur <= iYCur;
    END PROCESS mPGen;
END samp;
```

　　与直线轨迹控制类似，实体电路 ArcMt 利用自身的进程 mPGen 产生 X/Y 轴的脉冲使能信号 iXEn 与 iYEn，二者与轮廓控制脉冲 Clk 执行"与"运算，获得驱动信号 XCk 与 YCk。实现圆弧轮廓时，顶层实体 DAxis 的 Sta&En&IO 子电路发出使能信号 sArcEn，启动 ArcMt 元件 U0。

　　ArcMt 元件 U0 的进程 mPGen 监测轮廓控制脉冲 Clk、门控 G 与使能信号 AxisEn(即顶层实体信号 sArcEn)，当信号 G 变为低电平，mPGen 执行初始化，获取圆弧起点坐标并清零运动各参数。当 G 端变为高电平且 Clk 的下降沿来临时，mPGen 判别轮廓终点，若未到终点，则进程 mPGen 根据起终点坐标判断圆弧运动的顺逆方向，根据 F 参数 iFac 的取值状况使能相应的 iXEn 与 iYEn 信号并执行坐标运算。最后，进程 mPGen 根据圆弧轮廓运动的顺/逆圆方向，调用公式(7-12)或公式(7-11)，重新计算 F 参数 iFac，等待下一个轮廓控制时钟 Clk 的下降沿。

　　重复上述处理过程，直至到达轮廓终点，进程清除所有标志及信号，结束指令。

7.2.3　电路实现

1. 项目创建与编译

　　采用上节的 VHDL 程序描述两轴联动控制电路的各个构成进程，图 7.22 所示为两轴联动轮廓控制电路 DAxis 的实现项目及编译结果。

　　图中的项目名称、顶层实体名称均设置为 DAxis。顶层实体名称与其 VHDL 描述程序严格一致，命名为 DAxis.vhd；直线轨迹控制电路描述程序与实体命名一致，命名为 mLnMt.h；圆弧轮廓控制电路描述程序与实体命名一致，命名为 mArcMt.h。结合两轴联动控制电路中轮廓控制逻辑、并行接口协议等的逻辑复杂程度与逻辑规模，初选 MAX II 系列的 CPLD 作为两轴联动控制电路的实现器件，具体器件型号参照开发系统的编译结果另行指定。

　　根据两轴联动轮廓运动控制的逻辑复杂程度、PLD 器件的逻辑资源状况、运算速度、I/O 端口数量等状况，开发系统 Quatus II 在 MAX II 系列的 CPLD 中推荐选择器件 EPM1270T144C3 来实现预定的两轴联动控制电路。所推荐器件可提供逻辑单元共 1270 个，实现预定的两轴联动轮廓控制功能需占用逻辑单元 779 个，设计项目的逻辑单元占用率为

61%；系统推荐的 PLD 器件可提供 I/O 端口共 116 个，实现预定的轮廓运动控制逻辑功能需占用端口 31 个，选用该器件设计项目的端口占用率为 27%。EPM1270T144C3 器件采用 144 脚 TQFP 封装，器件速度等级为 C3，相对较高，符合运动控制的实时性要求。

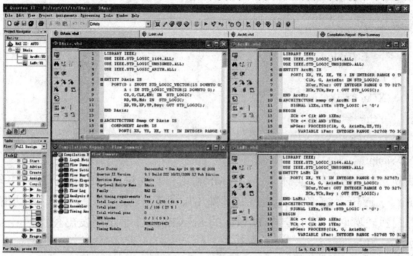

图 7.22　两轴联动运动控制器件的项目实现及编译

2. 器件、引脚分配

根据编译结果，器件 EPM1270T144C3 能满足预定的两轴联动控制功能，同时其较低的逻辑单元占有率与端口占用率，容许在以后进行适当修改，以增强系统性能，实现系统的在线升级。EPM1270T144C3 为 3.3 V 低功耗器件，封装面积、速度等级等较为理想。兼顾后续制版、布线等操作，本例中的两轴联动控制电路引脚分配与器件指定如图 7.23 所示。

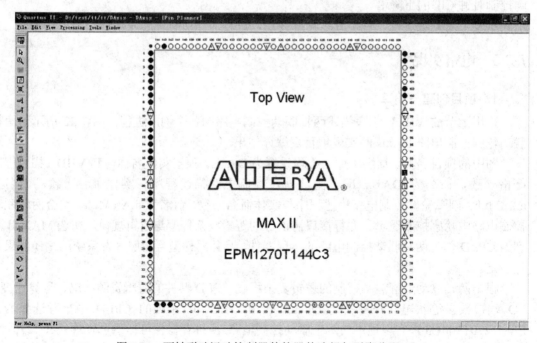

图 7.23　两轴联动运动控制器件的器件选择与引脚分配

图中带阴影的引脚为已分配信号引脚，按照逆时针顺序，从器件的引脚 1 到引脚 143，端口上已分配的信号依次为 16 位双向数据端口 D、读信号 RD、写信号 WR、片选信号 CS、地址信号 A、门控信号 G、运动模式 Md 与使能控制 En、轮廓控制基准时钟 Clk 与 Y 轴电机驱动脉冲 YP、Y 轴电机方向信号 YD、X 轴电机驱动脉冲 XP、X 轴电机方向信号 XD、运动忙标志 Bsy。各信号与实现器件引脚之间的详细对应关系如表 7.2 所示。

表 7.2　两轴联动运动控制器件的 I/O 信号与引脚对应关系

信号名称	D(15)	D(14)	D(13)	D(12)	D(11)	D(10)	D(9)	D(8)	D(7)	D(6)	D(5)
I/O 特性	双向	双向	双向	双向	双向	双向	双向	双向	双向	双向	双向
引脚序号	1	2	3	4	5	6	7	8	11	12	13
信号名称	D(4)	D(3)	D(2)	D(1)	D(0)	RD	WR	CS	A(2)	A(1)	A(0)
I/O 特性	双向	双向	双向	双向	双向	输入	输入	输入	输入	输入	输入
引脚序号	14	15	16	21	22	23	24	27	28	29	30
信号名称	G	Md	En	Clk	YP	YD	XP	XD	Bsy	-	-
IO 特性	输入	输入	输入	输入	输出	输出	输出	输出	输出		
引脚序号	37	38	39	91	102	103	107	108	143		

7.2.4　电路测试及分析

1. 功能仿真

图 7.24 所示为两轴联动运动控制电路的仿真输入波形，图中的仿真栅格设置为 10 ns，仿真总时长设置为 8.8 μs。

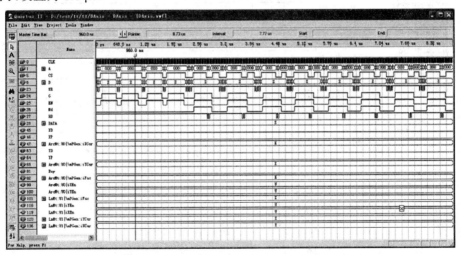

图 7.24　两轴联动运动控制器件的工作过程仿真输入

图中信号 D 为联动控制电路的 16 位双向数据总线的数据设置情况，DATA 为仿真运行时数据总线 D 上的实际信号变化状况。为便于考察电路的实际运行状况，仿真输入中加入了部分中间信号，包括轴电机使能信号 iXEn、iYEn、圆弧轮廓控制子电路与直线轨迹控制子电路的 F 参数 iFac 等。在图中的仿真激励波形中，自左至右，依次设置了第 1～4

象限直线运动轨迹的控制过程仿真与第 1～4 象限圆弧轮廓运动轨迹的控制过程仿真。

第 1、2 象限的直线运动控制时序模拟如图 7.25 所示，图 7.26 所示为第 3、4 象限的直线运动控制仿真。

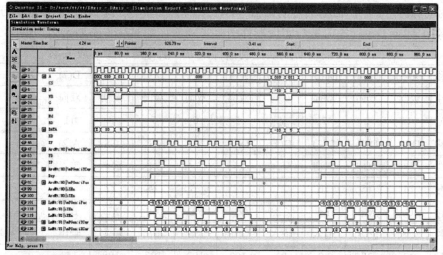

图 7.25   第 1、2 象限的直线运动控制过程仿真

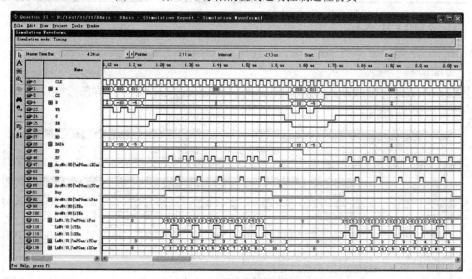

图 7.26   第 3、4 象限的直线运动控制过程仿真

在图 7.25 中，时间段 0～480 ns 为第 1 象限的直线运动仿真，此段内若 CS、WR 有效，外部计算机向地址 "010"、"011" 写入轨迹终点坐标$(10, 5)$，清零 Md，设置直线运动模式，器件计算方向信号 XD 与 YD，二者拉低。然后，将门控 G 与使能端 En 置为高电平，设置忙标志 Bsy。在轮廓控制时钟 CLK 的降沿上，器件执行终点判别。若未达终点，且 F 参数 iFac$\geq$0，则置位 iXEn 并清零 iYEn，X 轴电机脉冲端 XP 产生驱动脉冲；反之，iFac<0，则将信号 iYEn 置 "1"，iXEn 清零，Y 轴电机脉冲端口 YP 产生一个驱动脉冲。当运动到达终点时，忙标志 Bsy 清零，指令结束。

图 7.25 中的时间段 480 ns～980 ns 为第 2 象限直线运动仿真。在写入轨迹终点、清零 Md 端、置位 G 端与 En 后，器件将 XD 置为高电平，清零 YD，置位标志 BSY，启动运动。

在 CLK 的降沿上，器件判别终点、F 参数以及发驱动脉冲。运动结束时，器件清除 Bsy 标志及各使能信号，等待下一指令。

在执行第 2、3、4 象限的直线运动时，器件首先根据终点坐标判断各轴运动方向，然后求取各坐标的绝对值，将运动转换为第 1 象限的直线运动。图 7.26 中的 F 参数 iFac、当前坐标 iXCur、iYCur 均为运动转换至第 1 象限后相关参数的计算结果，与直接在所在象限处理会有所不同。

图 7.27 所示为前述四象限直线轨迹控制得到的仿真轨迹与理想轨迹，图(a)~(d)对应第 1~4 象限的运动。其中，带箭头折线为器件实现的实际轮廓，无箭头实线为指令的理想轨迹。

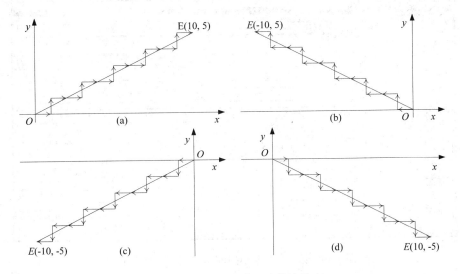

图 7.27　四象限直线运动轨迹仿真

图 7.28 所示为第 1 象限的顺/逆圆弧轮廓控制过程仿真。时间段 2.1~2.8 μs 为顺时针圆弧轮廓运动控制，时间段 2.9~3.8 μs 为逆时针圆弧轮廓运动控制。

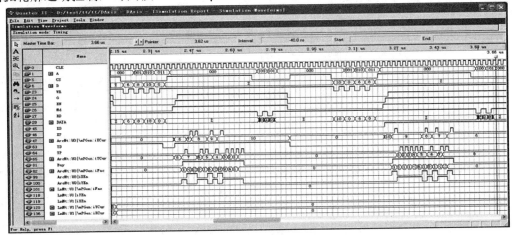

图 7.28　第 1 象限的顺/逆圆弧轮廓控制过程仿真

执行顺圆弧轮廓运动时，计算机向地址"000"~"011"分别写入指令圆弧的起/终点坐标(6, 8)与(10, 0)。然后，置位模式端 Md、使能端 En 与门控 G。器件根据圆弧端点坐标及模式 Md 计算方向标志，得到 XD 为"0"，YD 为"1"，置忙标志 Bsy，将当前点设置到圆弧起点，启动圆弧运动。之后，器件响应控制时钟 CLK，执行终点判别、*F* 参数 iFac 判别、运动轴进给、iFac 计算等操作序列，实现指令圆弧。指令结束后，器件清除各标志与寄存器，准备新指令到来。逆圆控制与顺圆类似，具体过程不再赘述。在上图的 4.4 μs 时刻处，CS 有效，RD 持续送出读脉冲，地址"100"、"101"对应的当前坐标(-6, 8)被依次送上数据总线 DATA。

图 7.29 所示为第 2 象限顺/逆圆弧轮廓控制过程仿真，图 7.30 所示为在第 1、2 象限圆弧运动的实际轨迹与理想轮廓。

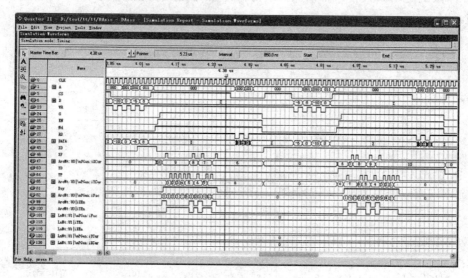

图 7.29　第 2 象限顺/逆圆弧轮廓控制过程仿真

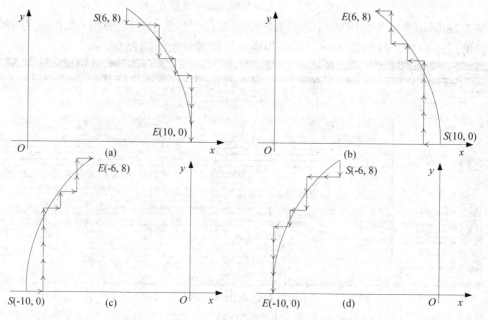

图 7.30　第 1、2 象限顺/逆圆弧轮廓轨迹仿真

实现第 2 象限圆弧时，器件根据起/终点计算顺、逆圆方向信号 XD、YD，得到取值为"0"、"0"与"1"、"1"，然后将轮廓转至第 1 象限，执行相应的顺/逆圆弧轮廓控制。

图 7.30 中的图(a)～图(d)依次为第 1 象限顺圆轮廓、逆圆轮廓以及第 2 象限顺圆轮廓与逆圆轮廓的理想轮廓与实际轨迹的对比。图中的光滑圆弧为指令轮廓，带箭头折线为运动的实际轨迹，符合前文所述的第 1、2 象限轮廓控制原理。

图 7.31 所示为第 3 象限圆弧轮廓的运动控制过程仿真，第 4 象限圆弧轮廓的运动控制如图 7.32 所示。

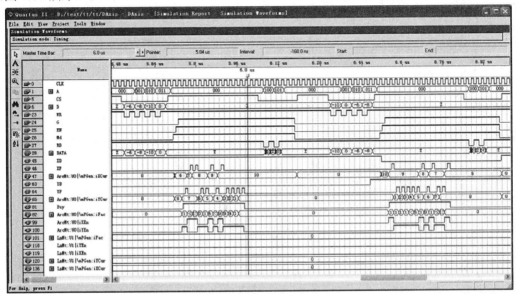

图 7.31　第 3 象限的顺/逆圆弧轮廓控制过程仿真

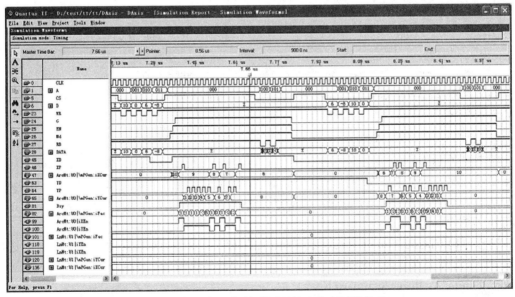

图 7.32　第 4 象限的顺/逆圆弧轮廓控制过程仿真

在图 7.31 所示的第 3 象限圆弧轮廓控制仿真中，器件获取顺圆端点(-6, -8)与(-10, 0)，计算 XD、YD 得到取值"1"、"0"，之后将轮廓转至第 1 象限，按第 1 象限轮廓控制方法实现轴脉冲；逆圆控制时，器件比较端点(–10, 0)、(–6, –8)得到 XD、YD 取值 "0"、"1"，将轮廓转至第 1 象限，实现驱动脉冲。

执行图 7.32 所示的第 4 象限顺圆弧轮廓运动时，运动控制器件 DAxis 首先比较顺圆端点(10, 0)、(6, –8)坐标值，得到 X、Y 轴电机方向端口信号 XD、YD 的取值 "1"、"0"。然后，器件计算端点各坐标的绝对值，将第 4 象限轮廓转变为第 1 象限轨迹处理。逆圆轮廓运动的处理方法与顺圆轮廓基本类似，相异之处仅在于方向口 XD、YD 取值不同。

第 3、4 象限圆弧轮廓运动的实际轨迹如图 7.33 所示。图中带箭头直线及实线圆弧分别为运动实际轨迹与理想轮廓，与控制原理预定的过程一致。

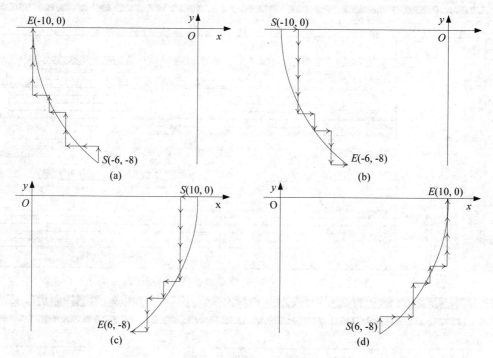

图 7.33　第 3、4 象限的直线运动控制过程仿真

两轴联动运动控制器件 DAxis 的其他工作波形分析方法与上述过程类似，可自行分析，此处不再赘述。

2. 时序分析

图 7.34 所示为 Quartus 时间分析工具 Classic Timing Analyzer Tool 得到的两轴联动运动控制器件时序分析结果。图中的窗口 Classic Timing Analyzer Tool 详细给出了两轴运动控制器件 DAxis 的输出延迟时间 tpd、数据建立时间 tsu、时钟输出延迟时间 tco 与信号保持时间 th 等参数。

选择窗口 Classic Timing Analyzer Tool 中的按钮 Start，启动电路时序分析，然后选择按钮 Report，得到两轴联动控制器件的各个时间参数的极端值，如图中的窗口 Compilation Report- Timing Analyzer Summary 所示。

根据图 7.34 所示的时间分析结果，两轴联动控制器件 DAxis 的数据建立时间 tsu 的最大值为 12.334 ns，时钟输出延迟 tco 的最大值为 16.858 ns，输出延迟 tpd 的最大值为 12.152 ns，数据保持时间 th 的最大值为 1.713 ns，控制时钟 CLK 的最高容许频率为 80.53 MHz。

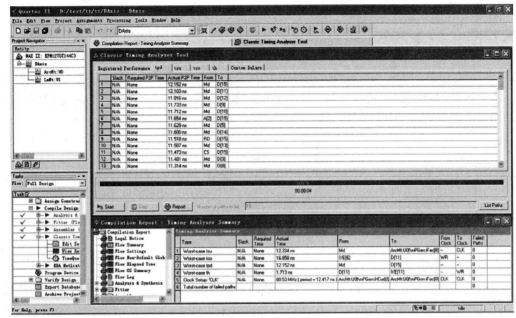

图 7.34　两轴联动运动控制器件时序分析

若器件时间参数或者功能未达到预定的设计要求，可对描述程序或器件、布局、布线等参数进行修正，重新编译仿真，直至电路满足设计要求。

7.3　高速数据采集专用控制电路

7.3.1　逻辑功能与分析

1. 电路功能与逻辑结构

高速数据采集及其控制是工业控制、现代农业、航空航天等领域中高性能系统的常用电路。本节在高速数据采集系统中选用常用的高速模数转换芯片 ADS7816，设计专用采集控制集成电路，实现能自主运行的高速数据采集电路。

ADS7816 是一种 12 位微功耗的典型模数转换集成电路，采样频率为 200 kHz，休眠功耗为 3 μW，采样频率为 200 kHz 时功耗为 1.9 mW，采样频率为 12.5 kHz 时功耗仅为 150 μW。器件模拟输入端 +In 与 −In 接收差分输入的模拟量，数字输出采用串行接口，串行数据接口的信号 CS 与 DCLOCK 端口分别接收片选与串行数据的时钟输入，D_{OUT} 端口串行输出 AD 转换得到的 12 位数字量，器件的工作时序如图 7.35 所示。

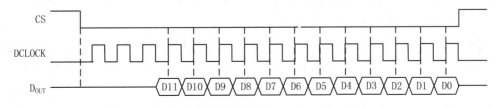

图 7.35　常用高速模数转换器件 ADS7816 的工作时序

ADS7816 的数据采集与模数转换通过片选端 CS 启动。CS 产生下降沿，器件执行一次采集转换任务。经过 1.5～2 个数据周期 T_{DCLOCK} 的采样时间，器件串行数据端 D_{OUT} 响应串行数据时钟 CLK，依次送出起始位以及由高到低的 12 位转换数据 D11～D0。然后，如果 CS 持续生效，ADS7816 的数据端 D_{OUT} 继续反序(由低位到高位)送出 12 位转换数据。

本例实现的自主运行高速数据采集系统的功能结构如图 7.36 所示。其中，虚线框内所示的构成电路为高速采集控制器件的逻辑结构。

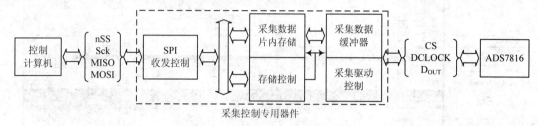

图 7.36　高速数据采集系统结构及采集控制专用器件的逻辑构成

图中的采集控制专用器件自主产生 ADS7816 需要的 CS、DCLOCK 信号，将转换数据直接存入器件内部的采集数据片内存储单元，数据采集任务自主完成，无需外部干预。同时，采集控制专用器件提供 SPI 标准接口，便于外部计算机获取采集到的数据序列。

在图中的专用采集控制器件内，采集驱动控制电路负责发出 AD 驱动信号 CS，启动采集转换，并提供符合 ADS7816 数据通信协议的接口获取转换数据；存储控制将转换数据从采集数据缓冲送入片内采集数据存储单元；SPI 收发控制获取控制计算机发出的数据请求，根据请求启动存储控制，将采集数据片内存储单元的相应数据送上 SPI 总线。

2. 实现原理

参照采集控制专用器件的逻辑结构，本例通过多进程，描述逻辑结构中的各个控制逻辑，各进程间的输入/输出关系与启动关系如图 7.37 所示。

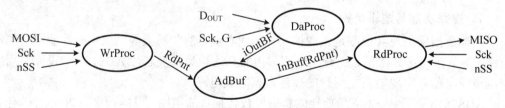

图 7.37　采集专用控制电路的进程结构与启动关系

采集控制专用器件的进程结构包括包括 SPI 数据收进程 WrProc、SPI 数据发进程 RdProc、数据采集控制进程 DaProc 与数据采集片内存储单元 AdBuf，AdBuf 内保持最新的数据采集结果。器件正常工作时，数据采集控制进程 DaProc 连续发出图 7.35 所示的 ADS7816 工作信号，ADS7816 执行持续采集与转换操作，结果不断送入 AdBuf。若数据超过 AdBuf 容量，最早送入的转换数据被挤出存储区。

需要输出数据时，外部计算机通过 SPI 数据收进程 WrProc 写入欲访问的数据索引号 RdPnt，SPI 数据发进程 RdProc 根据索引号 RdPnt 获取数据 AdBuf(RdPnt)。然后，SPI 发进程 RdProc 响应串行数据时钟 Sck，将 AdBuf(RdPnt)按位依次送至 SPI 的数据端 MISO。

7.3.2　电路的 VHDL 描述

根据上述的器件逻辑功能结构与进程关系，采用 VHDL 描述采集控制器件。为便于电路描述，在器件的编程实现时，程序中的所有端口、变量、信号定义以及进程命名、设计与图 7.37 中的描述一致，电路的 VHDL 描述程序如下。

例 7-3-1　高速数据采集专用控制电路的 VHDL 描述：

```
LIBRARY IEEE;

USE IEEE.STD_LOGIC_1164.ALL;

USE IEEE.STD_LOGIC_UNSIGNED.ALL;

-- Defination of top-level entity, AdSys

ENTITY AdSys IS

    PORT(D, CLK, G : IN    STD_LOGIC;

        Sck, nSS, MOSI: IN STD_LOGIC;

        Data : OUT STD_LOGIC_VECTOR(11 DOWNTO 0);

        MISO, Dck, CS: OUT STD_LOGIC);

END AdSys ;

-- Describtion of the control logic for AD7816 driver

ARCHITECTURE Samp OF AdSys IS

    TYPE RAM IS ARRAY(0 TO 9) OF STD_LOGIC_VECTOR(11 DOWNTO 0);

    SIGNAL AdBuf: RAM;

    SIGNAL RdPnt: INTEGER RANGE 0 TO 9 := 0;

    SIGNAL sCS : STD_LOGIC := '1';

BEGIN

    DaProc: PROCESS(CLK)

        VARIABLE iCS, iDck: STD_LOGIC := '1';

        VARIABLE DckCnt, i: INTEGER RANGE 0 TO 19 := 0;

        VARIABLE ConCnt : STD_LOGIC_VECTOR(4 DOWNTO 0) := "00000";

        VARIABLE DBuf : STD_LOGIC_VECTOR(11 DOWNTO 0) := X"000";

    BEGIN

        IF FALLING_EDGE(CLK) THEN

            IF DckCnt = 0 THEN

                IF ConCnt = 0 THEN

                    IF G = '1' THEN

                        I := 0;

                        iDck := '0';

                        iCS := '0';

                        DckCnt := DckCnt+1;

                        DBuf := X"000";

                    END IF;
```

```
                    ELSE
                        DckCnt := DckCnt+1;
                    END IF;
                ELSIF DckCnt < 19 THEN
                    DckCnt := DckCnt+1;
                ELSE
                    IF ConCnt < 29 THEN
                        IF ConCnt > 5 AND iDck = '0' THEN
                            IF i < 12 THEN DBuf(11-i) := D;
                            END IF;
                            i := i+1;
                        END IF;
                        iDck := NOT(iDck);
                        ConCnt := ConCnt + 1;
                    ELSE
                        iCS := '1';
                        iDck := '1';
                        AdjLp: FOR j IN 0 TO 8 LOOP
                            AdBuf(j) <= AdBuf(j+1);
                        END LOOP AdjLp;
                        AdBuf(9) <= DBuf;
                        ConCnt := "00000";
                        Data <= DBuf;
                    END IF;
                    DckCnt := 0;
                END IF;
            END IF;
            Dck <= iDck;
            sCS <= iCS;
    END PROCESS DaProc;
    CS <= sCS;
    -- Read process of SPI bus driven by MCU
    RdProc: PROCESS(Sck, AdBuf, RdPnt, G, nSS)
        VARIABLE BitNum: INTEGER RANGE 0 TO 16 := 0;
        VARIABLE iTData: STD_LOGIC_VECTOR(11 DOWNTO 0) := X"000";
    BEGIN
        IF RISING_EDGE(Sck) THEN
            IF G = '0' AND nSS = '0' THEN
                IF BitNum = 0 THEN
```

```
              iTData := AdBuf(RdPnt);
              MISO <= '0';
          ELSIF BitNum < 4 THEN
              MISO <= '0';
          ELSE
              MISO <= iTData(15-BitNum);
          END IF;
          IF BitNum < 15 THEN
              BitNum := BitNum+1;
          ELSE
              BitNum := 0;
          END IF;
        END IF;
      END IF;
  END PROCESS RdProc;
  -- Writting process of SPI bus driven by MCU
  WrProc: PROCESS(Sck, MOSI, NSS, G)
      VARIABLE tmp: STD_LOGIC_VECTOR(15 DOWNTO 0) := X"0000";
      VARIABLE i: INTEGER RANGE 0 TO 15 := 0;
  BEGIN
      IF FALLING_EDGE(Sck) THEN
        IF G = '0' AND nSS = '0' THEN
            tmp(15-i) := MOSI;
            IF i=15 THEN
                RdPnt <= CONV_INTEGER(tmp(3 DOWNTO 0));
            END IF;
            i := i+1;
        END IF;
      END IF;
  END PROCESS WrProc;
END Samp;
```

描述程序的实体名称设置为 AdSys，电路采用标准 SPI 接口协议，端口信号包括 MOSI(Master Output Slave Input)、MISO(Master Input Slave Output)、串行数据时钟 Sck 与从机片选端 nSS。此外，器件端口还包括 ADS7816 的数据输入端 D_{OUT}、串行数据时钟 Dck、片选端 CS，器件的门控端 G、基准时钟 CLK 与 12 位测试端口 Data。此处的时钟 Dck 即图 7.35 中的串行数据时钟 DCLOCK。

程序中设置 10 个 12 位存储单元 AdBuf，暂存数模转换的结果。器件正常工作时，进程 DaProc 响应 100 MHz 基准时钟 CLK，对 CLK 执行 40 分频，得到约 2.5 MHz 的串行数据传送时钟 DCLOCK。15 个 DCLOCK 构成一个采集周期，其中包括两个 DCLOCK 周期的采样等待时间、1 个 DCLOCK 周期的起始位与 12 个 DCLOCK 周期的数据获取操作。器件运行时，在第 1 个 DCLOCK 周期的第一个 CLK 下降沿上，进程 DaProc 检测门控信号 G，若 G 为高电平，DaProc 将 CS 信号置为低电平，启动 ADS7816；从第 4 个 DCLOCK 周期开始，进程由高到低依次取得 12 位转换数据。在第 15 个 DCLOCK 结束后，进程 AdProc 将 AdBuf 中的数据通过指令 AdBuf(j)<=AdBuf(j+1)依次前移，AdBuf(0)被放弃，当前采集数据 DBuf 被存入 AdBuf 的最后一个存储单元 AdBuf(9)中，进程将 CS 置位并恢复各寄存器，完成一次采集任务。当下一 CLK 来临时，新的数据采集周期重新开始。

外部系统获取所采集的数据时，外部计算机首先通过 SPI 收进程 WrProc 送入 16 位索引值，其低 4 位为所请求采集值在 AdBuf 中的位置 RdPnt；SPI 发进程 RdProc 响应 SPI 串行数据时钟 SCK 的上升沿，将 AdBuf(RdPnt)各数据位依次送上 MISO，供外部计算机检索。根据前述过程，AdBuf 中索引值由大到小，依次存储了由近及远的最近 10 次的采集数据。

7.3.3 电路实现

1. 项目创建与编译

图 7.38 所示为高速数据采集专用控制器件 AdSys 的实现项目及编译结果。

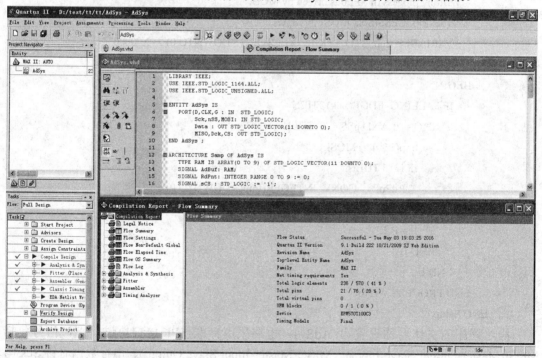

图 7.38 高速数据采集专用控制电路的项目实现及编译

项目利用前述的 VHDL 程序创建项目，项目顶层实体、项目名称保持一致，均命名为 AdSys。同时，实体的 VHDL 描述程序名称与实体名称严格对应，需命名为 AdSys.vhd。根据器件逻辑功能与复杂程度，初选 MAX II 系列 CPLD 器件实现预定的逻辑功能，具体型号由开发系统 Quartus II 根据编译情况合理选择。

根据专用器件的逻辑功能结构、逻辑复杂程度以及所需 I/O 端口数量等状况，Quartus

II 初选 MAX II 系列 CPLD 器件 EPM570T100C3 实现预定电路；采用该器件，AdSys 需占用逻辑单元 236 个，占器件所提供逻辑宏单元总量的 41%；需 I/O 端口 21 个，占器件所提供 I/O 端口总量的 28%。初选器件 EPM570T100C3 采用 100 脚的 TQFP 封装，速度等级为 C3，封装形式、器件大小、速度等级相对合理。

2. 器件、引脚分配

根据编译结果及后续的制版、布线与调测试等情况，本例指定 EPM570T100C3 作为项目的最终实现器件，AdSys 各端口信号的详细分配情况如表 7.3 所示。

表 7.3　高速数据采集专用控制电路的引脚信号详细分配状况

名称	nSS	MISO	MOSI	G	SCK	CLK	D
I/O 特性	输入	输出	输入	输入	输入	输入	输入
引脚号	5	6	7	8	12	14	56
名称	Dck	CS	Data(0)	Data(1)	Data(2)	Data(3)	Data(4)
I/O 特性	输出	输出	输出	输出	输入	输入	输出
引脚号	57	58	66	67	68	69	70
名称	Data(5)	Data(6)	Data(7)	Data(8)	Data(9)	Data(10)	Data(11)
I/O 特性	输出	输出	输出	输出	输出	输出	输出
引脚号	71	72	73	74	75	76	77

高速数据采集控制器件 AdSys 各端口信号在器件上的布局如图 7.39 所示。

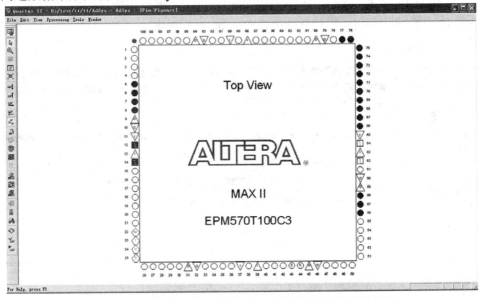

图 7.39　高速数据采集专用控制电路的引脚信号与器件分配

在图示端口信号布局中，带阴影引脚为已分配信号引脚，从引脚 5 到引脚 77，按照逆时针顺序，端口上分配的信号依次为：SPI 总线的信号 nSS、MISO、MOSI、门控端 G、SPI 数据时钟 Sck、100 MHz 基准时钟 CLK、ADS7816 数据接口信号 D、Dck、AD 转换芯片 ADS7816 的片选端 CS、12 位采集数据的并行输出测试端口 Data。

7.3.4 电路功能测试及分析

1. 逻辑功能仿真

图 7.40 所示为高速数据采集控制器件 AdSys 的逻辑功能仿真输入波形文件。

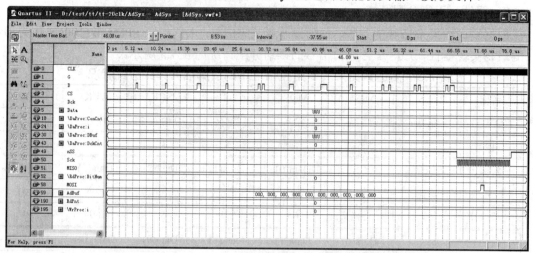

图 7.40 高速数据采集专用控制电路的仿真输入

在图示仿真输入中，仿真栅格 Grid 大小设置为 10 ns，仿真总时长设置为 80 μs。信号 \DaProc: DckCnt 为 ADS7816 串行数据时钟 Dck(即 DCLOCK)的分频计数值，用来产生信号 Dck；信号\DaProc: ConCnt 为 ADS7816 串行数据的数据位计数器。为便于判断，图中持续采集 12 个数据，采集数据值依次被设定为 000H～00BH。在上述仿真激励的作用下，采集控制器件 AdSys 的工作时序仿真如图 7.41 所示。

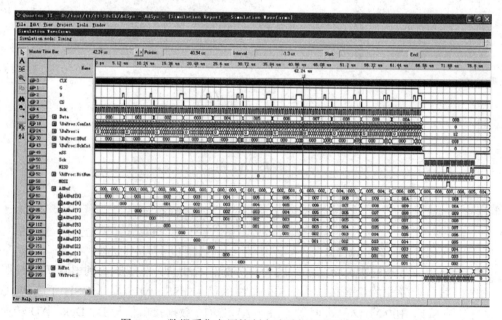

图 7.41 数据采集专用控制电路随机工作过程仿真

　　图中，来自 ADS7816 串行总线 D、Dck 的采集数据 001H～00BH 依次进入 AdBuf。在 CS 的上升沿上，新数据被送入 AdBuf(9)，AdBuf(0)被移出存储区。11 个采集循环结束后，AdBuf 保留数据 002H～00BH，第 1 个采集循环得到的数据 01H 被挤出存储区。采集专用控制电路 AdSys 的单次采集循环功能仿真如图 7.42 所示。

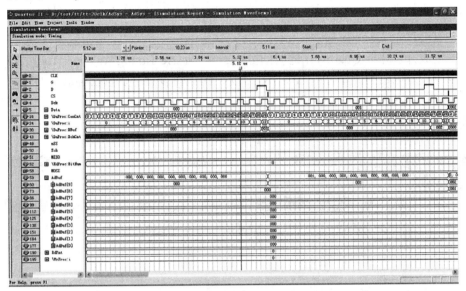

图 7.42　高速数据采集专用控制电路的单次采集循环逻辑功能仿真

　　在单次采集循环过程中，DaProc 响应 CLK，若 G 为高电平，则进程将 CS 置为低电平并启动一次采集循环。然后，DaProc 送出 30 个采集转换脉冲 Dck，同时采样 ADS7816 串行数据端 D，获取转换数据。在图中的时刻 6.08 μs 与 12.06 μs 处，Data 端得到采集数据 001H 与 002H，同时数据依次被存入 AdBuf(8)与 AdBuf(9)中。

　　数据采集专用控制电路的数据读出逻辑功能仿真如图 7.43 所示。

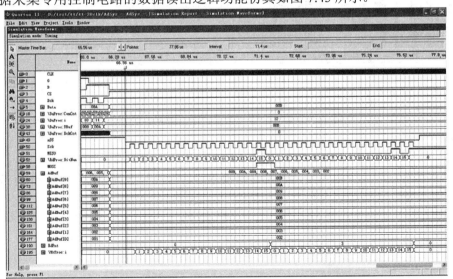

图 7.43　高速数据采集专用控制电路的数据读出逻辑功能仿真

　　在图中的时刻 66.56 μs 处，门控信号 G、片选 nSS 变为低电平，从而启动 SPI 发进程

RdProc。RdProc 响应串行数据时钟 Sck 的上升沿，将索引 RdPnt 对应数据 AdBuf(RdPnt) 的各数据位，由高到低依次送上 MISO。在图中第 1 组的数据脉冲内，索引 RdPnt 取值为 "0"，MISO 上送出存储区 AdBuf 的第 1 个采集数据 002H。在第 2 组的数据脉冲内，RdPnt 取值为 "3"，MISO 上送出 AdBuf(3)数据 005H。

AdSys 的其他工作波形与上述过程类似，可自行分析。

2．时序分析

通过集成开发环境 Quartus II 的时间分析工具 Classic Timing Analyzer Tool，得到的数据采集专用控制电路的时序分析如图 7.44 所示。其中的参数主要包括各信号的输出延迟时间 tpd、数据建立时间 tsu、时钟输出延迟时间 tco、信号保持时间 th，各参数的详细取值情况见图中的时间分析工具窗。

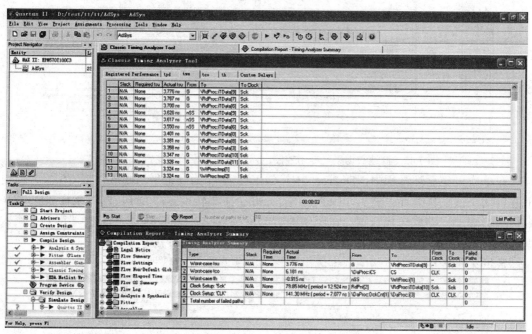

图 7.44　高速数据采集专用控制电路的时序分析

点击图中时间分析工具窗口的按钮 Start，启动时间分析，然后选择按钮 Report，得到数据采集专用控制电路各时间参数的极端值。其中，电路的数据建立时间 tsu 的最大值为 3.776 ns，时钟输出延迟时间 tco 的最大值为 6.181 ns，数据信号保持时间的 th 最大值为 −0.915 ns，Sck 的最高容许频率为 79.85 MHz，CLK 最高容许频率为 141.30 MHz。

当器件功能或时间分析参数达不到设计要求时，可以修改描述程序或其他的器件、布局、布线等参数，重新编译并仿真，直至设计要求得到满足。

习 题 与 思 考

[1]　根据功能，分析电机梯形加减速电路的组织结构、实现进程、进程启动关系与进

程处理过程。

[2]　查询资料，参考本章的梯形加减速电路，分析电机 S 形加减速电路的组织结构、实现进程、进程启动关系与进程处理过程。

[3]　根据功能，分析本章的电机联动控制电路组织结构、实现进程、进程启动关系与进程处理过程。

[4]　查询资料，参考本章的电机联动控制电路，分析电机多轴联动控制 DDA 法的组织结构、实现进程、进程启动关系与进程处理过程。

[5]　根据功能，分析本章基于 ADS7816 的数据采集系统组织结构、实现进程、进程启动关系与进程处理过程。

[6]　查询资料，分析基于传统 AD 器件 ADC0809 的数据采集系统组织结构、实现进程、进程启动关系与进程处理过程。

参 考 文 献

[1] 谭会生，张昌凡. EDA 技术及应用. 3 版. 西安：西安电子科技大学出版社，2011.

[2] 戴梅萼，史嘉权. 微型计算机技术及应用. 3 版. 北京：清华大学出版社，2006.

[3] 赵世霞，杨丰，刘揭生. VHDL 与微机接口设计. 北京：清华大学出版社，2004.

[4] 蒋璇，藏春华. 数字系统设计与 PLD 应用. 2 版. 北京：电子工业出版社，2006.

[5] 潘松，黄继业. EDA 技术实用教程. 5 版. 北京：科学出版社，2010.

[6] 李国丽，朱维勇，何剑春. EDA 与数字系统设计. 2 版. 北京：机械工业出版社，2014.

[7] 何小艇. 电子系统设计. 3 版. 杭州：浙江大学出版社，2004.

[8] 王永军，丛玉珍. 数字逻辑与数字系统. 北京：电子工业出版社，2000.

[9] 王震红. VHDL 数字电路设计与应用实践教程. 2 版. 北京：机械工业出版社，2006.

[10] 曾繁泰，陈美金. VHDL 程序设计. 北京：清华大学出版社，2001.

[11] 汪木兰. 数控原理与系统. 北京：机械工业出版社，2004.

[12] Hitachi Ltd. 74LS148 datasheet. Tokyo: Hitachi Ltd.，1999.

[13] Fairchild Semiconductor Corporation. DM74LS165 datasheet. Sunnyvale, CA 94089: Fairchild Semiconductor Corporation，2000.

[14] Burr-Brown Corporation. ADS7816 datasheet. Dallas, Texas 75265: Texas Instruments Incorporated，1997.

[15] Lattice Semiconductor Corp. LatticeXP2™ Family Data Sheet. Hillsboro, Oregon 97124: Lattice Semiconductor Corp.，2008.

[16] Lattice Semiconductor Corp. ISPLSI1032EA datasheet. Hillsboro, Oregon 97124: Lattice Semiconductor Corp.，2000.

[17] Altera Corporation. MAX 7000 Programmable Logic Device Family Data Sheet. San Jose, CA 95134: Altera Corporation，2005.

[18] Altera Corporation. MAX II Device Handbook. San Jose, CA 95134: Altera Corporation，2009.

[19] Altera Corporation. Cyclone III Device Handbook. San Jose, CA 95134: Altera Corporation，2012.